#개념원리
#개념완전정복

# 개념
# 해결의 법칙

Chunjae
Makes
Chunjae


[ 개념 해결의 법칙 ] 초등 수학 2-1

기획총괄 김안나
편집개발 이근우, 한인숙, 서진호, 박웅
디자인총괄 김희정
표지디자인 윤순미
내지디자인 박희춘, 이혜미
제작 황성진, 조규영

발행일 2022년 8월 15일 3판 2022년 8월 15일 1쇄
발행인 (주)천재교육
주소 서울시 금천구 가산로9길 54
신고번호 제2001-000018호
고객센터 1577-0902



※ 정답 분실 시에는 천재교육 교재 홈페이지에서 내려받으세요.
※ KC 마크는 이 제품이 공통안전기준에 적합하였음을 의미합니다.
※ 주의
책 모서리에 다칠 수 있으니 주의하시기 바랍니다.
부주의로 인한 사고의 경우 책임지지 않습니다.
8세 미만의 어린이는 부모님의 관리가 필요합니다.

# 모든 개념을 다 보는 해결의 법칙

# 스케줄표

2-1

| 1일차 월 일 | 2일차 월 일 | 3일차 월 일 | 4일차 월 일 | 5일차 월 일 |
|---|---|---|---|---|
| 1. 세 자리 수<br>8쪽 ~ 13쪽 | 1. 세 자리 수<br>14쪽 ~ 17쪽 | 1. 세 자리 수<br>18쪽 ~ 23쪽 | 1. 세 자리 수<br>24쪽 ~ 27쪽 | 1. 세 자리 수<br>28쪽 ~ 31쪽 |
| **6일차** 월 일 | **7일차** 월 일 | **8일차** 월 일 | **9일차** 월 일 | **10일차** 월 일 |
| 2. 여러 가지 도형<br>34쪽 ~ 39쪽 | 2. 여러 가지 도형<br>40쪽 ~ 45쪽 | 2. 여러 가지 도형<br>46쪽 ~ 51쪽 | 2. 여러 가지 도형<br>52쪽 ~ 55쪽 | 2. 여러 가지 도형<br>56쪽 ~ 59쪽 |
| **11일차** 월 일 | **12일차** 월 일 | **13일차** 월 일 | **14일차** 월 일 | **15일차** 월 일 |
| 3. 덧셈과 뺄셈<br>62쪽 ~ 67쪽 | 3. 덧셈과 뺄셈<br>68쪽 ~ 71쪽 | 3. 덧셈과 뺄셈<br>72쪽 ~ 75쪽 | 3. 덧셈과 뺄셈<br>76쪽 ~ 81쪽 | 3. 덧셈과 뺄셈<br>82쪽 ~ 85쪽 |
| **16일차** 월 일 | **17일차** 월 일 | **18일차** 월 일 | **19일차** 월 일 | **20일차** 월 일 |
| 3. 덧셈과 뺄셈<br>86쪽 ~ 91쪽 | 3. 덧셈과 뺄셈<br>92쪽 ~ 95쪽 | 3. 덧셈과 뺄셈<br>96쪽 ~ 99쪽 | 3. 덧셈과 뺄셈<br>100쪽 ~ 103쪽 | 4. 길이 재기<br>106쪽 ~ 109쪽 |
| **21일차** 월 일 | **22일차** 월 일 | **23일차** 월 일 | **24일차** 월 일 | **25일차** 월 일 |
| 4. 길이 재기<br>110쪽 ~ 113쪽 | 4. 길이 재기<br>114쪽 ~ 119쪽 | 4. 길이 재기<br>120쪽 ~ 123쪽 | 5. 분류하기<br>126쪽 ~ 131쪽 | 5. 분류하기<br>132쪽 ~ 135쪽 |
| **26일차** 월 일 | **27일차** 월 일 | **28일차** 월 일 | **29일차** 월 일 | **30일차** 월 일 |
| 5. 분류하기<br>136쪽 ~ 139쪽 | 6. 곱셈<br>142쪽 ~ 145쪽 | 6. 곱셈<br>146쪽 ~ 149쪽 | 6. 곱셈<br>150쪽 ~ 155쪽 | 6. 곱셈<br>156쪽 ~ 159쪽 |

## 스케줄표 활용법

1 먼저 스케줄표에 공부할 날짜를 적습니다.
2 날짜에 따라 스케줄표에 제시한 부분을 공부합니다.
3 채점을 한 후 확인란에 부모님이나 선생님께 확인을 받습니다.

예

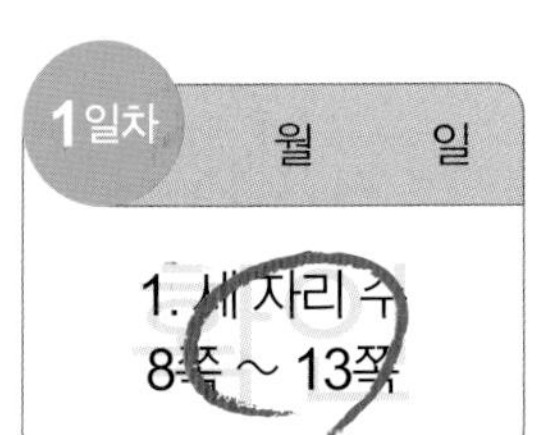

# 칠교판, 자

**[관련 단원] 2. 여러 가지 도형**

'칠교판' 사용 문제를 해결할 때 활용하세요.

QR 코드를 찍어 '도형의 성(칠교)' 게임을 해 보세요.
(칠교판 조각으로 여러 가지 모양을 만들어 볼 수 있습니다.)

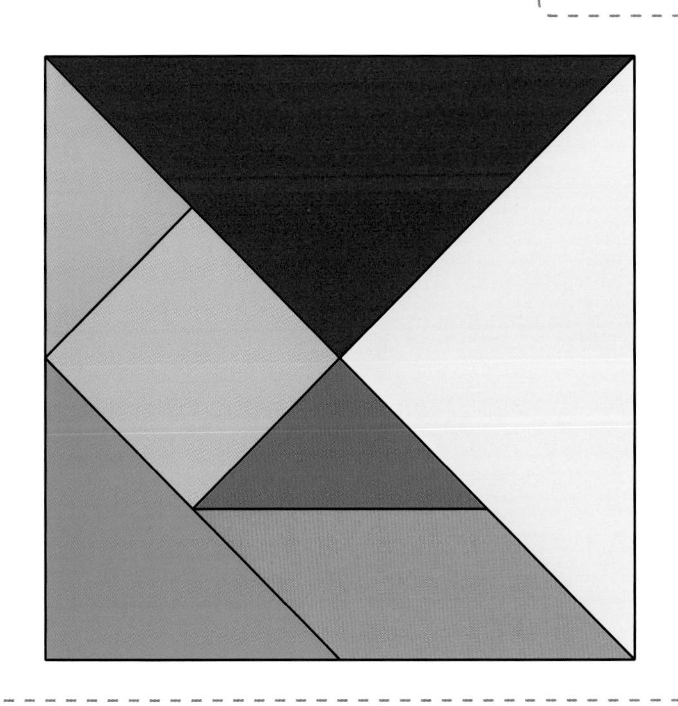

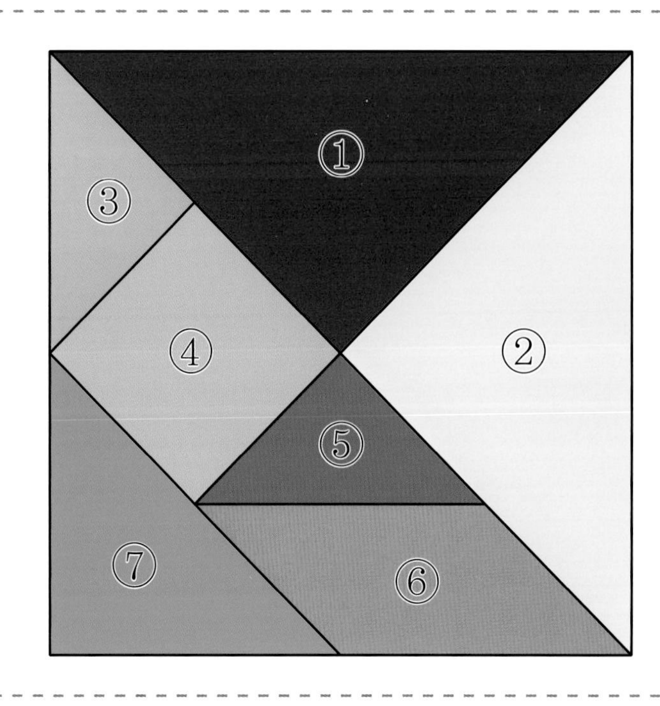


**활용 방법**
① 선을 따라 잘라서 조각 7개로 나누어 봅니다. [주의] 가위나 칼로 자를 때 다치지 않도록 조심하세요.
② 나누어진 조각의 변이 서로 만나도록 붙여 여러 가지 모양을 만들어 봅니다.

**[관련 단원] 4. 길이 재기**

'자' 사용 문제를 해결할 때 활용하세요.

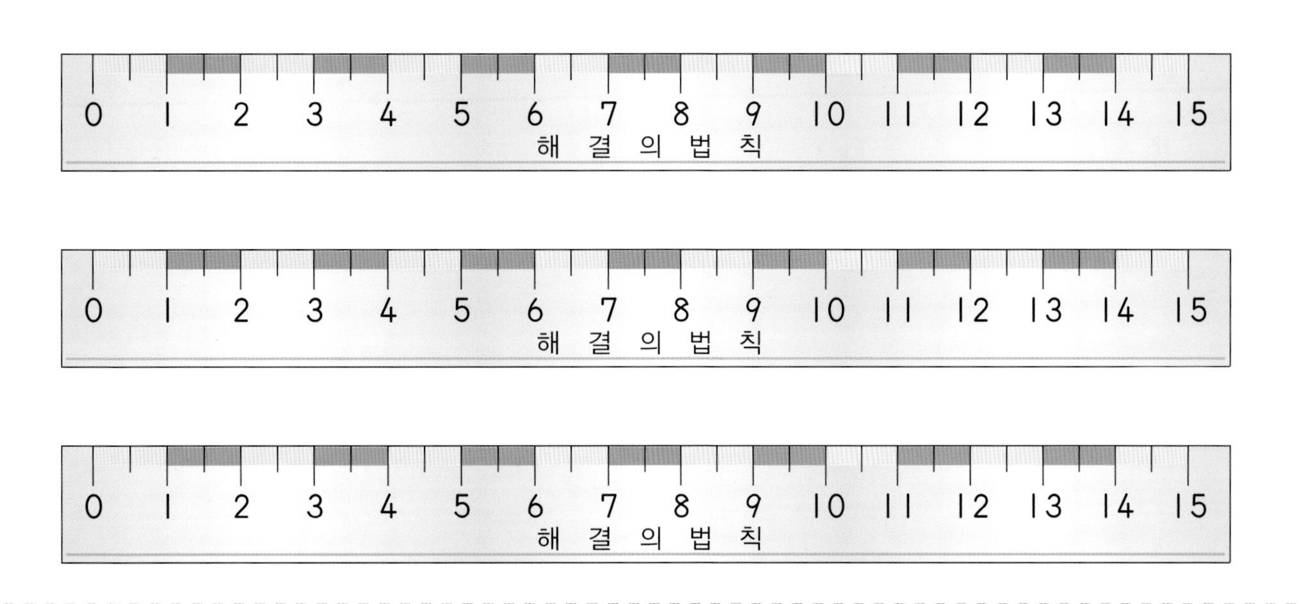

**활용 방법**
① 자의 테두리를 따라 잘라 봅니다. [주의] 가위나 칼로 자를 때 다치지 않도록 조심하세요.
② 자를 이용하여 길이를 재어 봅니다.

# 모든 개념을 다 보는 해결의 법칙

수학

2·1

# 개념 해결의 법칙만의 학습 관리

## 1 개념 파헤치기

교과서 개념을 만화로 쉽게 익히고 기본 문제, 쌍둥이 문제를 풀면서 개념을 제대로 이해했는지 확인할 수 있어요.

개념 동영상 강의 제공

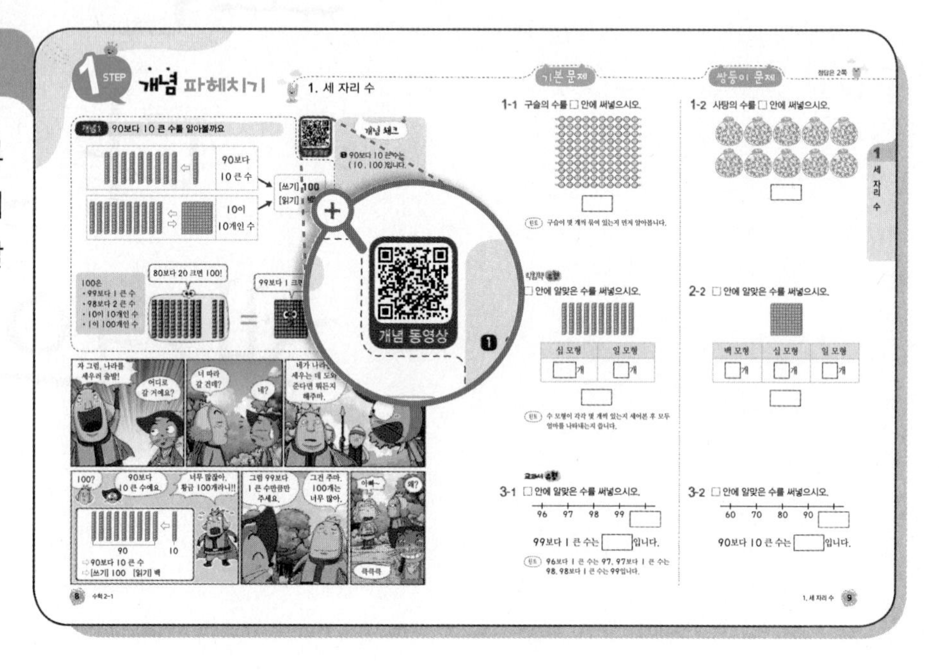

## 2 개념 확인하기

다양한 교과서, 익힘책 문제를 풀면서 앞에서 배운 개념을 완전히 내 것으로 만들어 보세요.

학습 게임 제공

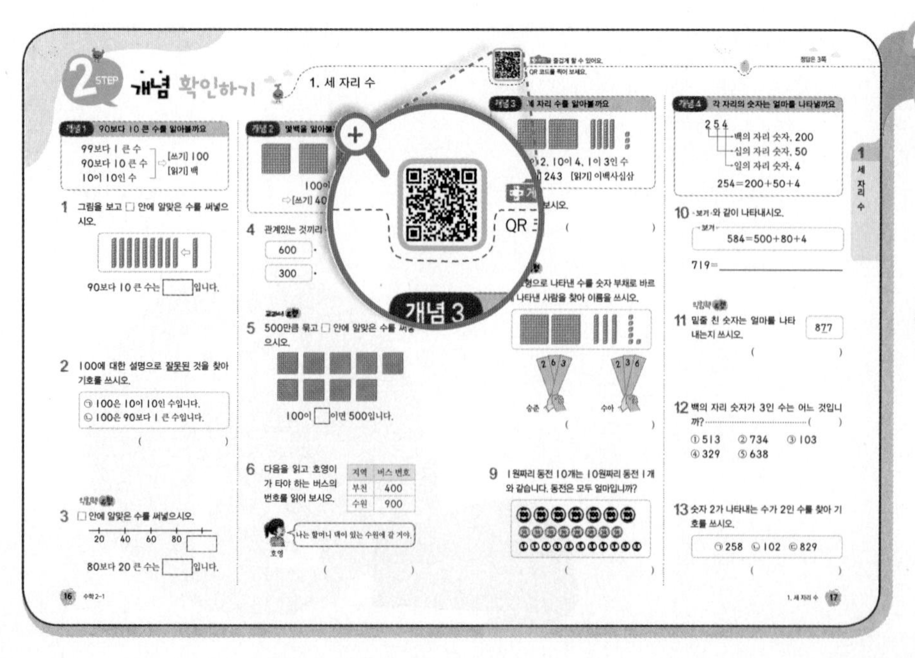

한눈에 보는 개념 중심 해결서

# 개념 해결의 법칙

## 모바일 코칭 시스템

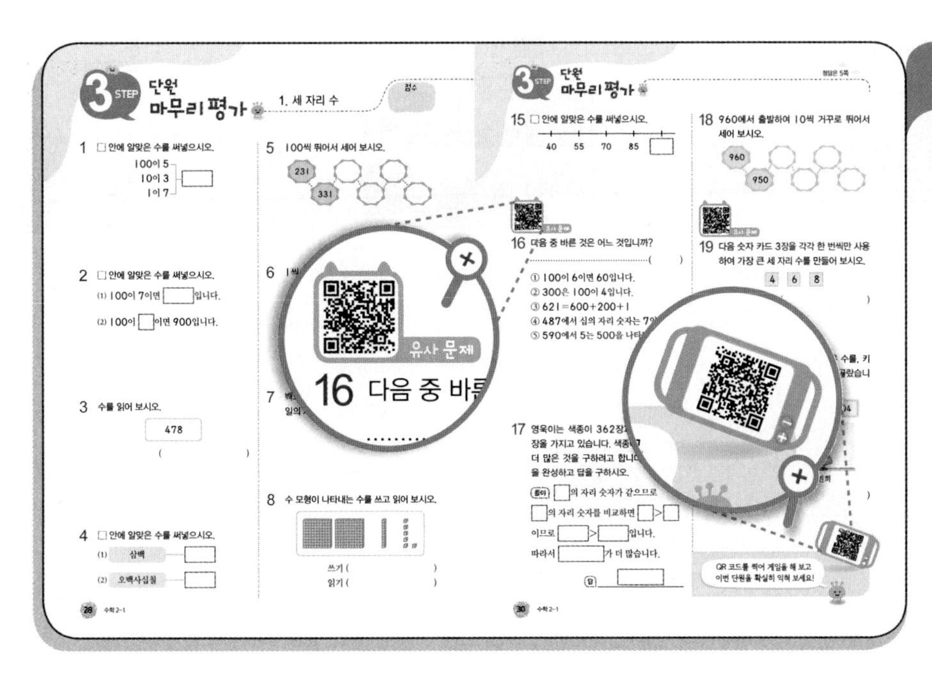

## 3 단원 마무리 평가

단원 마무리 평가를 풀면서 앞에서 공부한 내용을 정리해 보세요.

## 창의·융합 문제

단원 내용과 관련 있는 창의·융합 문제를 쉽게 접근할 수 있어요.

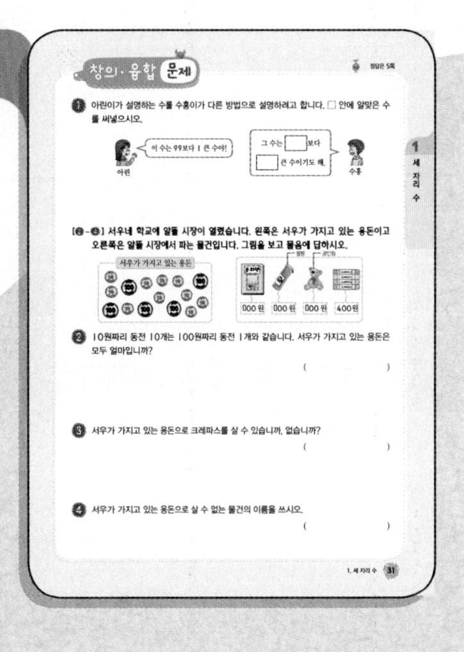

개념 해결의 법칙의

# QR 활용법

모바일 동영상 강의 서비스

모바일 코칭 시스템

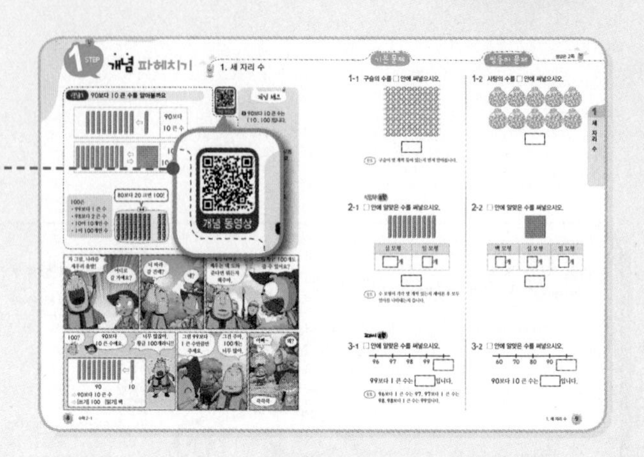


## 개념 동영상 강의

개념에 대해 선생님의 더 자세한 설명을 듣고 싶을 때 찍어 보세요. 교재 내 QR 코드를 통해 개념 동영상 강의를 무료로 제공하고 있어요.

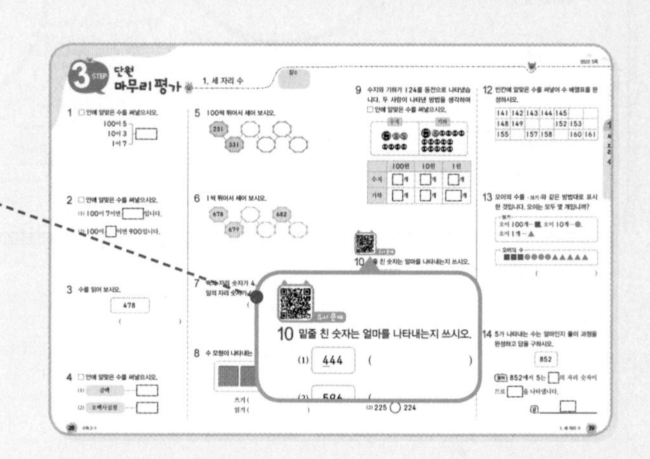


## 유사 문제

3단계에서 비슷한 유형의 문제를 더 풀어 보고 싶다면 QR 코드를 찍어 보세요. 추가로 제공되는 유사 문제를 풀면서 앞에서 공부한 내용을 정리할 수 있어요.

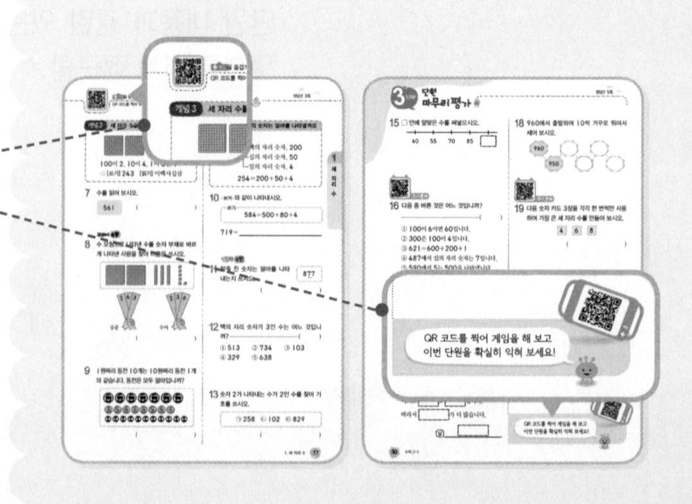


## 학습 게임

2단계의 시작 부분과 3단계의 끝 부분에 있는 QR 코드를 찍어 보세요. 게임을 하면서 개념을 정리할 수 있어요.

개념 해결의 법칙

# 차례

## 2-1

# 1 세 자리 수

## 제1화 장화신은 고양이! 나라를 세우러 가다.

| 이미 배운 내용 | 이번에 배울 내용 | 앞으로 배울 내용 |
|---|---|---|
| [1-2 100까지의 수]<br>• 60, 70, 80, 90 알아보기<br>• 99까지의 수 알아보기<br>• 100 알아보기<br>• 100까지의 수의 순서 알아보기<br>• 두 수의 크기 비교하기 | • 백, 몇백 알아보기<br>• 세 자리 수 쓰고 읽기<br>• 자릿값 알아보기<br>• 뛰어 세기<br>• 두 수의 크기 비교하기 | [2-2 네 자리 수]<br>• 천, 몇천 알아보기<br>• 네 자리 수 알아보기<br>• 자릿값 알아보기<br>• 뛰어 세기<br>• 두 수의 크기 비교하기 |

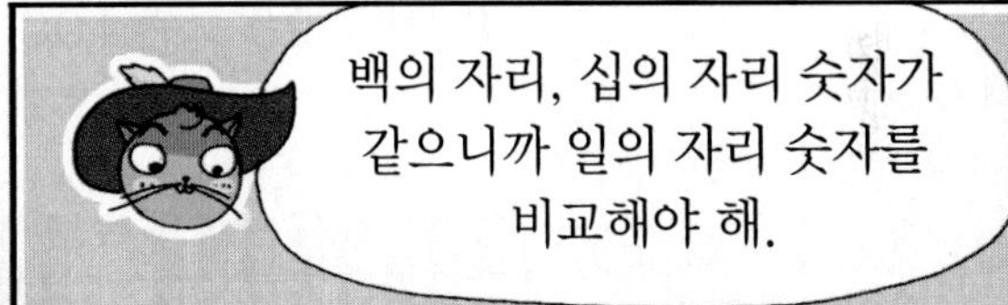


$321 < 329$

$1 < 9$

# 개념 파헤치기

## 1. 세 자리 수

### 90보다 10 큰 수를 알아볼까요

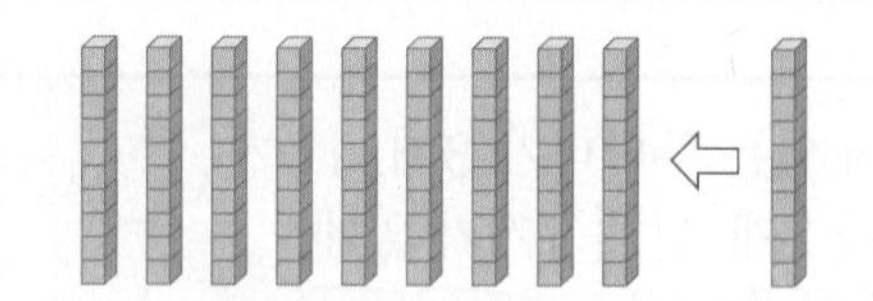

90보다 10 큰 수

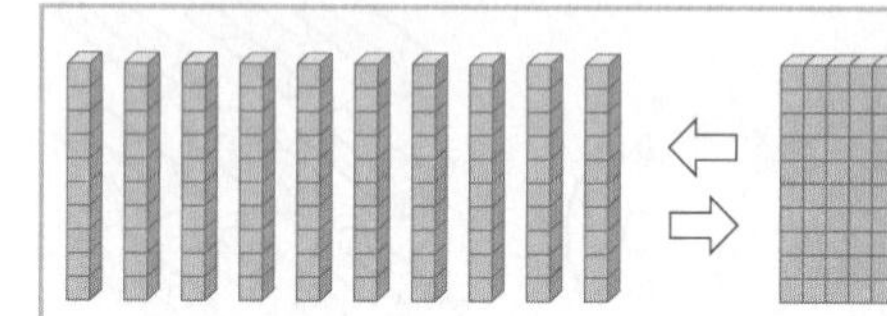

10이 10개인 수

[쓰기] **100**
[읽기] 백

100은
- 99보다 1 큰 수
- 98보다 2 큰 수
- 10이 10개인 수
- 1이 100개인 수

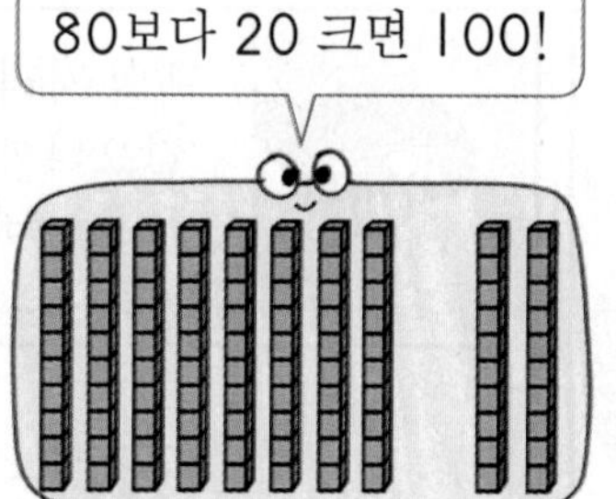


=

### 개념 체크

❶ 90보다 10 큰 수는 ( 10 , 100 )입니다.

❷ 십 모형 10개는 백 모형 ( 1 , 2 )개와 같습니다.

❸ 100은 99보다 1 ( 큰 , 작은 ) 수입니다.

정답 ❶ 100에 ○표 ❷ 1에 ○표 ❸ 큰에 ○표

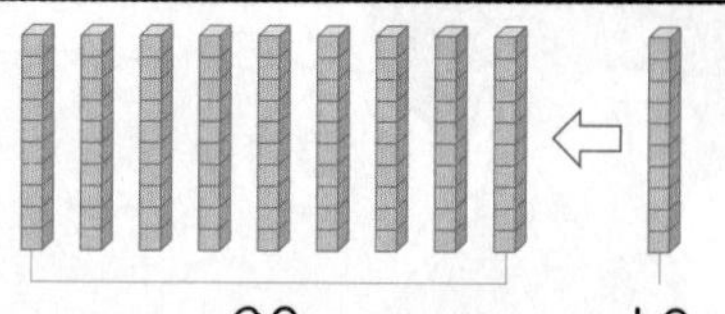


⇨ 90보다 10 큰 수
⇨ [쓰기] 100 [읽기] 백

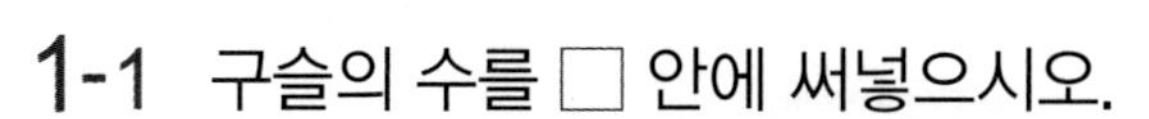


쌍둥이 문제

정답은 2쪽



1-1 구슬의 수를 □ 안에 써넣으시오.

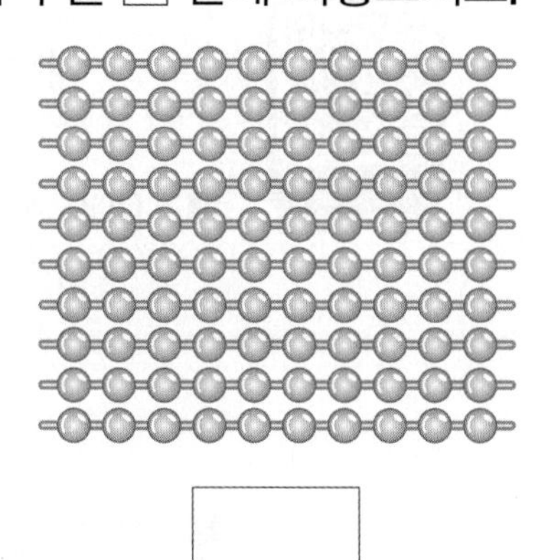

□

힌트 구슬이 몇 개씩 묶여 있는지 먼저 알아봅니다.

1-2 사탕의 수를 □ 안에 써넣으시오.

□

익힘책 유형

2-1 □ 안에 알맞은 수를 써넣으시오.

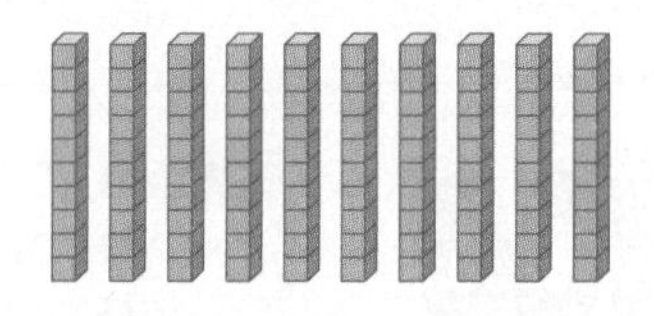

| 십 모형 | 일 모형 |
|---|---|
| □개 | □개 |

□

힌트 수 모형이 각각 몇 개씩 있는지 세어본 후 모두 얼마를 나타내는지 씁니다.

2-2 □ 안에 알맞은 수를 써넣으시오.

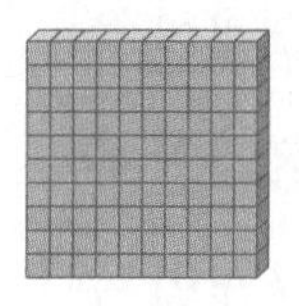

| 백 모형 | 십 모형 | 일 모형 |
|---|---|---|
| □개 | □개 | □개 |

□

교과서 유형

3-1 □ 안에 알맞은 수를 써넣으시오.

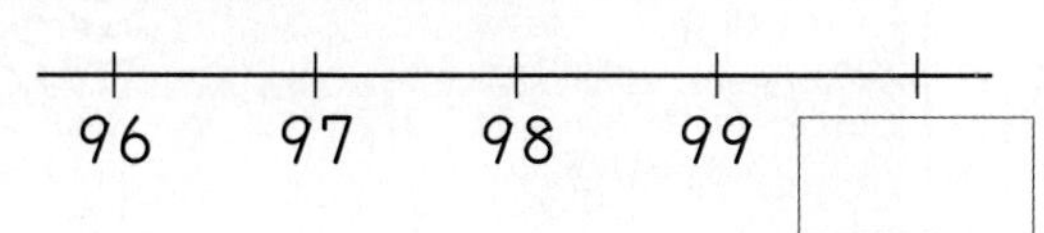


99보다 1 큰 수는 □입니다.

힌트 96보다 1 큰 수는 97, 97보다 1 큰 수는 98, 98보다 1 큰 수는 99입니다.

3-2 □ 안에 알맞은 수를 써넣으시오.

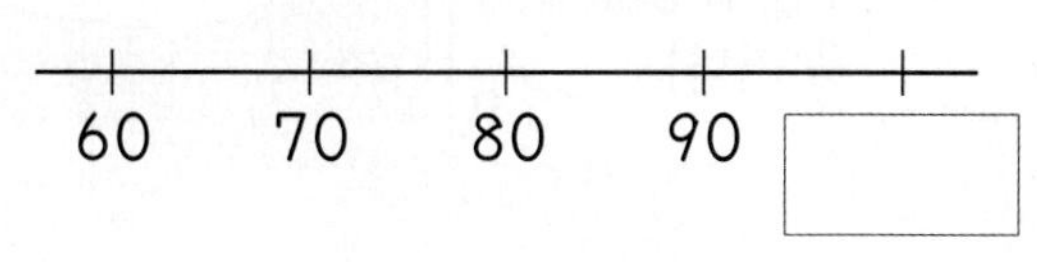


90보다 10 큰 수는 □입니다.

# 개념 파헤치기

## 개념2 몇백을 알아볼까요

개념 동영상

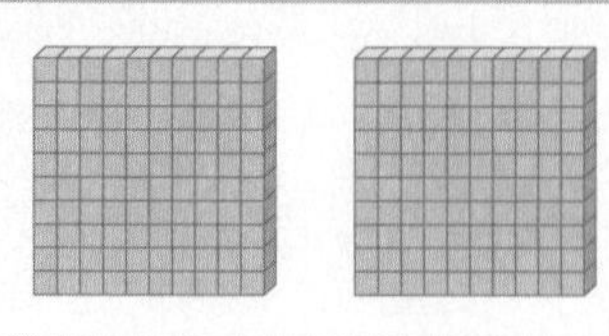

| | 100이 2개인 수 | → | [쓰기] 200 [읽기] 이백 |
|---|---|---|---|

| 수 | 쓰기 | 읽기 |
|---|---|---|
| 100이 1개인 수 | 100 | 백 |
| 100이 2개인 수 | 200 | 이백 |
| 100이 3개인 수 | 300 | 삼백 |
| 100이 4개인 수 | 400 | 사백 |
| 100이 5개인 수 | 500 | 오백 |
| 100이 6개인 수 | 600 | 육백 |
| 100이 7개인 수 | 700 | 칠백 |
| 100이 8개인 수 | 800 | 팔백 |
| 100이 9개인 수 | 900 | 구백 |

→ 100은 일백이라고 읽을 수도 있습니다.

나는 ■백이라고 읽어요.

### 개념 체크

❶ 100이 4개인 수는 ( 40 , 400 )입니다.

❷ 100이 7개인 수는 ( 70 , 700 )입니다.

❸ 500은 ( 오십 , 오백 )이라고 읽습니다.

정답 ❶ 400에 ○표 ❷ 700에 ○표 ❸ 오백에 ○표

## 기본 문제

## 쌍둥이 문제

정답은 2쪽

**1-1** 수를 읽어 보시오.

500 (                    )

힌트 ■00은 ■백이라고 읽습니다.

**1-2** 수를 읽어 보시오.

800 (                    )

**2-1** □ 안에 알맞은 수를 써넣으시오.

이백 — □

힌트 ■백은 ■00이라고 씁니다.

**2-2** □ 안에 알맞은 수를 써넣으시오.

칠백 — □

교과서 유형

**3-1** □ 안에 알맞은 수를 써넣으시오.

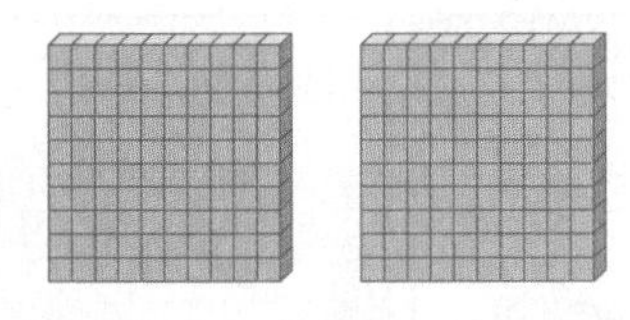

백 모형이 2개이면 □입니다.

힌트 백 모형이 ■개이면 ■00입니다.

**3-2** □ 안에 알맞은 수를 써넣으시오.

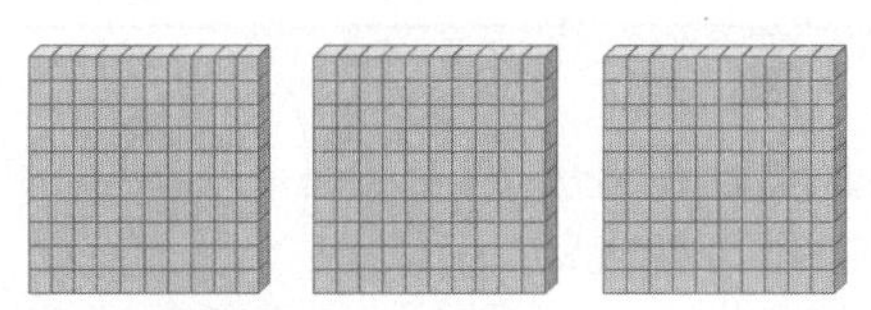

백 모형이 3개이면 □입니다.

익힘책 유형

**4-1** 옳으면 ○표, 틀리면 ×표 하시오.

100이 4개이면 40입니다.

(                    )

힌트 100이 ■개이면 ■00입니다.

**4-2** 옳으면 ○표, 틀리면 ×표 하시오.

700은 100이 7개인 수입니다.

(                    )

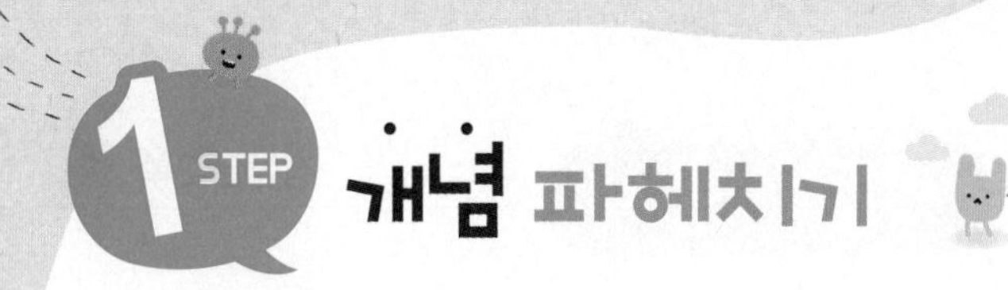


## 개념3 세 자리 수를 알아볼까요

개념 동영상

100이 3개

10이 6개

1이 7개

⇨ 100이 3개, 10이 6개, 1이 7개인 수

⇨ [쓰기] **367** [읽기] 삼백육십칠

100이 ■개, 10이 ▲개, 1이 ●개인 수는 ■▲●라 쓰고,
■백▲십●라고 읽습니다.

예 100이 2개, 10이 5개, 1이 9개인 수는 259라 쓰고,
이백오십구라고 읽습니다.

### 개념 체크

❶ 100이 2개, 10이 6개, 1이 7개인 수는 267이라고 씁니다.····( ○ , × )

❷ 437은 ( 사삼칠 , 사백삼십칠 )이라고 읽습니다.

❸ 708은 칠백영십팔이라고 읽습니다.····( ○ , × )

정답 ❶ ○에 ○표
❷ 사백삼십칠에 ○표
❸ ×에 ○표

## 기본 문제

## 쌍둥이 문제

정답은 2쪽

**1-1** 수를 읽어 보시오.

385 (　　　　　　　　)

힌트 ■▲●를 ■백▲십●라고 읽습니다.

**1-2** 수를 읽어 보시오.

601 (　　　　　　　　)

**2-1** 빈칸에 알맞은 수를 써넣으시오.

| 오백이십칠 | |
|---|---|

힌트 ■백▲십●는 ■▲●라고 씁니다.

**2-2** 빈칸에 알맞은 수를 써넣으시오.

| 사백사십 | |
|---|---|

교과서 유형

**3-1** □ 안에 알맞은 수를 써넣으시오.

| 백 모형 | 십 모형 | 일 모형 |
|---|---|---|
| | | |
| 100이 1개 | 10이 □개 | 1이 □개 |

⇨ □

힌트 어떤 수 모형이 몇 개씩 있는지 세어 본 후 모두 얼마를 나타내는지 씁니다.

**3-2** □ 안에 알맞은 수를 써넣으시오.

| 백 모형 | 십 모형 | 일 모형 |
|---|---|---|
| | | |
| 100이 □개 | 10이 3개 | 1이 □개 |

⇨ □

**4-1** □ 안에 알맞은 수를 써넣으시오.

732는 100이 □개, 10이 □개, 1이 □개인 수입니다.

힌트 ■▲●는 100이 ■개, 10이 ▲개, 1이 ●개인 수입니다.

**4-2** □ 안에 알맞은 수를 써넣으시오.

100이 8개, 10이 4개, 1이 6개인 수는 □입니다.

# 개념 파헤치기

## 개념4 각 자리의 숫자는 얼마를 나타낼까요

개념 동영상

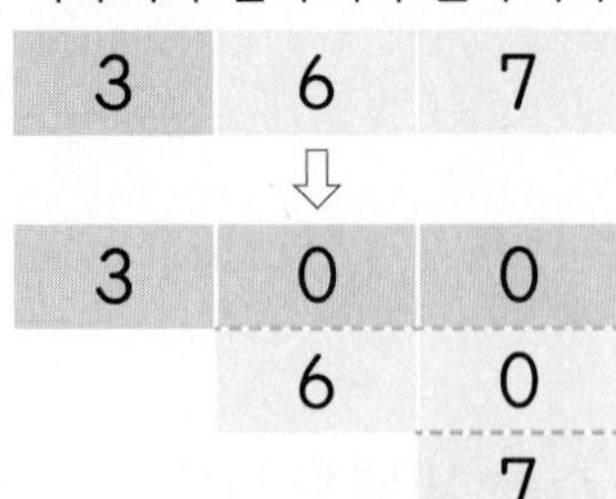

| 백의 자리 | 십의 자리 | 일의 자리 |
|---|---|---|
| 3 | 6 | 7 |

⇩

| | | |
|---|---|---|
| 3 | 0 | 0 |
| | 6 | 0 |
| | | 7 |

3은 백의 자리 숫자이고, 300을 나타냅니다.
6은 십의 자리 숫자이고, 60을 나타냅니다.
7은 일의 자리 숫자이고, 7을 나타냅니다.
367=300+60+7

난 525에서 백의 자리 숫자이므로 500을 나타내.

난 525에서 일의 자리 숫자이므로 5를 나타내.

2

백의 자리 숫자, 500을 나타냄

십의 자리 숫자, 20을 나타냄

일의 자리 숫자, 5를 나타냄

### 개념 체크

❶ 523에서 5는 ( 백 , 십 )의 자리 숫자이고 500을 나타냅니다.

❷ 523에서 2는 십의 자리 숫자이고 ( 200 , 20 )을 나타냅니다.

❸ 523에서 3은 ( 십 , 일 )의 자리 숫자이고 ( 30 , 3 )을 나타냅니다.

정답 ❶ 백에 ○표 ❷ 20에 ○표 ❸ 일, 3에 ○표

바위에서 138걸음이니까 찾기도 쉬워요.

숨긴 장소를 잊어버리면 어떡하지?

여기에 138이라고 적어 놓으면 되죠.

138

1 3 8
→ 백의 자리 숫자, 100을 나타냅니다.
→ 십의 자리 숫자, 30을 나타냅니다.
→ 일의 자리 숫자, 8을 나타냅니다.

1-1 □ 안에 알맞은 수를 써넣으시오.

| 백 모형 | 십 모형 | 일 모형 |
|---|---|---|
| | | |

136에서 1은 □을, 3은 □을, 6은 □을 나타냅니다.

힌트 ■▲●에서 ■는 ■00을, ▲는 ▲0을, ●는 ●를 나타냅니다.

1-2 □ 안에 알맞은 수를 써넣으시오.

| 백 모형 | 십 모형 | 일 모형 |
|---|---|---|
| | | |

152에서 1은 □을, 5는 □을, 2는 □를 나타냅니다.

교과서 유형

2-1 □ 안에 알맞은 수를 써넣으시오.

856

⇩

| 100이 8개 | 10이 5개 | 1이 6개 |
|---|---|---|
| 800 | □ | □ |

856=800+□+□

힌트 ■▲●=■00+▲0+●와 같이 나타낼 수 있습니다.

2-2 □ 안에 알맞은 수를 써넣으시오.

719

⇩

| 100이 7개 | 10이 1개 | 1이 9개 |
|---|---|---|
| □ | 10 | □ |

719=□+10+□

3-1 927에서 백의 자리, 십의 자리, 일의 자리 숫자를 각각 구하시오.

백의 자리 숫자 (　　　)
십의 자리 숫자 (　　　)
일의 자리 숫자 (　　　)

힌트 세 자리 수는 맨 왼쪽부터 백의 자리, 십의 자리, 일의 자리입니다.

3-2 185에서 백의 자리, 십의 자리, 일의 자리 숫자를 각각 구하시오.

백의 자리 숫자 (　　　)
십의 자리 숫자 (　　　)
일의 자리 숫자 (　　　)

# 개념 확인하기

**개념 1** 90보다 10 큰 수를 알아볼까요

99보다 1 큰 수
90보다 10 큰 수
10이 10개인 수
⇨ [쓰기] 100 [읽기] 백

**1** 그림을 보고 □ 안에 알맞은 수를 써넣으시오.

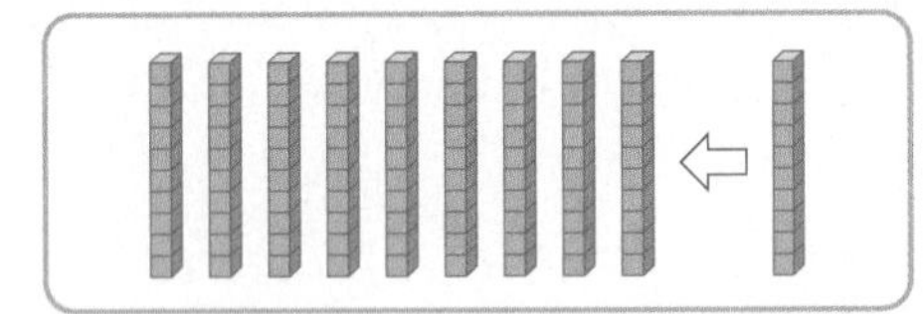

90보다 10 큰 수는 □입니다.

**2** 100에 대한 설명으로 잘못된 것을 찾아 기호를 쓰시오.

㉠ 100은 10이 10개인 수입니다.
㉡ 100은 90보다 1 큰 수입니다.

( )

익힘책 유형

**3** □ 안에 알맞은 수를 써넣으시오.

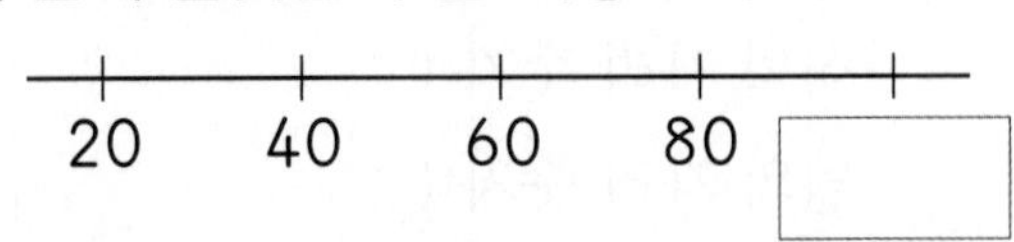


80보다 20 큰 수는 □입니다.

**개념 2** 몇백을 알아볼까요

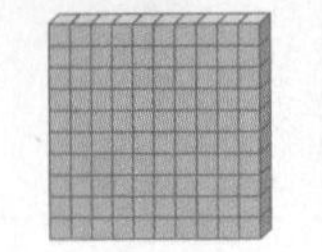 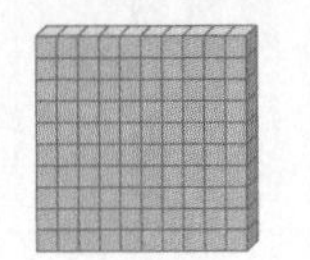 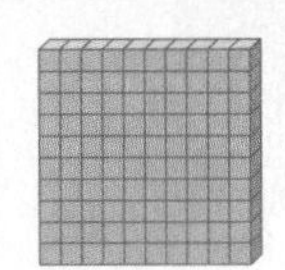 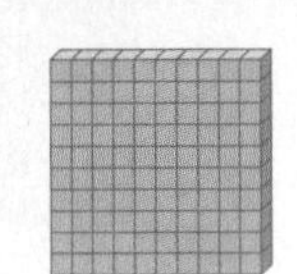

100이 4개인 수
⇨ [쓰기] 400 [읽기] 사백

**4** 관계있는 것끼리 선으로 이어 보시오.

| 600 | • | • | 삼백 |
|---|---|---|---|
| 300 | • | • | 육백 |

교과서 유형

**5** 500만큼 묶고 □ 안에 알맞은 수를 써넣으시오.

100이 □개이면 500입니다.

**6** 다음을 읽고 호영이가 타야 하는 버스의 번호를 읽어 보시오.

| 지역 | 버스 번호 |
|---|---|
| 부천 | 400 |
| 수원 | 900 |

( )

## 개념 3 세 자리 수를 알아볼까요

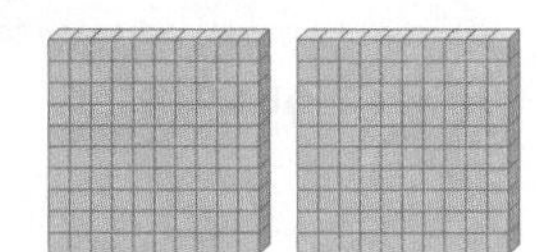 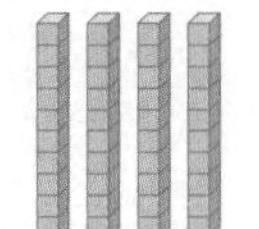 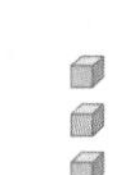

100이 2개, 10이 4개, 1이 3개인 수

⇨ [쓰기] 243 [읽기] 이백사십삼

**7** 수를 읽어 보시오.

561 (　　　　　　　)

교과서 유형

**8** 수 모형으로 나타낸 수를 숫자 부채로 바르게 나타낸 사람을 찾아 이름을 쓰시오.

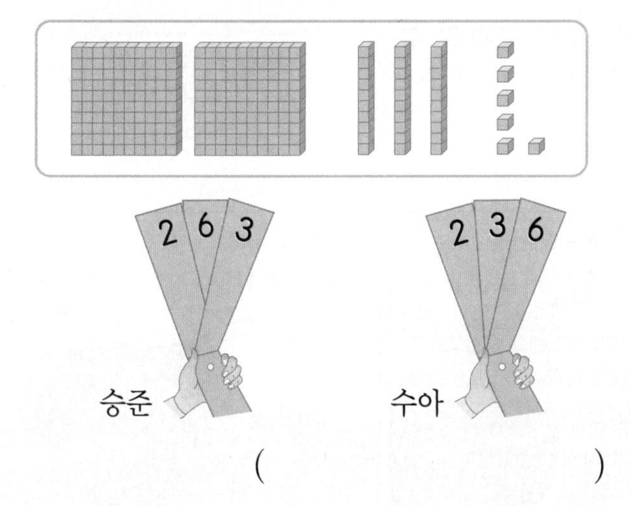


(　　　　　　　)

**9** 1원짜리 동전 10개는 10원짜리 동전 1개와 같습니다. 동전은 모두 얼마입니까?

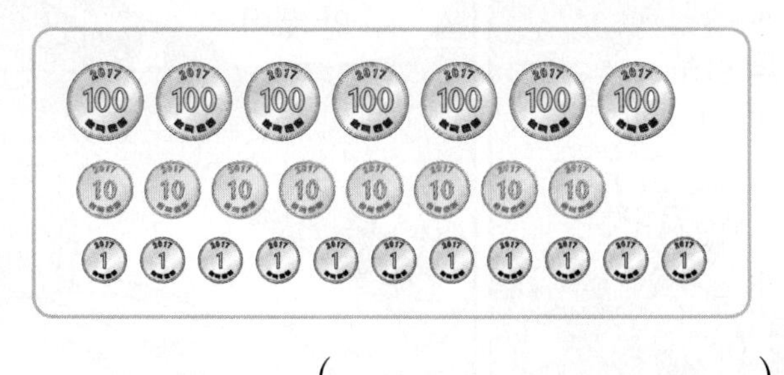

(　　　　　　　)

## 개념 4 각 자리의 숫자는 얼마를 나타낼까요

2 5 4
- 백의 자리 숫자, 200
- 십의 자리 숫자, 50
- 일의 자리 숫자, 4

254=200+50+4

**10** 보기 와 같이 나타내시오.

보기
584=500+80+4

719= ____________________

익힘책 유형

**11** 밑줄 친 숫자는 얼마를 나타내는지 쓰시오.

87̲7

(　　　　　　　)

**12** 백의 자리 숫자가 3인 수는 어느 것입니까? ........................ (　　　)

① 513　② 734　③ 103
④ 329　⑤ 638

**13** 숫자 2가 나타내는 수가 2인 수를 찾아 기호를 쓰시오.

㉠ 258　 102　㉢ 829

(　　　　　　　)

# 개념 파헤치기

## 1. 세 자리 수

### 개념 5 뛰어서 세어 볼까요

개념 동영상

• 100씩 뛰어 세기

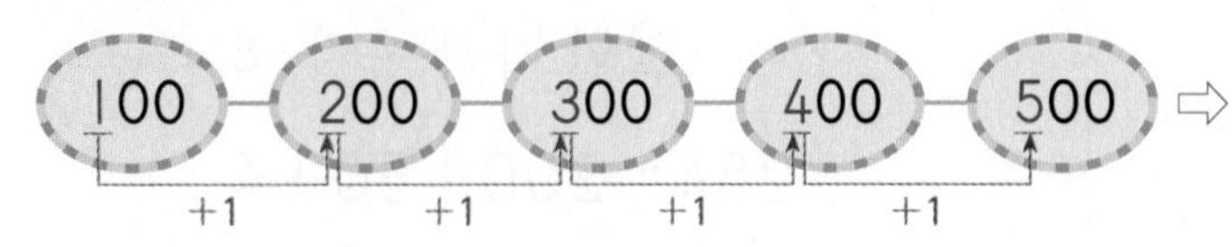


⇨ 백의 자리 숫자가 1씩 커집니다.

• 10씩 뛰어 세기

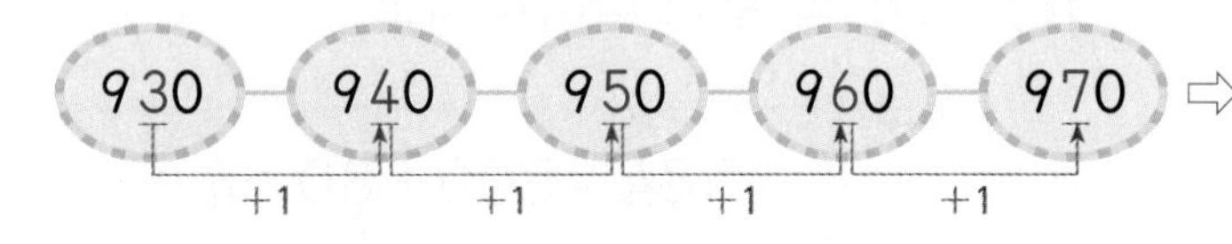


⇨ 십의 자리 숫자가 1씩 커집니다.

• 1씩 뛰어 세기

⇨ 일의 자리 숫자가 1씩 커집니다.

• 1000 알아보기

999보다 1 큰 수 ⇨ [쓰기] 1000 / [읽기] 천

1000은
• 900보다 100 큰 수
• 990보다 10 큰 수
• 999보다 1 큰 수

**개념 체크**

❶ 100씩 뛰어서 세면 ( 백 , 십 )의 자리 숫자가 1씩 커집니다.

❷ 10씩 뛰어서 세면 ( 십 , 일 )의 자리 숫자가 1씩 커집니다.

❸ 1씩 뛰어서 세면 ( 백 , 일 )의 자리 숫자가 1씩 커집니다.

정답 ❶ 백에 ○표 ❷ 십에 ○표 ❸ 일에 ○표

## 기본 문제

## 쌍둥이 문제

정답은 4쪽

**1-1** 100씩 뛰어서 세어 보시오.

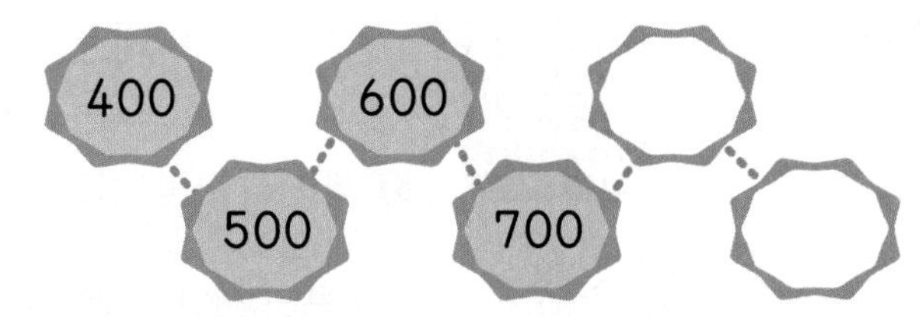


힌트 100씩 뛰어서 세면 백의 자리 숫자가 1씩 커집니다.

**1-2** 100씩 뛰어서 세어 보시오.

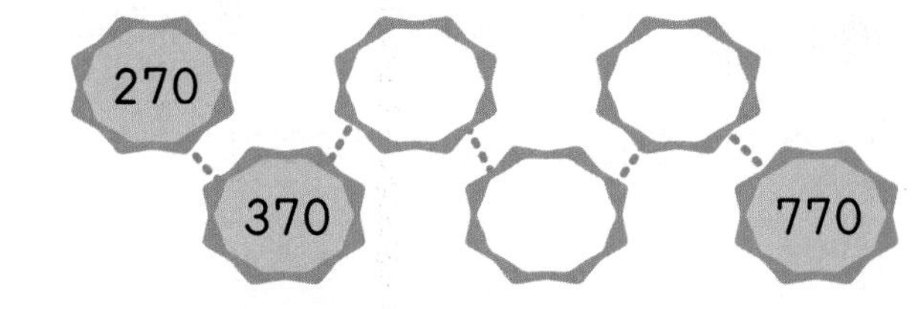


**2-1** 10씩 뛰어서 세어 보시오.

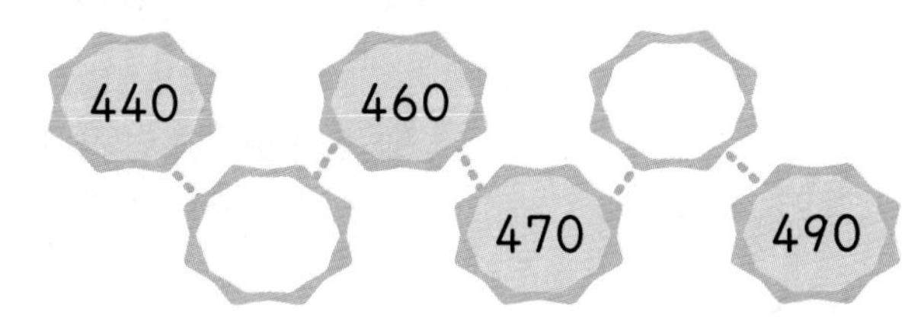


힌트 10씩 뛰어서 세면 십의 자리 숫자가 1씩 커집니다.

**2-2** 10씩 뛰어서 세어 보시오.

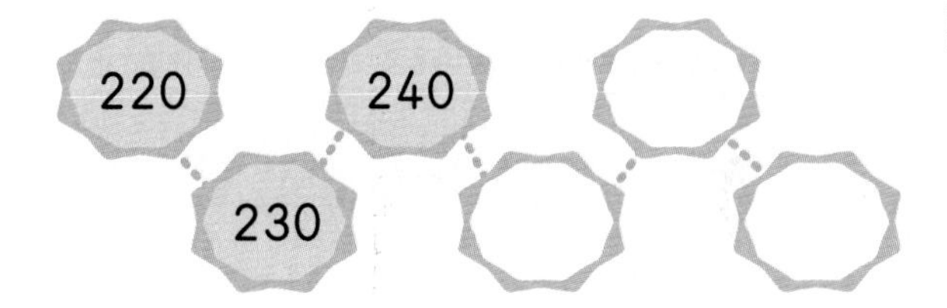


**3-1** 1씩 뛰어서 세어 보시오.

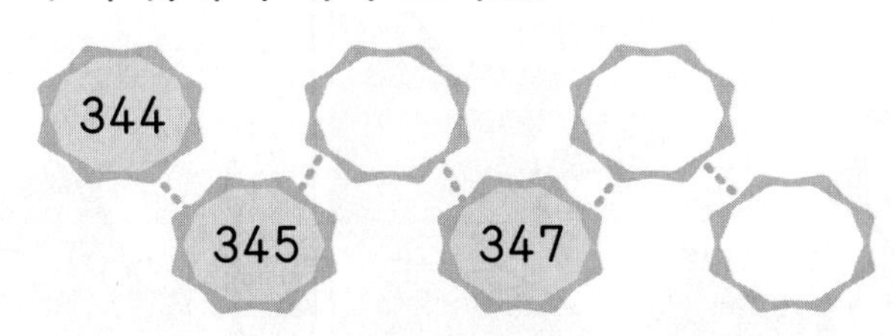


힌트 1씩 뛰어서 세면 일의 자리 숫자가 1씩 커집니다.

**3-2** 1씩 뛰어서 세어 보시오.

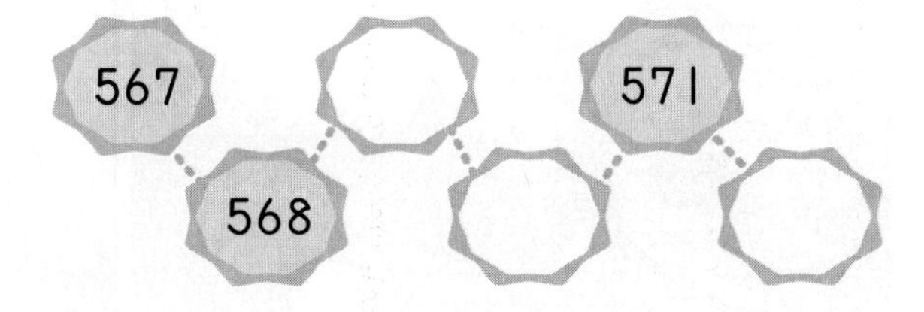


익힘책 유형

**4-1** 몇씩 뛰어서 센 것입니까?

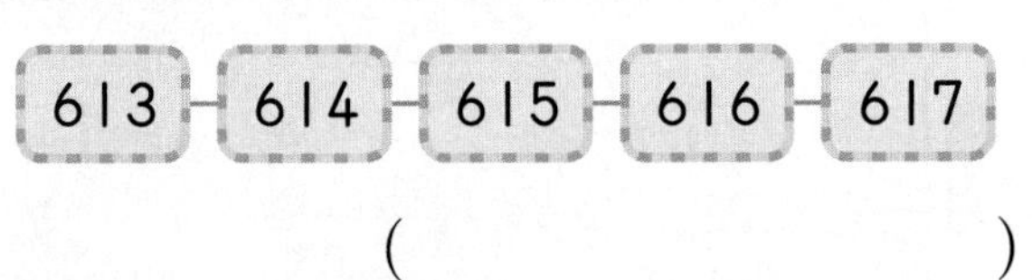


(                    )

힌트 어느 자리 숫자가 커지고 있는지 찾아봅니다.

**4-2** 몇씩 뛰어서 센 것입니까?

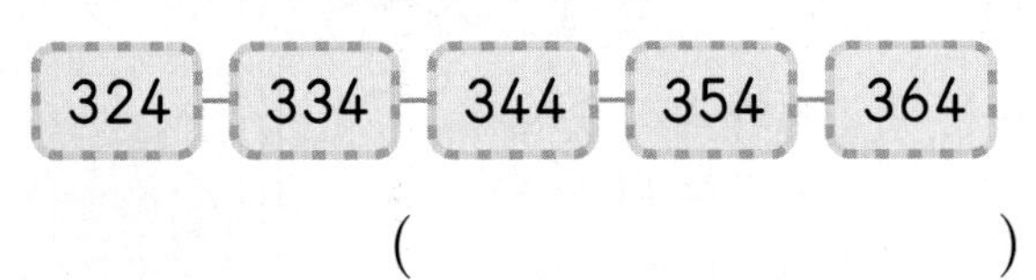


(                    )

# 1 STEP 개념 파헤치기

## 개념6 크기 비교하기(1) — 백의 자리 숫자끼리 비교

개념 동영상

• 수 모형으로 나타내어 비교하기

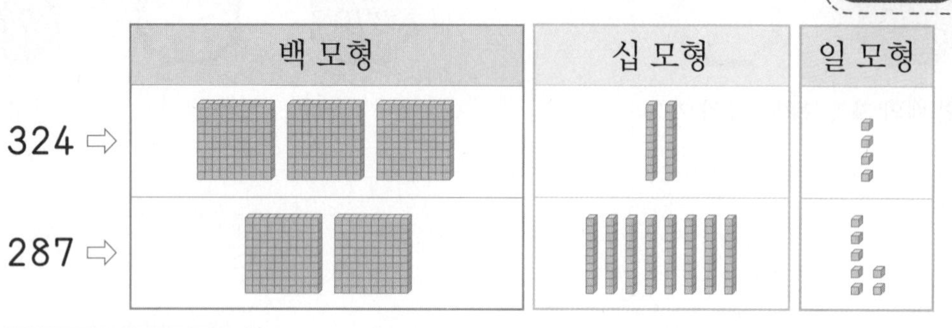


백 모형이 더 많은 324가 287보다 큽니다. ⇨ 324>287

• 자릿값으로 비교하기

| | 백의 자리 | 십의 자리 | 일의 자리 |
|---|---|---|---|
| 324 ⇨ | 3 | 2 | 4 |
| 287 ⇨ | 2 | 8 | 7 |

백의 자리 숫자가 더 큰 324가 287보다 큽니다. ⇨ 324>287

### 개념 체크

❶ 세 자리 수를 비교할 때 백 모형이 많은 수가 더 ( 큰 , 작은 ) 수입니다.

❷ 세 자리 수를 비교할 때 백의 자리 숫자가 ( 클수록 , 작을수록 ) 더 작은 수입니다.

❸ ■가 ●보다 더 큽니다.
⇨ ■>●·······( ○ , × )

정답 ❶ 큰에 ○표
❷ 작을수록에 ○표
❸ ○에 ○표

백의 자리 숫자가 클수록 더 큰 수!

324 > 287
3>2

## 기본 문제

## 쌍둥이 문제

정답은 4쪽

1-1 수 모형을 보고 두 수의 크기를 비교하여 ○ 안에 > 또는 <를 알맞게 써넣으시오.

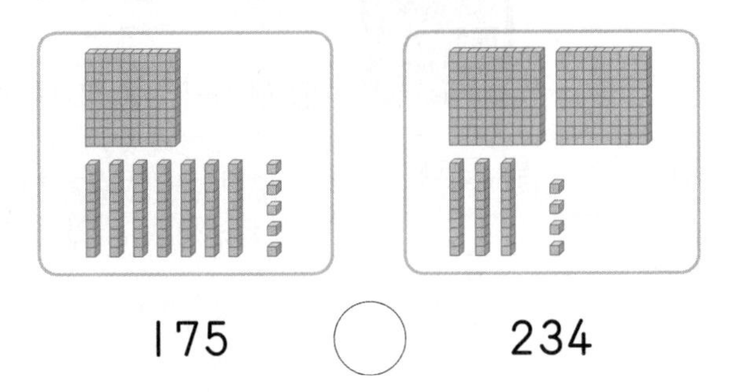

175 ○ 234

힌트 백 모형의 수를 비교해 봅니다.

1-2 수 모형을 보고 두 수의 크기를 비교하여 ○ 안에 > 또는 <를 알맞게 써넣으시오.

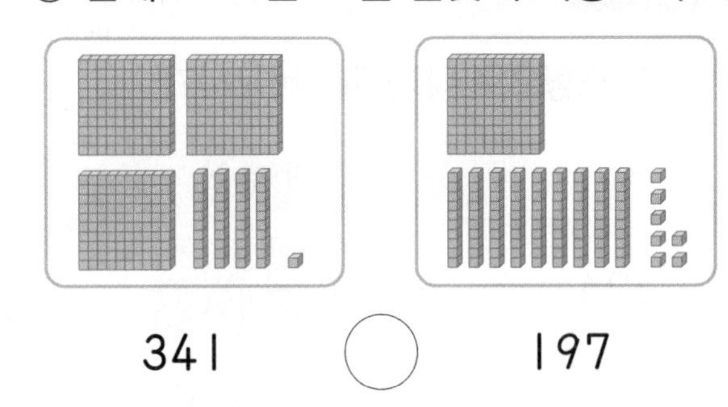

341 ○ 197

교과서 유형

2-1 빈 곳에 알맞은 수를 써넣은 후 두 수의 크기를 비교하여 ○ 안에 > 또는 <를 알맞게 써넣으시오.

| | 백의 자리 | 십의 자리 | 일의 자리 |
|---|---|---|---|
| 537 ⇨ | 5 | 3 | 7 |
| 837 ⇨ | | | |

537 ○ 837

힌트 백의 자리 숫자를 비교해 봅니다.

2-2 빈 곳에 알맞은 수를 써넣은 후 두 수의 크기를 비교하여 ○ 안에 > 또는 <를 알맞게 써넣으시오.

| | 백의 자리 | 십의 자리 | 일의 자리 |
|---|---|---|---|
| 662 ⇨ | 6 | 6 | 2 |
| 490 ⇨ | | | |

662 ○ 490

3-1 두 수의 크기를 비교하여 ○ 안에 > 또는 <를 알맞게 써넣으시오.

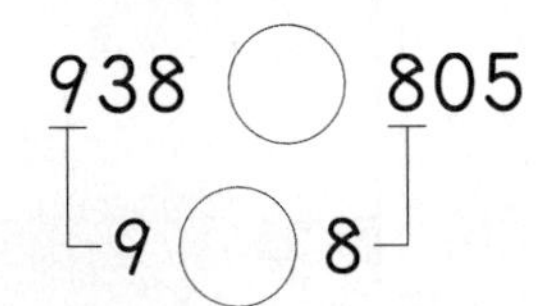


힌트 백의 자리 숫자가 클수록 더 큰 수입니다.

3-2 두 수의 크기를 비교하여 ○ 안에 > 또는 <를 알맞게 써넣으시오.

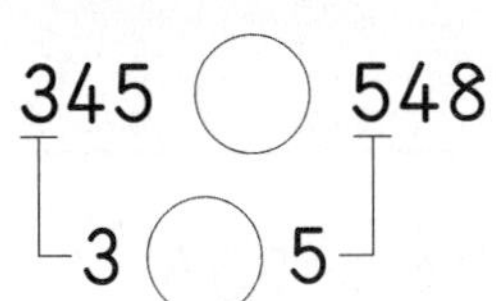

## 개념7 크기 비교하기(2) – 십의 자리 숫자끼리 비교

└ 백의 자리 숫자가 같은 경우

- **수 모형으로 나타내어 비교하기**

| | 백 모형 | 십 모형 | 일 모형 |
|---|---|---|---|
| 274 ⇨ | | | |
| 256 ⇨ | | | |

백 모형의 수가 같으므로 십 모형이 더 많은 274가 256보다 큽니다.

⇨ 274>256

- **자릿값으로 비교하기**

| | 백의 자리 | 십의 자리 | 일의 자리 |
|---|---|---|---|
| 274 ⇨ | 2 | 7 | 4 |
| 256 ⇨ | 2 | 5 | 6 |

백의 자리 숫자가 같으므로 십의 자리 숫자가 더 큰 274가 256보다 큽니다. ⇨ 274>256

### 개념 체크

❶ 세 자리 수를 비교할 때 백 모형의 수가 같으면 십 모형이 많은 수가 더 ( 큰 , 작은 ) 수입니다.

❷ 세 자리 수를 비교할 때 백의 자리 숫자가 같으면 십의 자리 숫자가 작을수록 더 ( 큰 , 작은 ) 수입니다.

정답 ❶ 큰에 ○표 ❷ 작은에 ○표

## 기본 문제

## 쌍둥이 문제

정답은 4쪽

**1-1** 수 모형을 보고 두 수의 크기를 비교하여 ○ 안에 > 또는 <를 알맞게 써넣으시오.

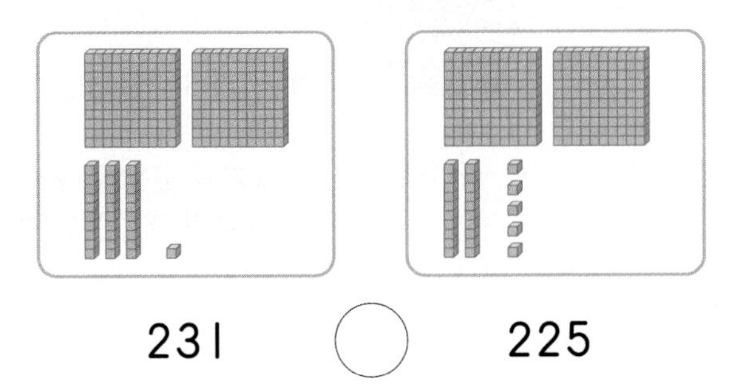

231 ○ 225

힌트 백 모형의 수가 같을 때는 십 모형의 수를 비교해 봅니다.

**1-2** 수 모형을 보고 두 수의 크기를 비교하여 ○ 안에 > 또는 <를 알맞게 써넣으시오.

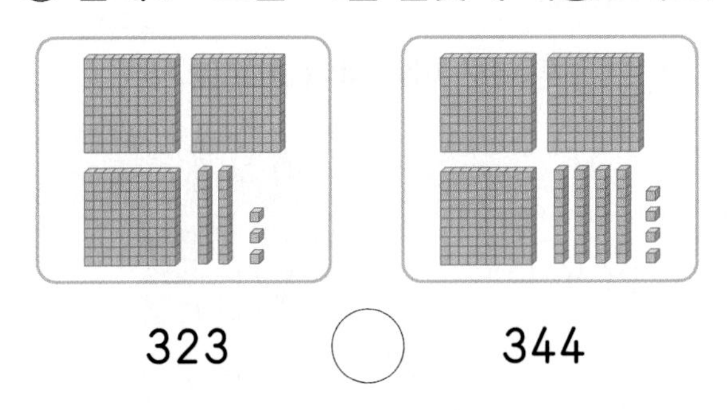

323 ○ 344

교과서 유형

**2-1** 빈 곳에 알맞은 수를 써넣은 후 두 수의 크기를 비교하여 ○ 안에 > 또는 <를 알맞게 써넣으시오.

| | 백의 자리 | 십의 자리 | 일의 자리 |
|---|---|---|---|
| 643 ⇨ | 6 | 4 | 3 |
| 692 ⇨ | | | |

643 ○ 692

힌트 백의 자리 숫자가 같을 때는 십의 자리 숫자를 비교해 봅니다.

**2-2** 빈 곳에 알맞은 수를 써넣은 후 두 수의 크기를 비교하여 ○ 안에 > 또는 <를 알맞게 써넣으시오.

| | 백의 자리 | 십의 자리 | 일의 자리 |
|---|---|---|---|
| 708 ⇨ | 7 | 0 | 8 |
| 738 ⇨ | | | |

708 ○ 738

**3-1** 두 수의 크기를 비교하여 ○ 안에 > 또는 <를 알맞게 써넣으시오.

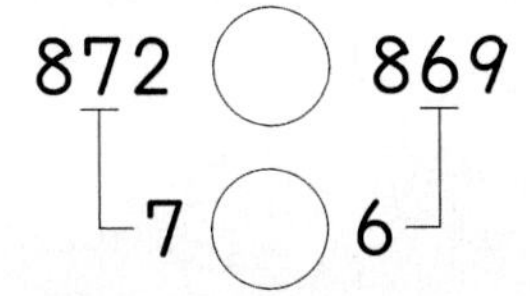


힌트 백의 자리 숫자가 같을 때는 십의 자리 숫자가 클수록 더 큰 수입니다.

**3-2** 두 수의 크기를 비교하여 ○ 안에 > 또는 <를 알맞게 써넣으시오.

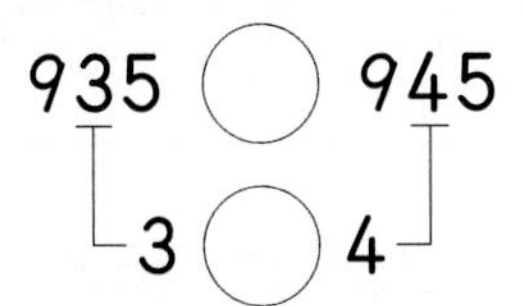

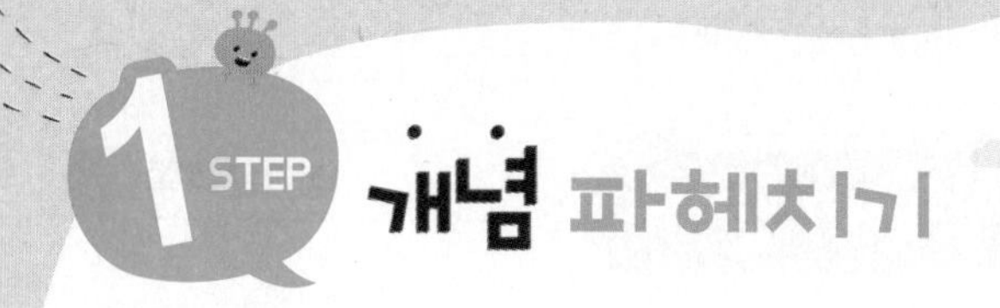


## 개념8 크기 비교하기(3)—일의 자리 숫자끼리 비교

└→ 백의 자리, 십의 자리 숫자가 같은 경우

• 수 모형으로 나타내어 비교하기

| | 백 모형 | 십 모형 | 일 모형 |
|---|---|---|---|
| 269 ⇨ | | | |
| 263 ⇨ | | | |

백 모형의 수, 십 모형의 수가 같으므로 일 모형이 더 많은 269가 263보다 큽니다. ⇨ 269>263

• 자릿값으로 비교하기

| | 백의 자리 | 십의 자리 | 일의 자리 |
|---|---|---|---|
| 269 ⇨ | 2 | 6 | 9 |
| 263 ⇨ | 2 | 6 | 3 |

백의 자리 숫자, 십의 자리 숫자가 같으므로 일의 자리 숫자가 더 큰 269가 263보다 큽니다. ⇨ 269>263

### 개념 체크

❶ 세 자리 수를 비교할 때 백 모형의 수, 십 모형의 수가 같으면 일 모형이 많은 수가 더 ( 큰 , 작은 ) 수입니다.

❷ 세 자리 수를 비교할 때 백의 자리 숫자, 십의 자리 숫자가 같으면 일의 자리 숫자가 클수록 더 ( 큰 , 작은 ) 수입니다.

정답 ❶ 큰에 ○표 ❷ 큰에 ○표

## 기본 문제

## 쌍둥이 문제

**1-1** 수 모형을 보고 두 수의 크기를 비교하여 ○ 안에 > 또는 <를 알맞게 써넣으시오.

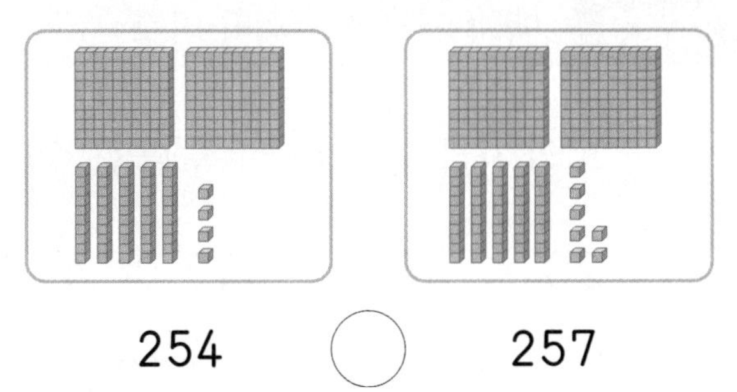

254 ○ 257

힌트 백 모형의 수, 십 모형의 수가 같을 때는 일 모형의 수를 비교해 봅니다.

**1-2** 수 모형을 보고 두 수의 크기를 비교하여 ○ 안에 > 또는 <를 알맞게 써넣으시오.

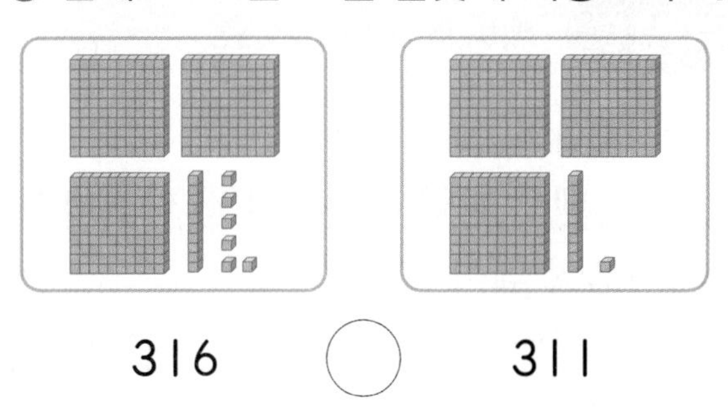

316 ○ 311

교과서 유형

**2-1** 빈 곳에 알맞은 수를 써넣은 후 두 수의 크기를 비교하여 ○ 안에 > 또는 <를 알맞게 써넣으시오.

| | 백의 자리 | 십의 자리 | 일의 자리 |
|---|---|---|---|
| 564 ⇨ | 5 | 6 | 4 |
| 568 ⇨ | | | |

564 ○ 568

힌트 백의 자리 숫자, 십의 자리 숫자가 같을 때는 일의 자리 숫자를 비교해 봅니다.

**2-2** 빈 곳에 알맞은 수를 써넣은 후 두 수의 크기를 비교하여 ○ 안에 > 또는 <를 알맞게 써넣으시오.

| | 백의 자리 | 십의 자리 | 일의 자리 |
|---|---|---|---|
| 858 ⇨ | 8 | 5 | 8 |
| 857 ⇨ | | | |

858 ○ 857

**3-1** 두 수의 크기를 비교하여 ○ 안에 > 또는 <를 알맞게 써넣으시오.

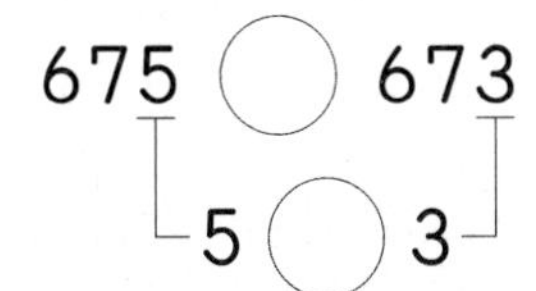


힌트 백의 자리 숫자, 십의 자리 숫자가 같을 때는 일의 자리 숫자가 클수록 더 큰 수입니다.

**3-2** 두 수의 크기를 비교하여 ○ 안에 > 또는 <를 알맞게 써넣으시오.

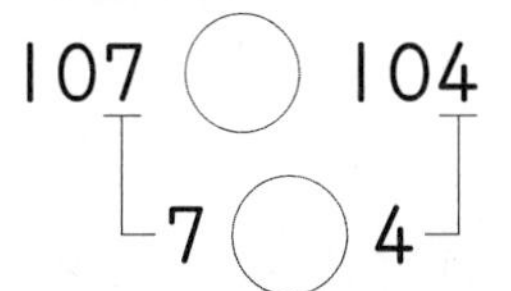

# 개념 확인하기

**개념 5 뛰어서 세어 볼까요**

- 100씩 뛰어 세기
  ⇨ 백의 자리 숫자가 1씩 커집니다.
- 10씩 뛰어 세기
  ⇨ 십의 자리 숫자가 1씩 커집니다.
- 1씩 뛰어 세기
  ⇨ 일의 자리 숫자가 1씩 커집니다.

**1** 빈 곳에 알맞은 수를 써넣으시오.

996 — 997 — 998 — 999 — □

999보다 1 큰 수는 □입니다.

익힘책 유형

**2** 빈 곳에 알맞은 수를 써넣고 몇씩 뛰어서 세었는지 □ 안에 알맞은 수를 써넣으시오.

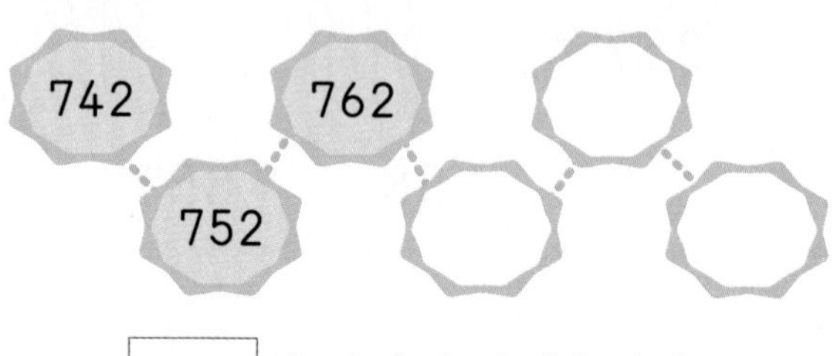


□씩 뛰어서 세었습니다.

**3** 도진이가 말한 방법대로 뛰어서 세어 보시오.

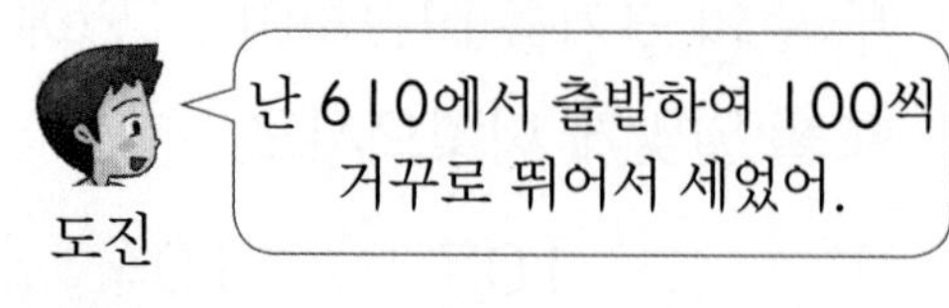


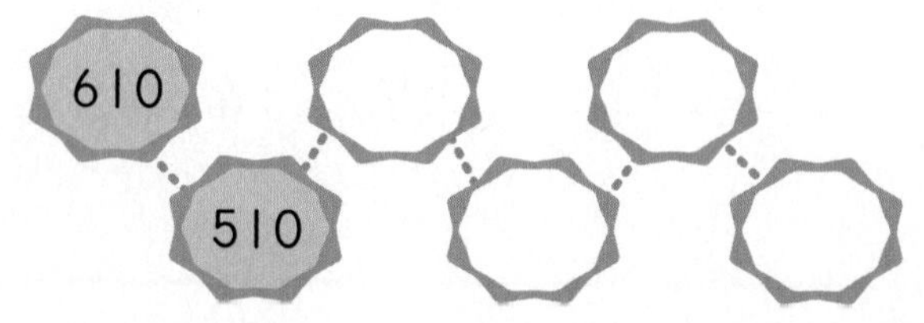


**개념 6 백의 자리 숫자끼리 비교**

백의 자리 숫자가 클수록 더 큰 수!

예 123 < 362 (1<3)　　547 > 418 (5>4)

**4** 두 수의 크기를 비교하여 ○ 안에 > 또는 <를 알맞게 써넣으시오.

(1) 768 ○ 297

(2) 592 ○ 803

교과서 유형

**5** 빈 곳에 알맞은 수를 써넣으시오.

| | 백의 자리 | 십의 자리 | 일의 자리 |
|---|---|---|---|
| 593 ⇨ | 5 | 9 | 3 |
| 831 ⇨ | | | |
| 420 ⇨ | | | |

가장 큰 수는 □입니다.

**6** 도서관에 위인전이 324권, 동화책이 264권 있습니다. 위인전과 동화책 중에서 더 많은 책은 어느 것입니까?

(　　　　　　　　)

## 개념 7 십의 자리 숫자끼리 비교

백의 자리 숫자가 같으면
십의 자리 숫자가 클수록 더 큰 수!

예 235 < 261 (3<6)    724 > 719 (2>1)

**7** 두 수의 크기를 바르게 비교한 것을 찾아 기호를 쓰시오.

㉠ 136>141 ㉡ 159<160

(　　　　　　)

**8** 수 모형을 보고 가장 큰 수를 찾아 쓰시오.

| 111 | 132 | 125 |
|---|---|---|

(　　　　　　)

익힘책 유형

**9** 수의 크기를 비교하여 작은 수부터 차례로 쓰시오.

293　　273　　253

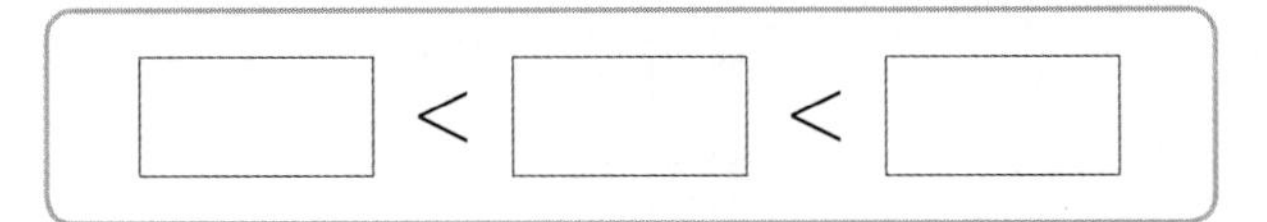

## 개념 8 일의 자리 숫자끼리 비교

백의 자리, 십의 자리 숫자가 같으면
일의 자리 숫자가 클수록 더 큰 수!

예 160 < 166 (0<6)    528 > 522 (8>2)

**10** 두 수의 크기를 비교하여 ○ 안에 > 또는 <를 알맞게 써넣으시오.

(1) 962 ○ 963

(2) 789 ○ 786

**11** ㉠과 ㉡의 크기를 비교하여 더 작은 수의 기호를 쓰시오.

㉠ 100이 4개, 10이 5개, 1이 8개인 수
㉡ 457

(　　　　　　)

교과서 유형

**12** 번호가 작은 사람부터 영화표를 살 수 있습니다. 영화표를 먼저 살 수 있는 사람의 번호를 쓰시오.

(　　　　　　)

# 3 STEP 단원 마무리 평가

1. 세 자리 수

점수

1 □ 안에 알맞은 수를 써넣으시오.

100이 5개
10이 3개
1이 7개
→ □

2 □ 안에 알맞은 수를 써넣으시오.

(1) 100이 7개이면 □ 입니다.

(2) 100이 □ 개이면 900입니다.

3 수를 읽어 보시오.

478

( )

4 □ 안에 알맞은 수를 써넣으시오.

(1) 삼백 — □

(2) 오백사십칠 — □

5 100씩 뛰어서 세어 보시오.

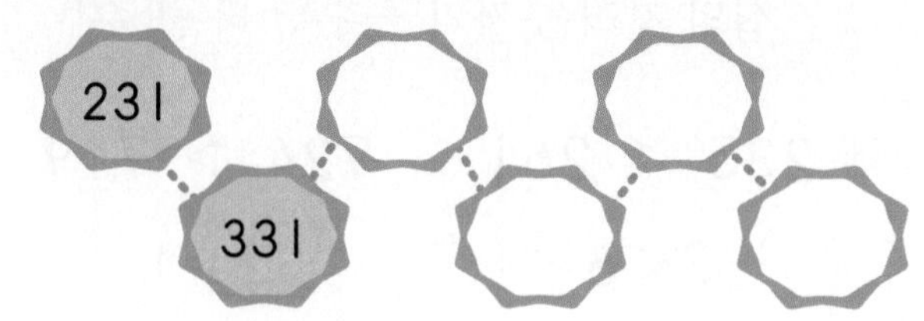


6 1씩 뛰어서 세어 보시오.

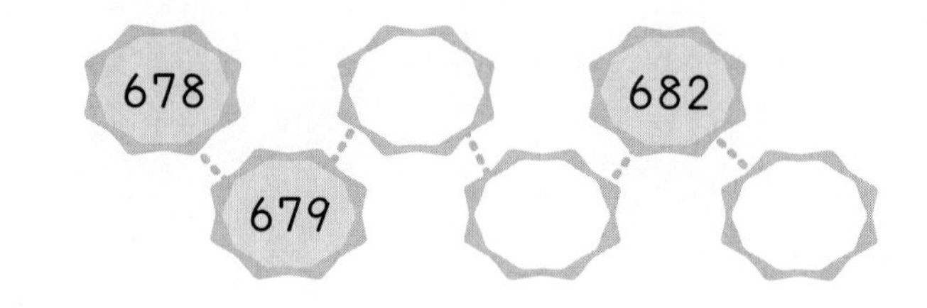


7 백의 자리 숫자가 4, 십의 자리 숫자가 9, 일의 자리 숫자가 6인 세 자리 수를 쓰시오.

( )

8 수 모형이 나타내는 수를 쓰고 읽어 보시오.

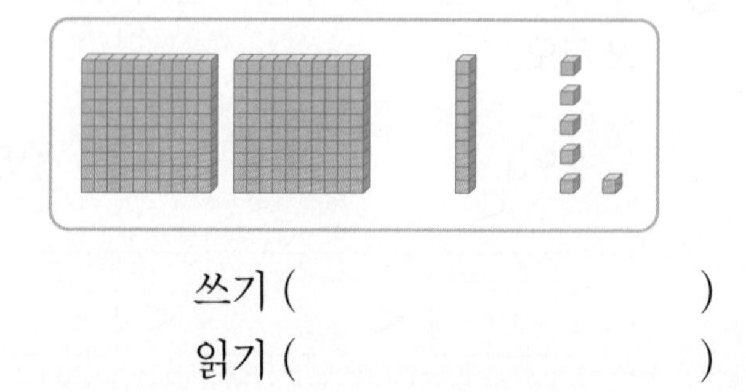

쓰기 ( )
읽기 ( )

9 수지와 기하가 124를 동전으로 나타냈습니다. 두 사람이 나타낸 방법을 생각하며 □ 안에 알맞은 수를 써넣으시오.

수지 | 기하

| | 100원 | 10원 | 1원 |
|---|---|---|---|
| 수지 | □개 | □개 | □개 |
| 기하 | □개 | □개 | □개 |

유사 문제

10 밑줄 친 숫자는 얼마를 나타내는지 쓰시오.

(1) 444 (　　　　　)

(2) 596 (　　　　　)

유사 문제

11 두 수의 크기를 비교하여 ○ 안에 > 또는 <를 알맞게 써넣으시오.

(1) 327 ○ 474

(2) 225 ○ 224

12 빈칸에 알맞은 수를 써넣어 수 배열표를 완성하시오.

| 141 | 142 | 143 | 144 | 145 | | |
|---|---|---|---|---|---|---|
| 148 | 149 | | | 152 | 153 | |
| 155 | | 157 | 158 | | 160 | 161 |

13 오이의 수를 보기와 같은 방법대로 표시한 것입니다. 오이는 모두 몇 개입니까?

보기
오이 100개－■, 오이 10개－●,
오이 1개 －▲

오이의 수
■■■●●●●▲▲▲▲▲

(　　　　　)

14 5가 나타내는 수는 얼마인지 풀이 과정을 완성하고 답을 구하시오.

852

풀이 852에서 5는 □의 자리 숫자이므로 □을 나타냅니다.

답 □

1 세 자리 수

정답은 5쪽

**15** □ 안에 알맞은 수를 써넣으시오.

40 55 70 85 □

**16** 다음 중 바른 것은 어느 것입니까? ............................................( )

① 100이 6개이면 60입니다.
② 300은 100이 4개입니다.
③ 621=600+200+1
④ 487에서 십의 자리 숫자는 7입니다.
⑤ 590에서 5는 500을 나타냅니다.

**17** 영욱이는 색종이 362장과 도화지 350장을 가지고 있습니다. 색종이와 도화지 중 더 많은 것을 구하려고 합니다. 풀이 과정을 완성하고 답을 구하시오.

풀이 □의 자리 숫자가 같으므로
□의 자리 숫자를 비교하면 □>□
이므로 □>□입니다.
따라서 □가 더 많습니다.

답 □

**18** 960에서 출발하여 10씩 거꾸로 뛰어서 세어 보시오.

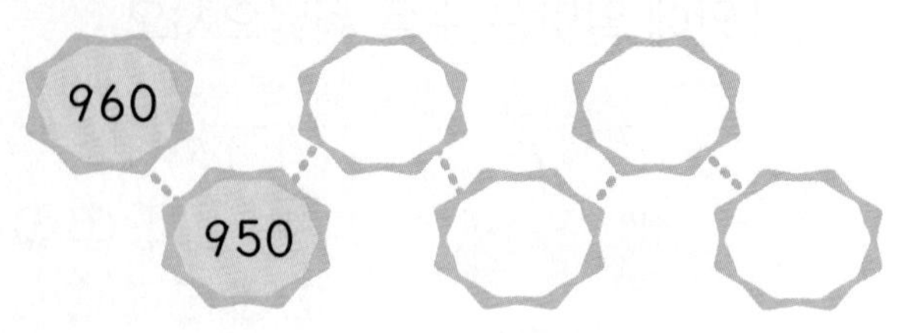

**19** 다음 숫자 카드 3장을 각각 한 번씩만 사용하여 가장 큰 세 자리 수를 만들어 보시오.

4 6 8

( )

**20** 키가 가장 작은 사람은 가장 작은 수를, 키가 가장 큰 사람은 가장 큰 수를 골랐습니다. 민희가 고른 수는 얼마입니까?

798 817 804

( )

QR 코드를 찍어 게임을 해 보고
이번 단원을 확실히 익혀 보세요!

1. 아린이가 설명하는 수를 수홍이가 다른 방법으로 설명하려고 합니다. □ 안에 알맞은 수를 써넣으시오.

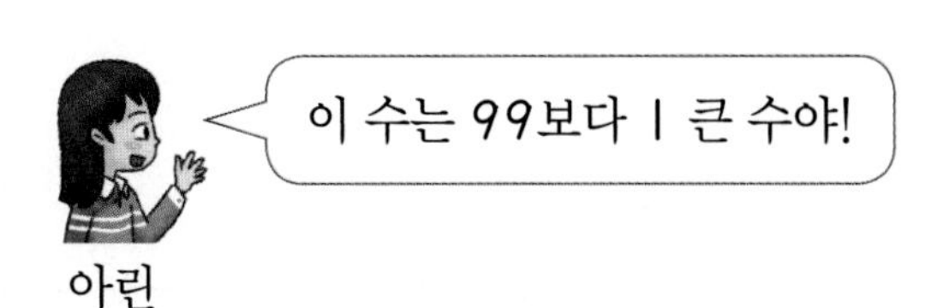


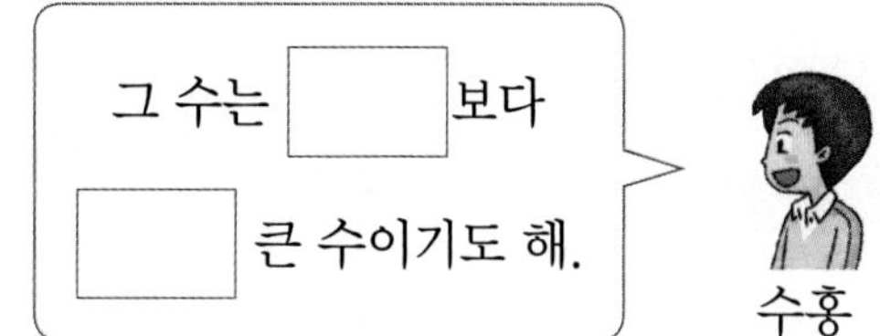

**[2~4] 서우네 학교에 알뜰 시장이 열렸습니다. 왼쪽은 서우가 가지고 있는 용돈이고 오른쪽은 알뜰 시장에서 파는 물건입니다. 그림을 보고 물음에 답하시오.**

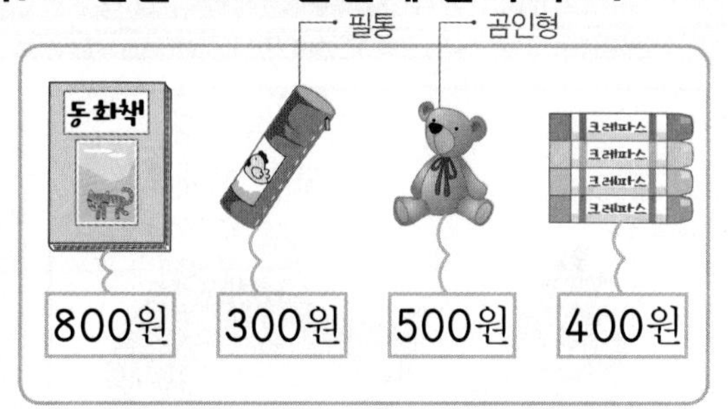


2. 10원짜리 동전 10개는 100원짜리 동전 1개와 같습니다. 서우가 가지고 있는 용돈은 모두 얼마입니까?

( )

3. 서우가 가지고 있는 용돈으로 크레파스를 살 수 있습니까, 없습니까?

( )

4. 서우가 가지고 있는 용돈으로 살 수 없는 물건의 이름을 쓰시오.

( )

# 2 여러 가지 도형

## 제2화 새 나라의 새 궁전의 모습은?

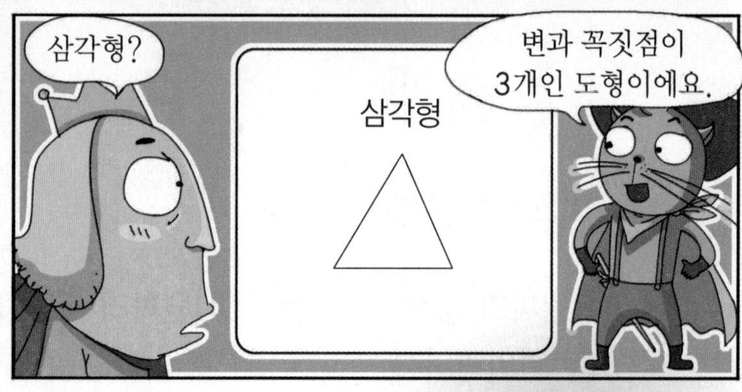

| 이미 배운 내용 | 이번에 배울 내용 | 앞으로 배울 내용 |
|---|---|---|
| [1-1 여러 가지 모양]<br>• 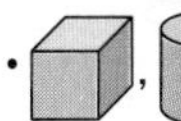, 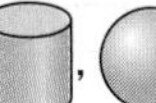, 모양 찾기<br>[1-2 여러 가지 모양]<br>• 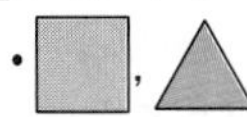, , 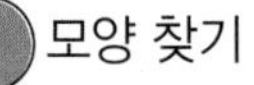 모양 찾기 | • 원, 삼각형, 사각형 알아보기<br>• 칠교판으로 모양 만들기<br>• 오각형, 육각형 알아보기<br>• 쌓기나무로 쌓기 | [3-1 평면도형]<br>• 직각삼각형, 직사각형, 정사각형 알아보기<br>[3-2 원]<br>• 원의 중심, 반지름, 지름 알아보기 |

# 개념 파헤치기

## 개념1 ◯ 알아보기

그림과 같은 모양의 도형을 원이라고 합니다.

 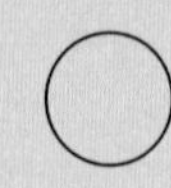 

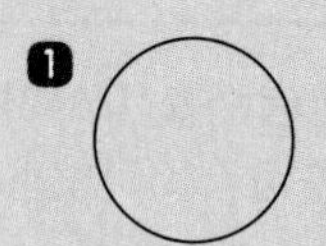


- **원의 특징**
  ① 길쭉하거나 찌그러진 곳 없이 어느 쪽에서 보아도 똑같이 동그란 모양입니다. ⬭, ⬯: 원이 아닙니다.
  ② 뾰족한 부분과 곧은 선이 없습니다.
  ③ 크기는 다르지만 생긴 모양이 서로 같습니다.
  ④ 굽은 선으로 이어져 있습니다.

### 개념 체크

❶ 위 그림과 같은 모양의 도형을 ☐이라고 합니다.

❷ 원은 뾰족한 부분이 없습니다. ……………( ◯ , × )

정답 ❶ 원 ❷ ◯에 ◯표

정답은 7쪽

## 기본 문제

**1-1** 원을 모두 찾아 색칠하시오.

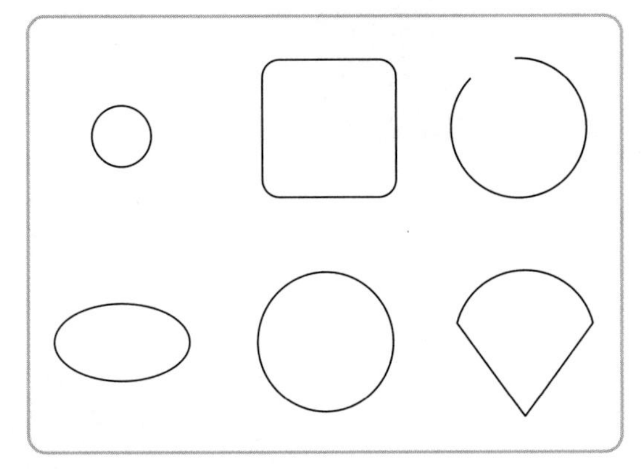

(힌트) 길쭉하거나 찌그러진 곳 없이 어느 쪽에서 보아도 똑같이 동그란 모양의 도형을 찾습니다.

**2-1** 주변에서 찾을 수 있는 원 모양에 ○표 하시오.

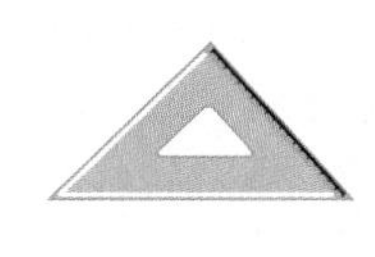

( ) ( ) ( )

(힌트) 동그란 모양의 물건을 찾습니다.

교과서 유형

**3-1** 다음과 같이 종이컵을 대고 테두리를 따라 그린 도형의 이름을 쓰시오.

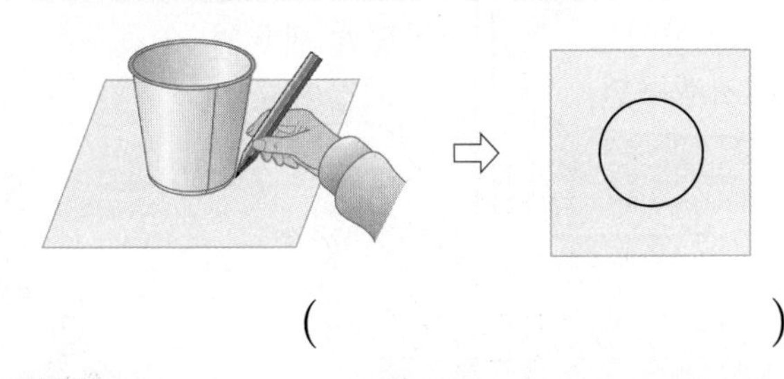

( )

(힌트) 종이컵을 대고 테두리를 따라 그리면 길쭉하거나 찌그러진 곳 없이 어느 쪽에서 보아도 똑같이 동그란 모양입니다.

## 쌍둥이 문제

**1-2** 원을 모두 찾아 '원'이라고 쓰시오.

**2-2** 주변에서 찾을 수 있는 원 모양이 아닌 것에 ×표 하시오.

( ) ( ) ( )

( ) ( ) ( )

**3-2** 다음과 같이 접시를 대고 테두리를 따라 그린 도형의 이름을 쓰시오.

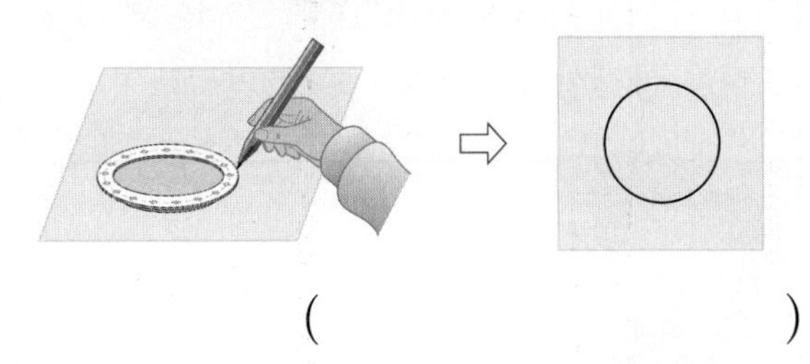

( )

# 1 STEP 개념 파헤치기

## 개념2 △ 알아보기

개념 동영상

그림과 같은 모양의 도형을 삼각형이라고 합니다.

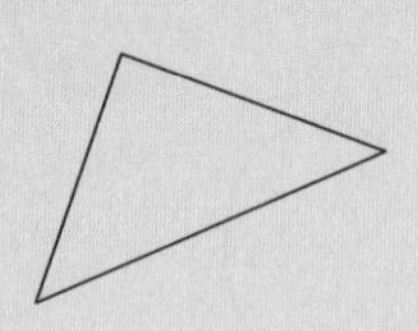

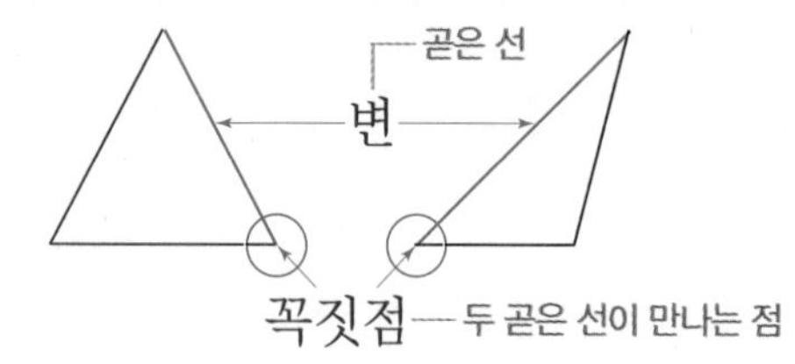

- **삼각형의 특징**
  ① 변이 3개입니다.
  ② 꼭짓점이 3개입니다.
  ③ 곧은 선들로 둘러싸여 있습니다.

### 개념 체크

❶ 삼각형의 곧은 선은 변입니다. …………… (○, ×)

❷ 삼각형의 두 곧은 선이 만나는 점은 꼭짓점입니다. …………………… (○, ×)

❸ 삼각형은 변이 ( 2 , 3 )개입니다.

정답 ❶ ○에 ○표 ❷ ○에 ○표 ❸ 3에 ○표

## 기본 문제

교과서 유형

**1-1** 삼각형을 모두 찾아 색칠하시오.

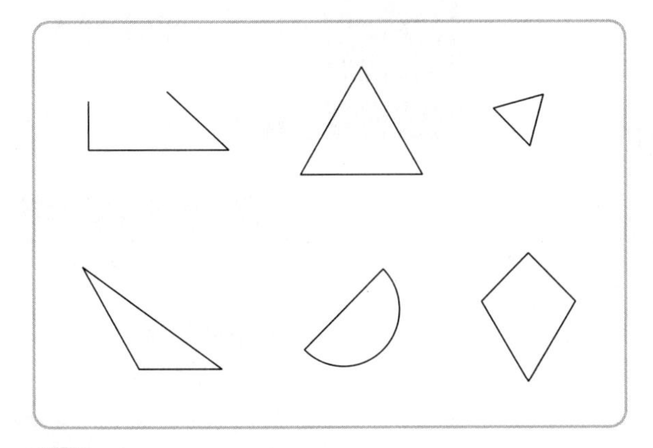

힌트 변과 꼭짓점이 3개인 도형을 찾습니다.

**2-1** 꼭짓점에 모두 ○표 하시오.

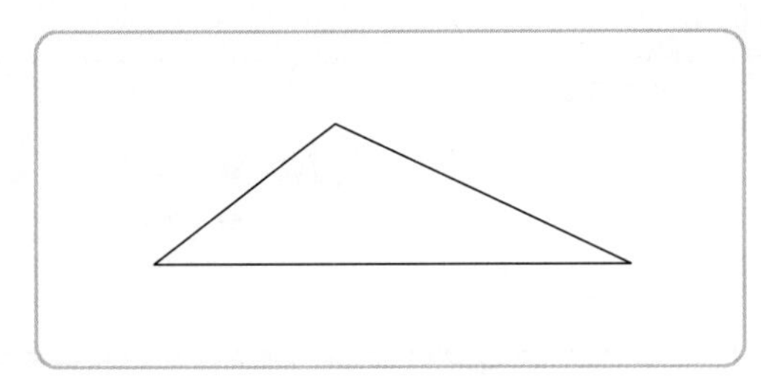

힌트 두 곧은 선이 만나는 점을 모두 찾습니다.

**3-1** 삼각형을 그려 보시오.

힌트 삼각형은 변과 꼭짓점이 3개 있습니다.

## 쌍둥이 문제

**1-2** 삼각형을 모두 찾아 ○표 하시오.

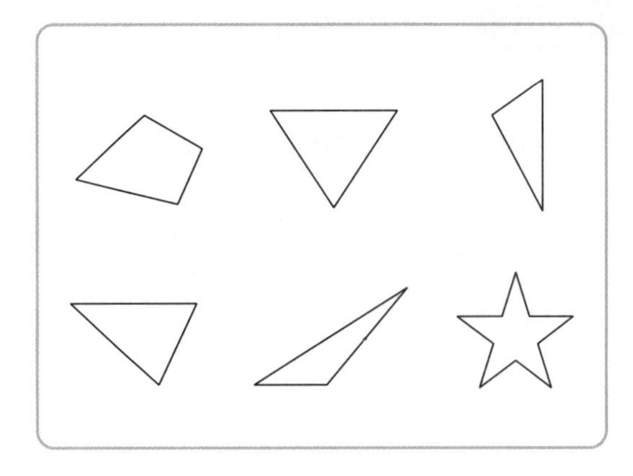

**2-2** 변에 모두 ×표 하시오.

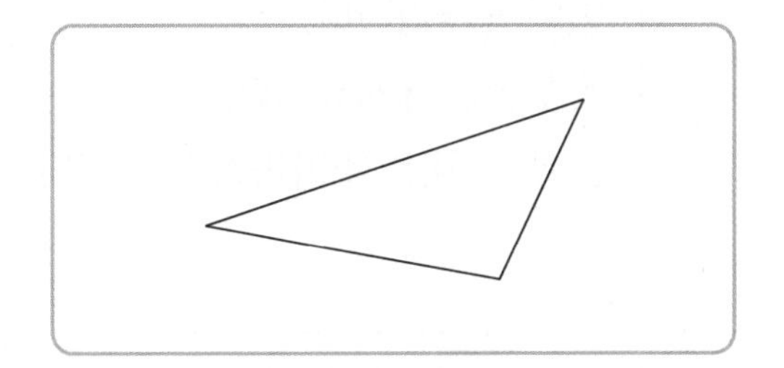

**3-2** 3-1과 다른 삼각형을 그려 보시오.

## 개념3 □ 알아보기

그림과 같은 모양의 도형을 사각형이라고 합니다.

 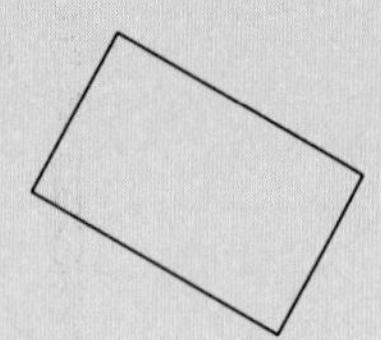 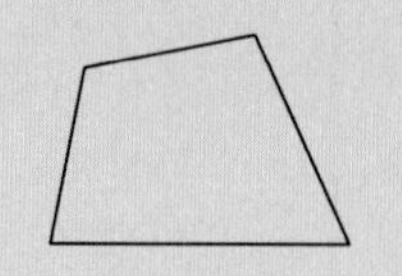

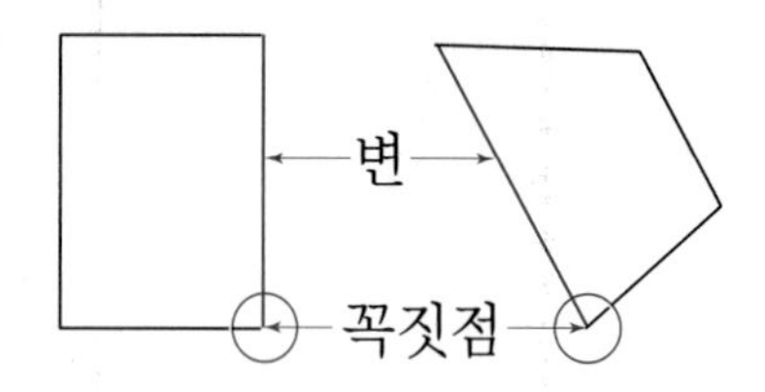

- **사각형의 특징**
  ① 변이 4개입니다.
  ② 꼭짓점이 4개입니다.
  ③ 곧은 선들로 둘러싸여 있습니다.

개념 동영상

### 개념 체크

❶ 위 그림과 같은 모양의 도형을 [ ]이라고 합니다.

❷ 사각형은 변이 [ ]개입니다.

❸ 사각형은 꼭짓점이 ( 3 , 4 )개입니다.

정답 ❶ 사각형 ❷ 4 ❸ 4에 ○표

1-1 사각형을 모두 찾아 색칠하시오.

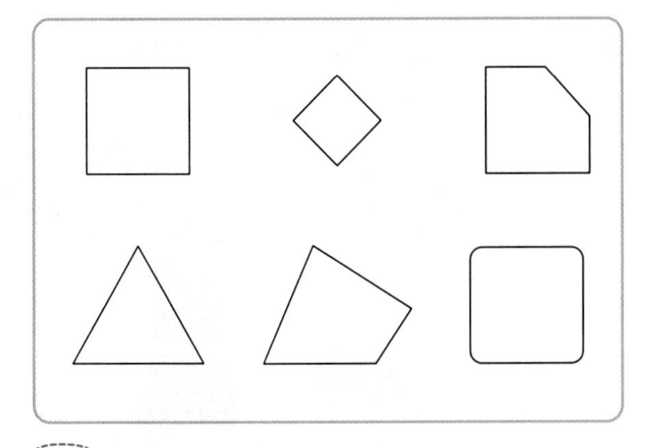

힌트 변과 꼭짓점이 4개인 도형을 찾습니다.

1-2 사각형을 모두 찾아 ◯표 하시오.

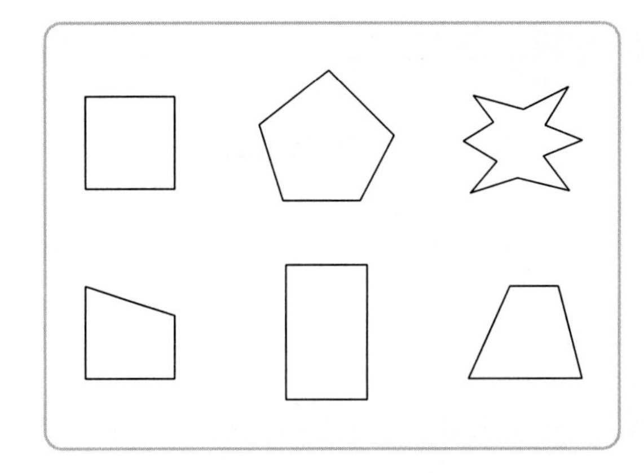

2-1 꼭짓점에 모두 ◯표 하시오.

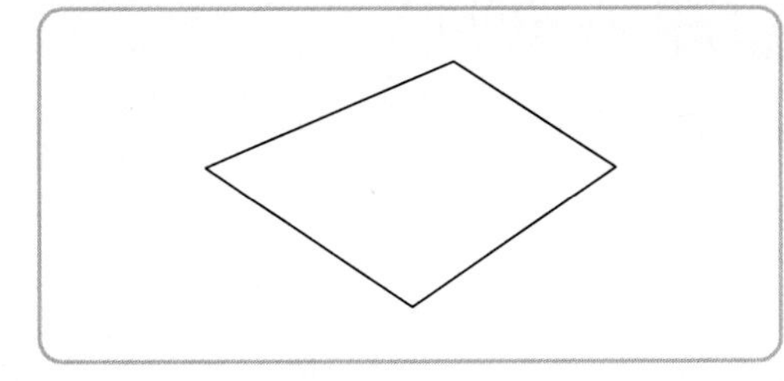

힌트 두 곧은 선이 만나는 점을 모두 찾습니다.

2-2 변에 모두 ×표 하시오.

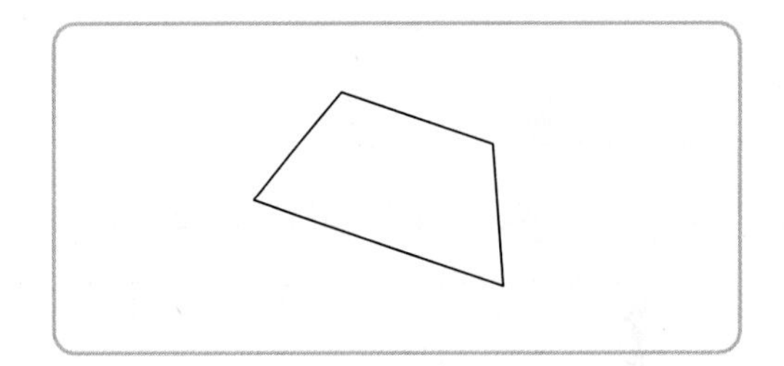

교과서 유형

3-1 사각형을 그려 보시오.

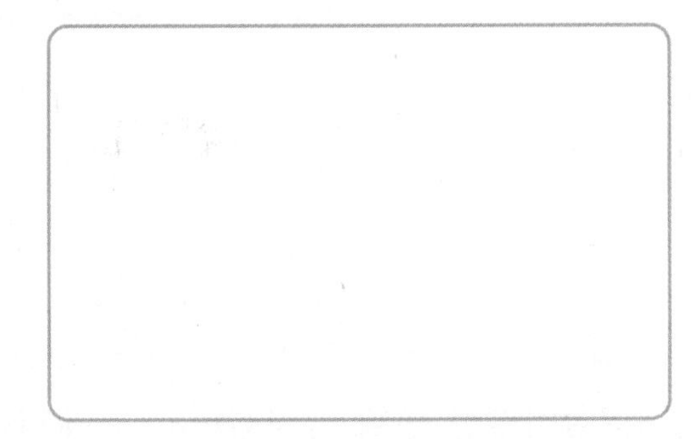

힌트 사각형은 변과 꼭짓점이 4개 있습니다.

3-2 3-1과 다른 사각형을 그려 보시오.

# 개념 확인하기

**개념 1** ◯ 알아보기

• 원: 동그란 모양입니다.

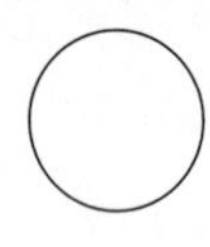
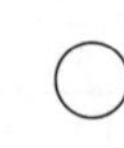
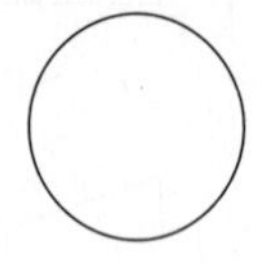

**1** 원을 찾아 ◯표 하시오.

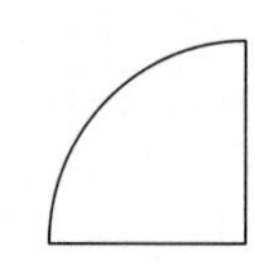
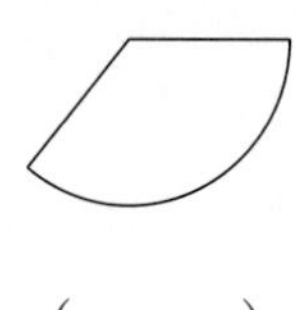
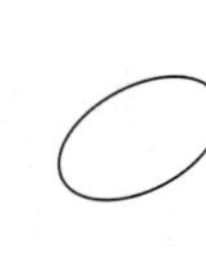
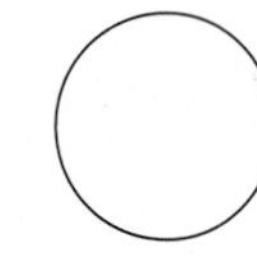

( ) ( ) ( ) ( )

교과서 유형

**2** 주변의 물건이나 모양 자를 사용하여 크기가 다른 원 2개를 그려 보시오.

**3** 원은 모두 몇 개입니까?

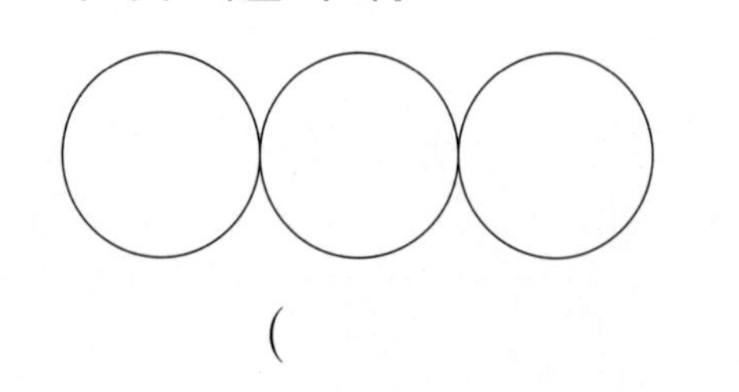

( )

익힘책 유형

**4** 원에 대하여 옳게 말한 사람에 ◯표 하시오.

( ) ( )

**개념 2** △ 알아보기

• 삼각형: 변과 꼭짓점이 3개입니다.

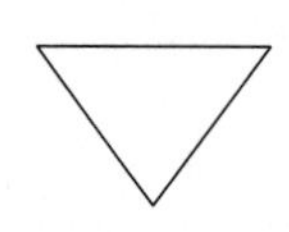
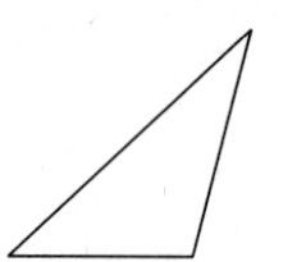
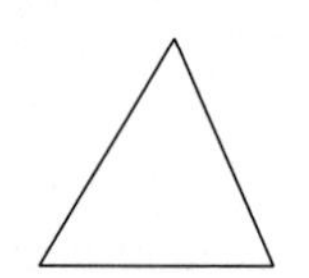

**5** 삼각형을 모두 찾아 ◯표 하시오.

( ) ( ) ( ) ( )

**6** □ 안에 알맞은 수를 써넣으시오.

삼각형은 변과 꼭짓점이 □개입니다.

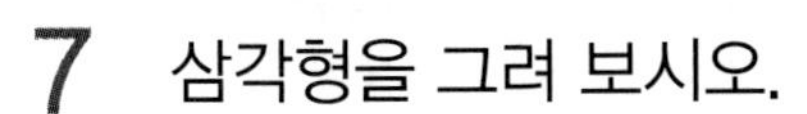

7 삼각형을 그려 보시오.

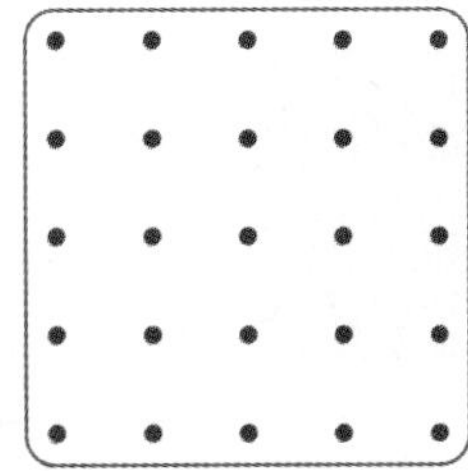

익힘책 유형

8 삼각형은 모두 몇 개입니까?

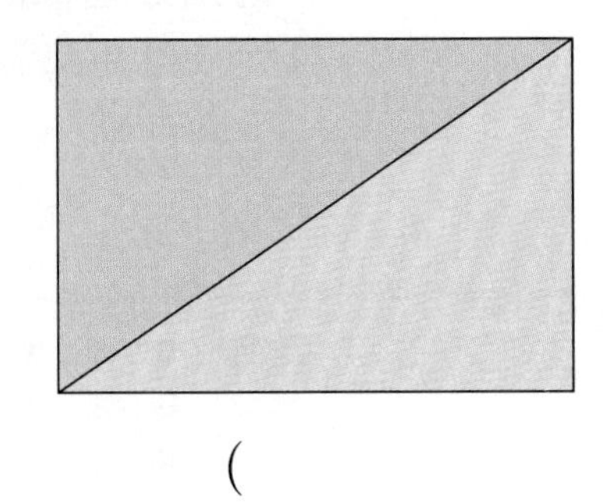

(                    )

**개념 3** □ 알아보기

• 사각형: 변과 꼭짓점이 4개입니다.

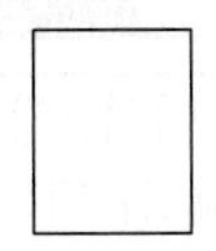

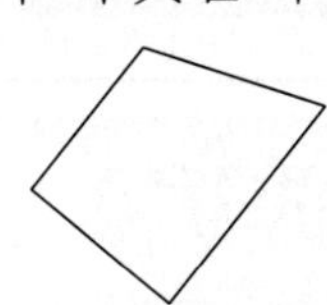

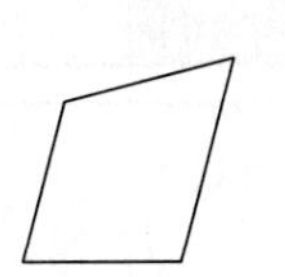

9 사각형을 찾아 ○표 하시오.

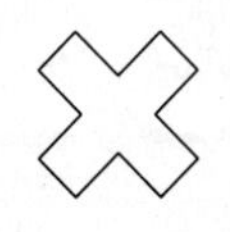

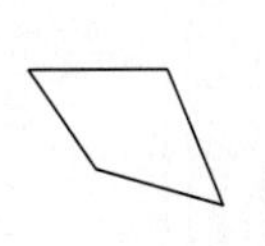

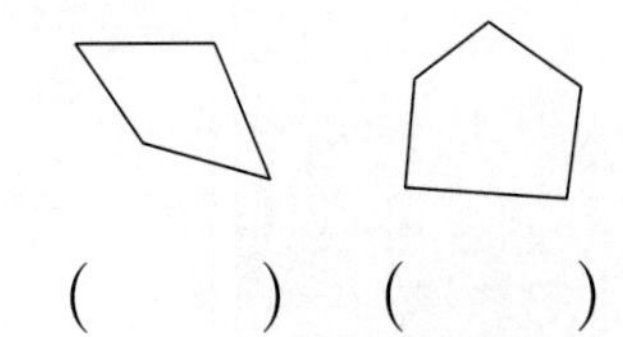

(      ) (      ) (      ) (      )

교과서 유형

10 빈칸에 알맞은 수를 써넣으시오.

| 모양 | 변의 수 | 꼭짓점의 수 |
| --- | --- | --- |
| 사각형 |  |  |

11 오른쪽과 같이 종이를 점선을 따라 자르면 어떤 도형이 생깁니까?

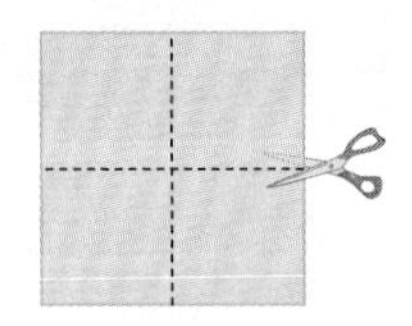

(                    )

12 사각형을 그려 보시오.

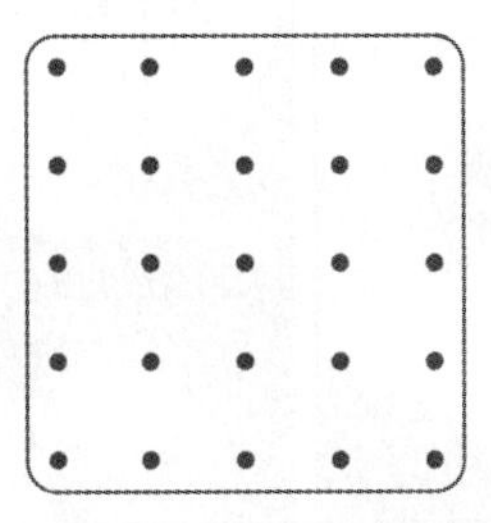

13 주변에서 찾을 수 있는 사각형 모양의 물건을 3가지 찾아 쓰시오.

(                    )

# 개념 파헤치기

## 개념4 칠교판으로 모양 만들기

개념 동영상

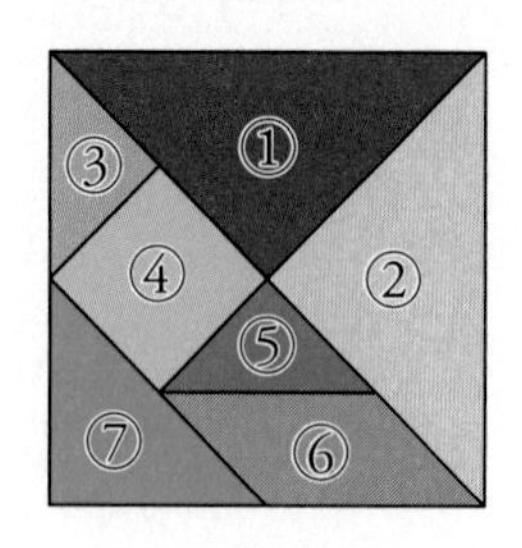


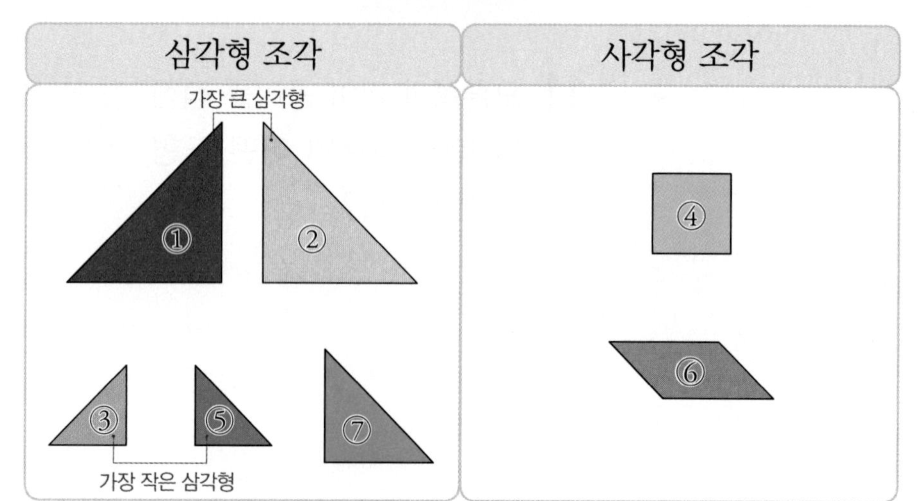

| 삼각형 조각 | 사각형 조각 |
| --- | --- |
|   |  |



### 개념 체크

❶ 왼쪽 칠교판의 조각은 모두( 5 , 7 )개입니다.

❷ 왼쪽 칠교판에는 삼각형 조각이 모두 ( 2 , 5 )개 있습니다.

❸ 왼쪽 칠교판에는 사각형 조각이 모두 ( 2 , 5 )개 있습니다.

정답 ❶ 7에 ○표 ❷ 5에 ○표 ❸ 2에 ○표

교과서 유형

**1-1** 칠교판을 보고 물음에 답하시오.

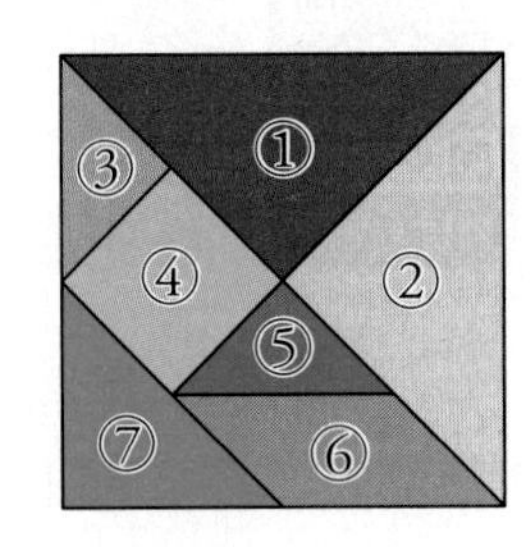


(1) 조각 ①은 어떤 도형입니까?

( )

(2) 삼각형 조각을 모두 찾아 번호를 쓰시오.

( )

(3) 두 조각 ①, ②를 모두 이용하여 사각형을 만드시오.

힌트 칠교판에는 삼각형 조각이 5개, 사각형 조각이 2개 있습니다.

**1-2** 칠교판을 보고 물음에 답하시오.

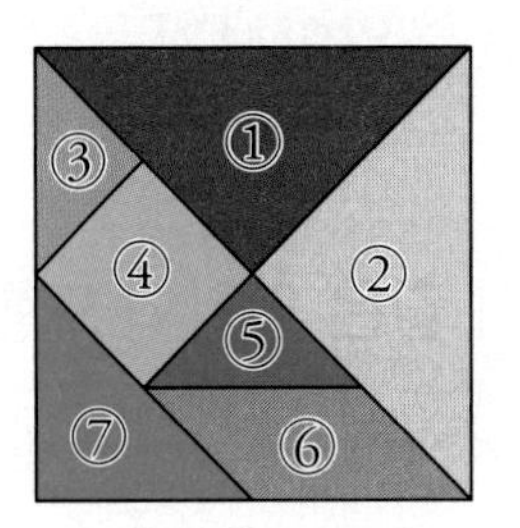


(1) 조각 ④는 어떤 도형입니까?

( )

(2) 사각형 조각을 모두 찾아 번호를 쓰시오.

( )

(3) 두 조각 ①, ②를 모두 이용하여 삼각형을 만드시오.

**2-1** 칠교판의 조각을 이용하여 만든 것입니다. 삼각형 조각은 몇 개 사용했습니까?

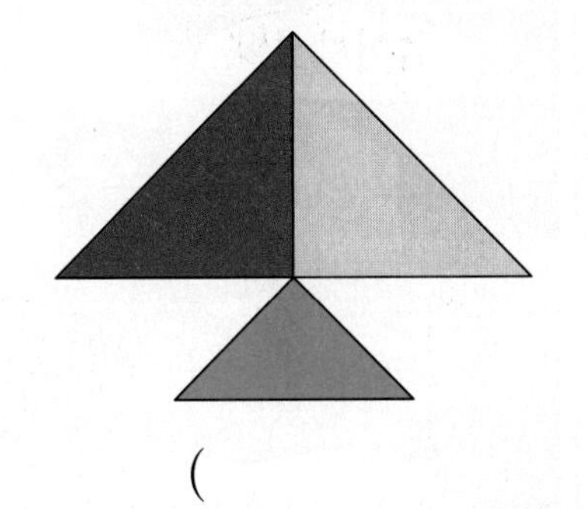

( )

힌트 삼각형은 변과 꼭짓점이 3개인 도형입니다.

**2-2** 칠교판의 조각을 이용하여 만든 것입니다. 삼각형 조각은 몇 개 사용했습니까?

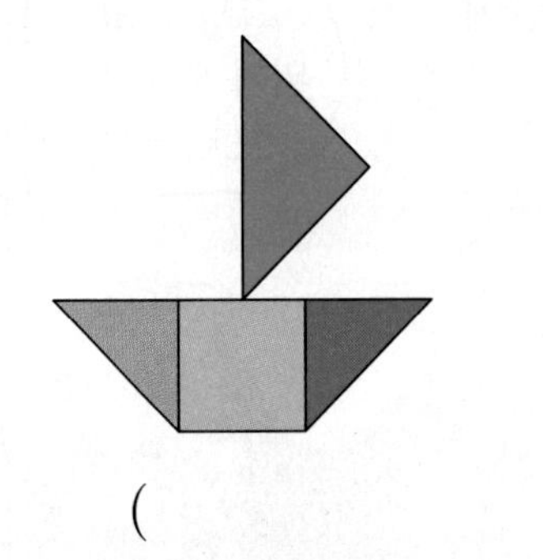

( )

## 개념5 ⬠ 알아보기

개념 동영상

그림과 같은 모양의 도형을 오각형이라고 합니다.

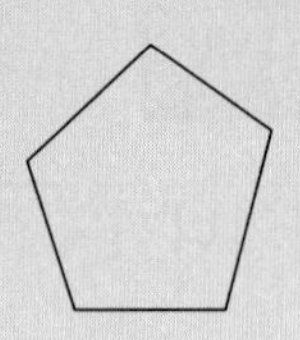
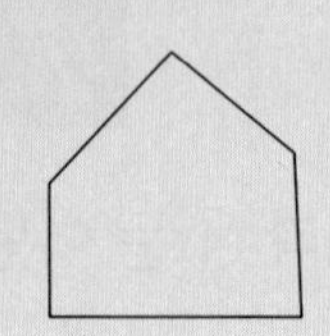
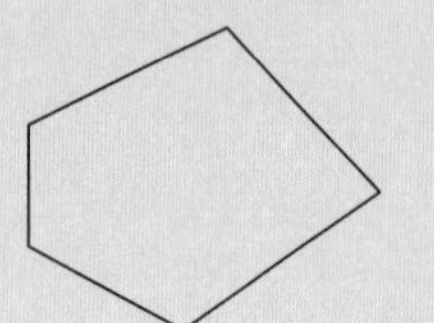
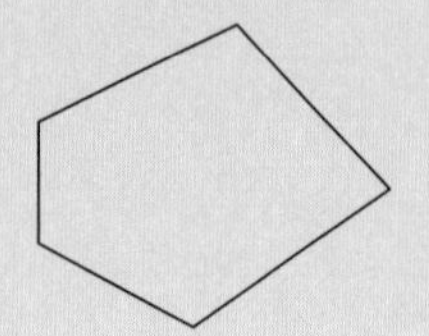

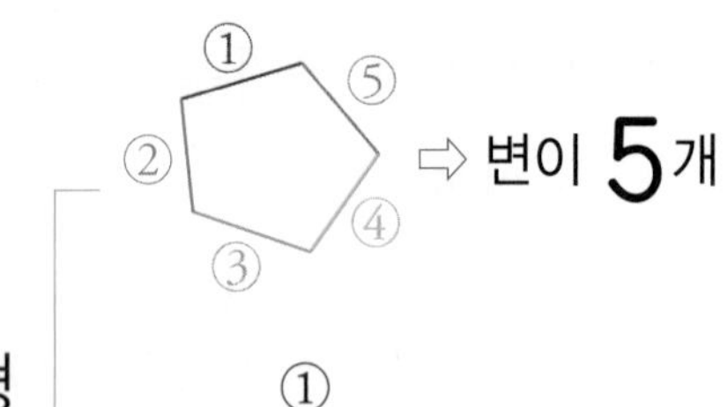


⇨ 변이 5개

오각형

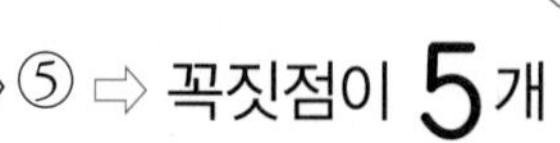


⇨ 꼭짓점이 5개

### 개념 체크

❶ 변과 꼭짓점이 5개인 도형을  이라고 합니다.

❷ 오각형은 변이 □ 개입니다.

❸ 오각형은 꼭짓점이 ( 2 , 5 )개입니다.

정답 ❶ 오각형 ❷ 5 ❸ 5에 ○표

기본 문제

쌍둥이 문제

정답은 8쪽

1-1 오각형을 모두 찾아 색칠하시오.

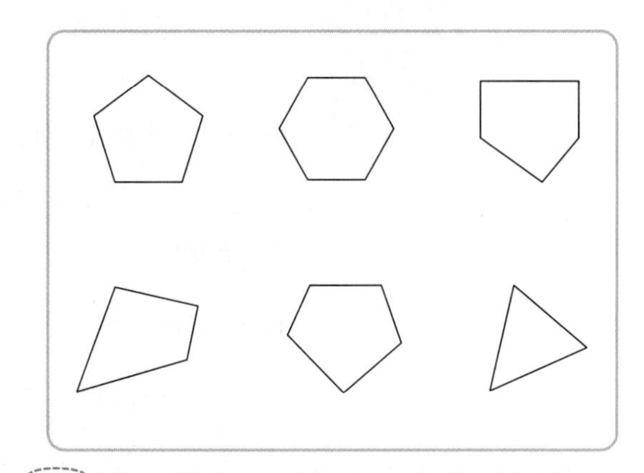

힌트 변과 꼭짓점이 5개인 도형을 찾습니다.

1-2 오각형을 모두 찾아 ○표 하시오.

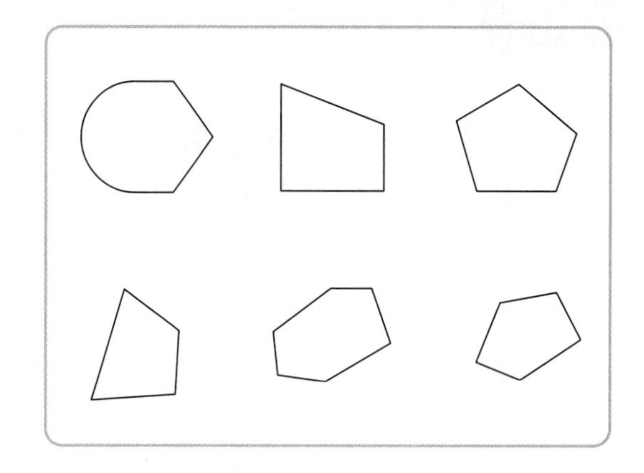

2-1 □ 안에 알맞은 수나 말을 써넣으시오.

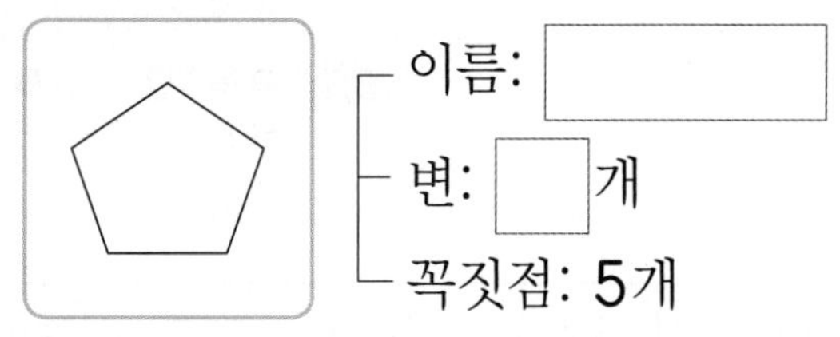


힌트 변과 꼭짓점이 5개인 도형을 오각형이라고 합니다.

2-2 □ 안에 알맞은 수나 말을 써넣으시오.

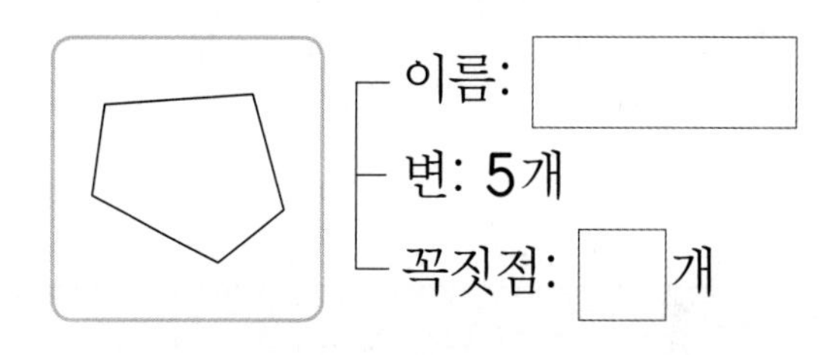


교과서 유형

3-1 오각형을 완성해 보시오.

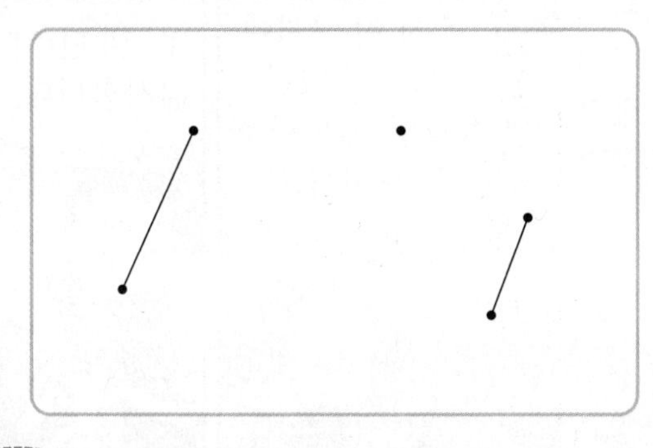

힌트 곧은 선 3개를 더 그어 봅니다.

3-2 오각형을 완성해 보시오.

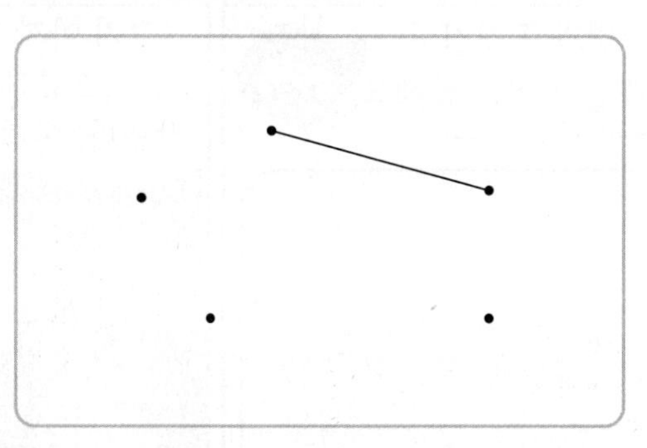

개념6 ⬡ 알아보기

그림과 같은 모양의 도형을 육각형이라고 합니다.

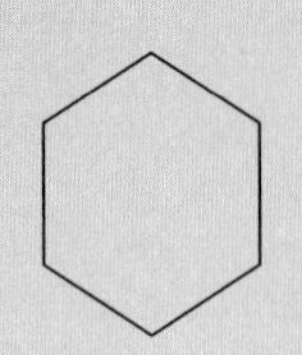
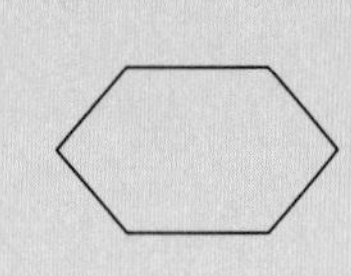
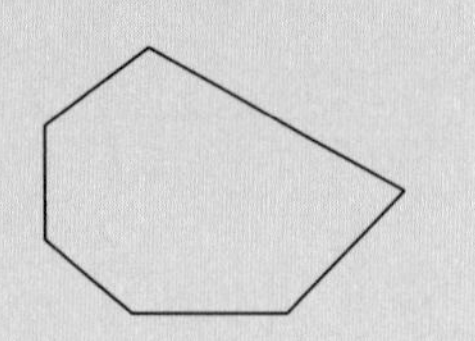

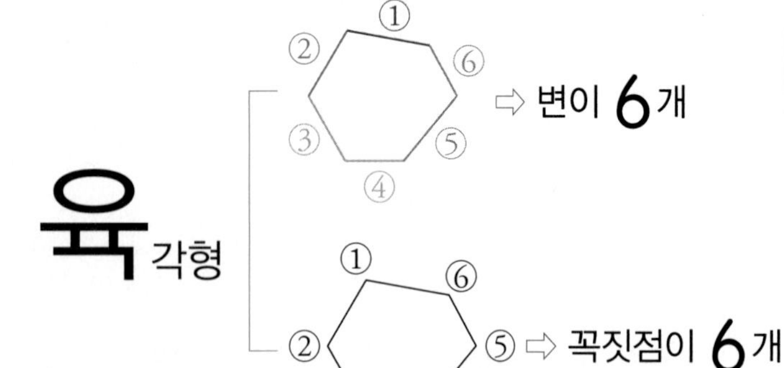


삼각형, 사각형, 오각형,
육각형은 이름의 첫 글자가
변의 수, 꼭짓점의 수와 같아!

개념 동영상

❶ 변과 꼭짓점이 6개인 도형을 [ ] 이라고 합니다.

❷ 육각형은 변이 [ ] 개입니다.

❸ 육각형은 꼭짓점이 ( 5 , 6 )개입니다.

정답 ❶ 육각형 ❷ 6 ❸ 6에 ○표

**1-1** 육각형을 모두 찾아 색칠하시오.

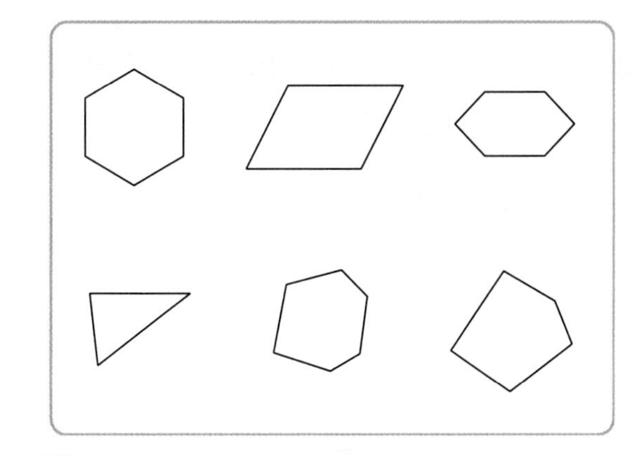

힌트 변과 꼭짓점이 6개인 도형을 찾습니다.

**1-2** 육각형을 모두 찾아 ○표 하시오.

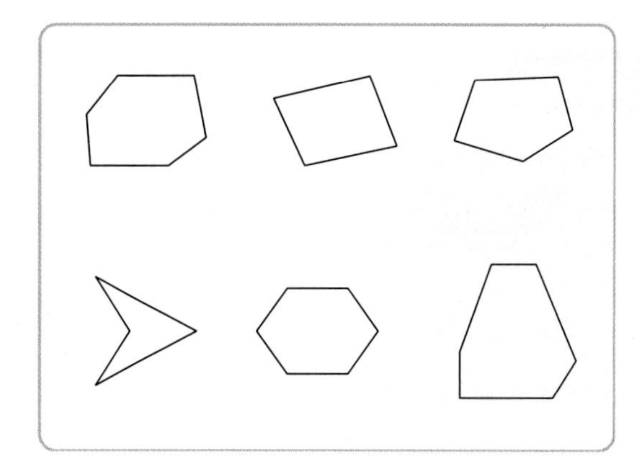

**2-1** □ 안에 알맞은 수나 말을 써넣으시오.

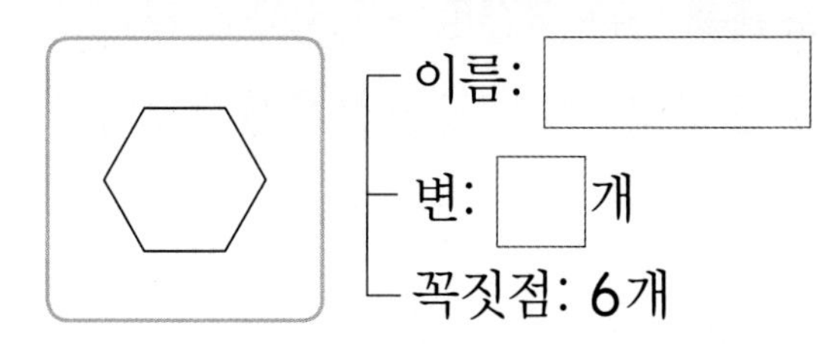


힌트 변과 꼭짓점이 6개인 도형을 육각형이라고 합니다.

**2-2** □ 안에 알맞은 수나 말을 써넣으시오.

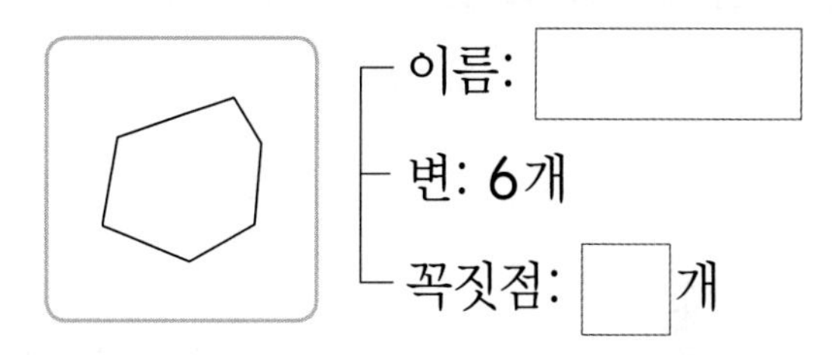


교과서 유형

**3-1** 육각형을 완성해 보시오.

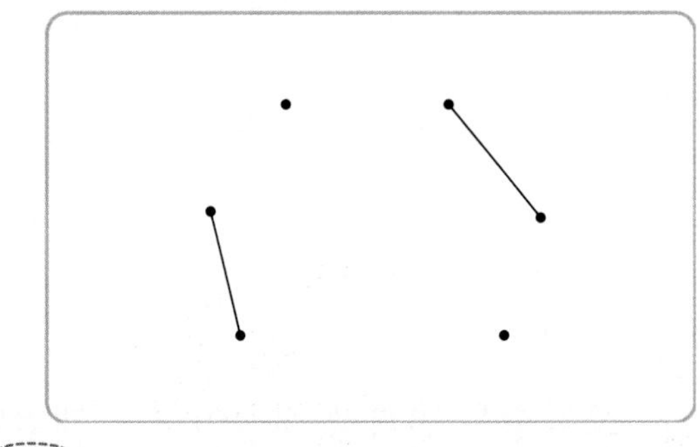

힌트 곧은 선 4개를 더 그어 봅니다.

**3-2** 육각형을 완성해 보시오.

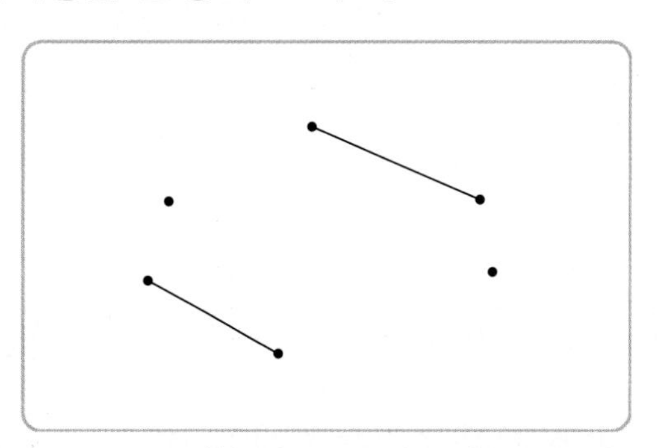

# 개념 확인하기

**개념 4** 칠교판으로 모양 만들기

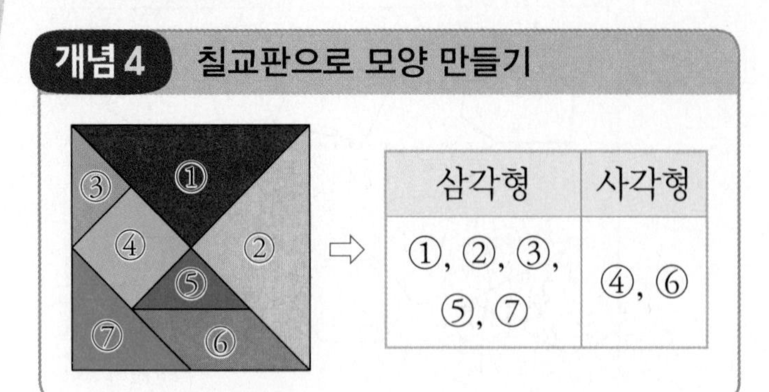

| 삼각형 | 사각형 |
|---|---|
| ①, ②, ③, ⑤, ⑦ | ④, ⑥ |

**[1~4] 칠교판을 보고 물음에 답하시오.**

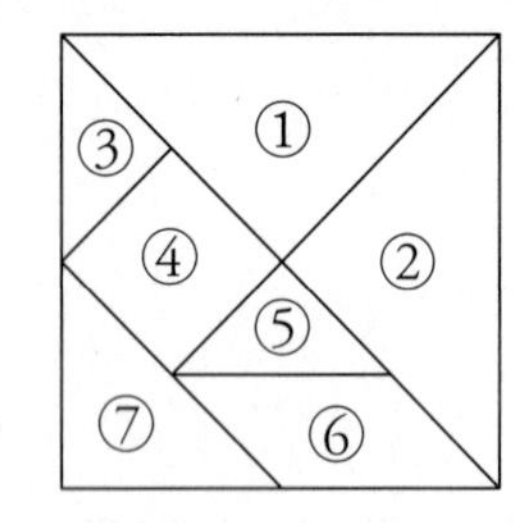

1 칠교판의 조각은 모두 몇 개입니까?

( )

익힘책 유형

2 위 칠교판 조각이 삼각형 모양이면 빨간색, 사각형 모양이면 노란색으로 색칠하시오.

3 □ 안에 맞으면 ○표, 틀리면 ×표 하시오.

삼각형 조각은 6개입니다. — □

4 세 조각 ③, ⑤, ⑦을 모두 이용하여 사각형을 만드시오.

**개념 5** ⬠ 알아보기

• 오각형: 변과 꼭짓점이 5개입니다.

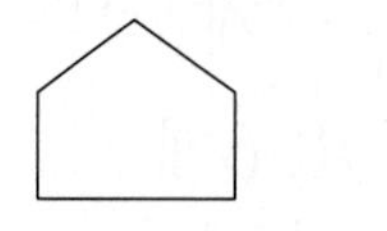 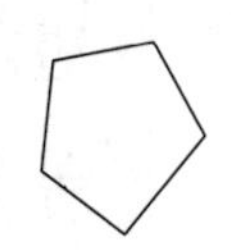 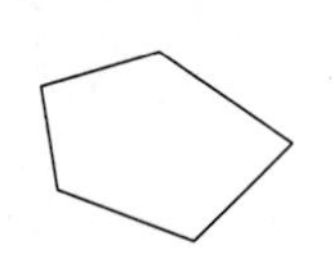

교과서 유형

5 오른쪽 그림에서 찾을 수 있는 도형의 이름을 쓰시오.

( )

6 □ 안에 알맞은 수를 써넣으시오.

오각형은 변과 꼭짓점이 □개입니다.

7 오각형을 그려 보시오.

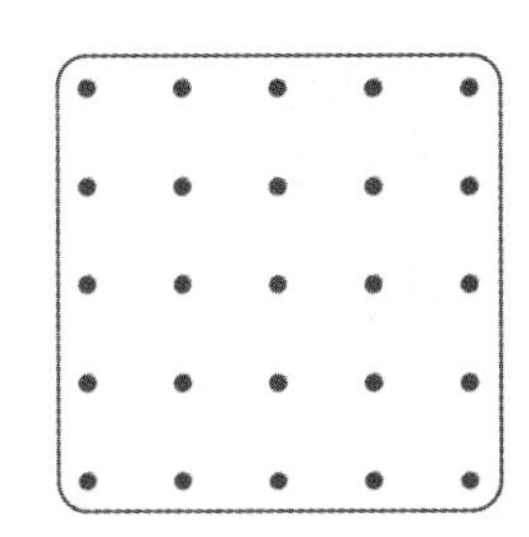

8 오각형이 아닌 것을 찾아 기호를 쓰고 그 이유를 설명하시오.

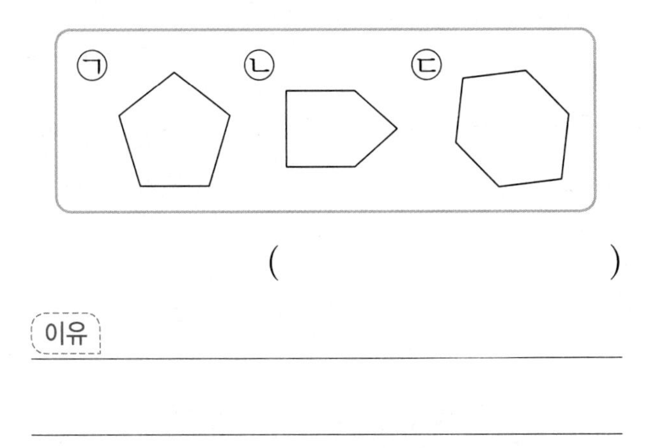

( )

이유

개념 6 ⬡ 알아보기

• 육각형: 변과 꼭짓점이 6개입니다.

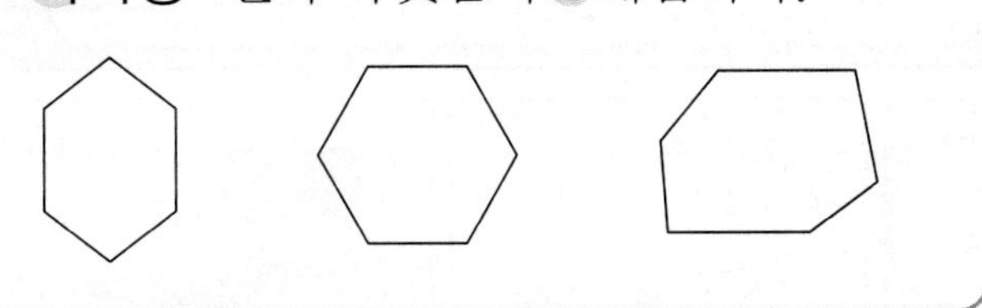

교과서 유형

9 오른쪽 그림에서 찾을 수 있는 도형의 이름을 쓰시오.

( )

10 육각형을 모두 찾아 ◯로 묶어 보시오.

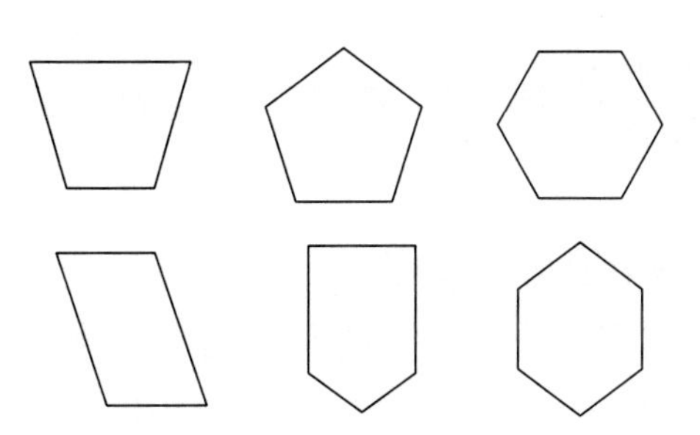

익힘책 유형

11 빈칸에 알맞은 수나 말을 써넣으시오.

| 도형 | ⬡ | (도형) |
|---|---|---|
| 변의 수 | | |
| 꼭짓점의 수 | | |
| 도형의 이름 | | |

12 규칙을 찾아 빈 곳에 도형을 그려 보시오.

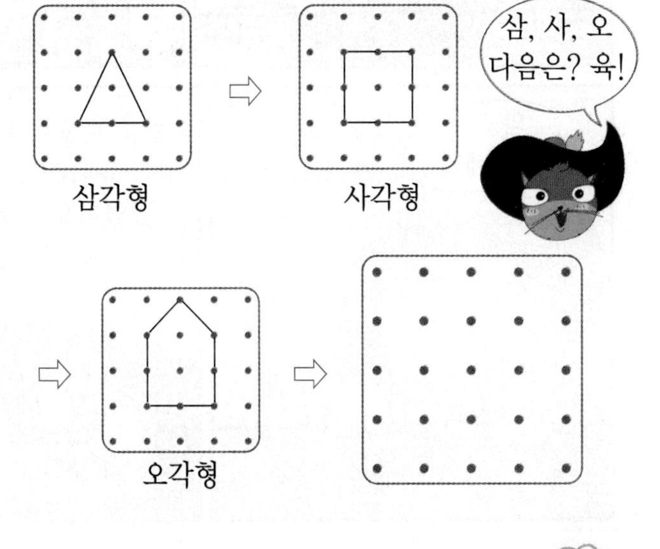

# 개념 파헤치기

## 개념7 똑같은 모양으로 쌓기

똑같이 쌓으려면
쌓기나무의 전체적인 모양, 쌓기나무의 수, 쌓기나무의 색, 쌓기나무를 놓은 위치나 방향, 쌓기나무의 층수 등을 생각해야 합니다.

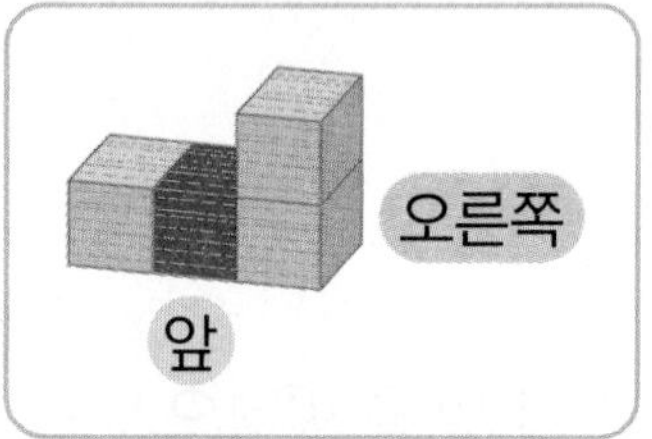


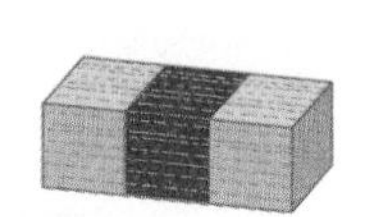

빨간색 쌓기나무의 양쪽에 1개씩 놓습니다.

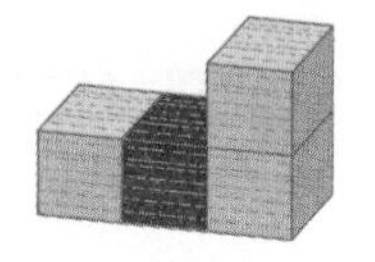

오른쪽 쌓기나무의 위에 1개를 더 놓아 2층으로 만듭니다.

### 개념 체크

❶ 쌓기나무를 똑같이 쌓으려면 전체적인 모양, 쌓기나무 수, 놓은 위치나 방향 등을 생각해야 합니다. ……………………(○, ×)

**참고**

앞으로 배울 쌓기나무의 방향은 공부하는 여러분을 기준으로 생각해야 합니다. 여러분이 있는 쪽이 앞, 오른손이 있는 쪽이 오른쪽, 왼손이 있는 쪽이 왼쪽입니다.

정답 ❶ ○에 ○표

## 기본 문제

## 쌍둥이 문제

정답은 9쪽

**1-1** 똑같은 모양으로 쌓으려면 쌓기나무가 몇 개 필요합니까?

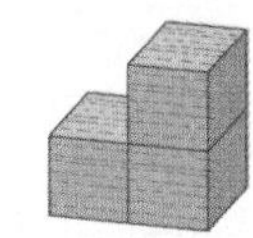

(　　　　　　　　　　)

힌트 1층에 2개, 2층에 1개가 놓여 있습니다.

**1-2** 똑같은 모양으로 쌓으려면 쌓기나무가 몇 개 필요합니까?

(　　　　　　　　　　)

교과서 유형

**2-1** 보기 와 같이 빨간색 쌓기나무의 오른쪽에 있는 쌓기나무를 찾아 ○표 하시오.

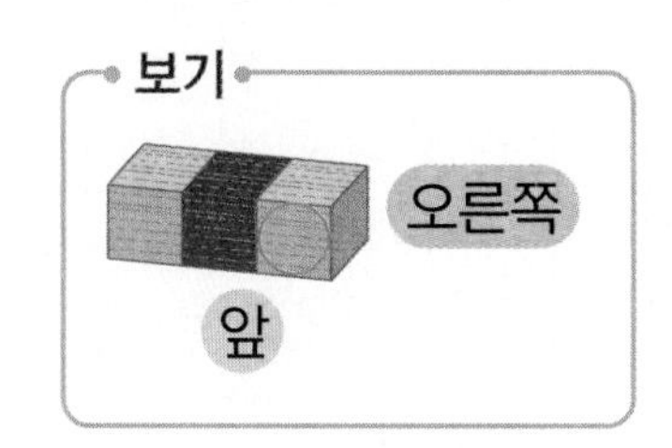


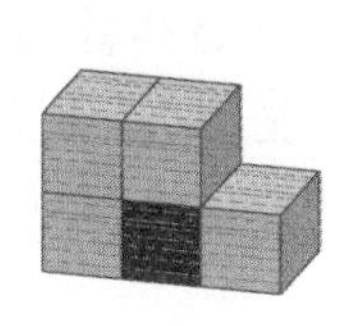

힌트 보기 와 같이 빨간색 쌓기나무의 오른쪽에 ○표 합니다.

**2-2** 보기 와 같이 빨간색 쌓기나무의 위에 있는 쌓기나무를 찾아 ○표 하시오.

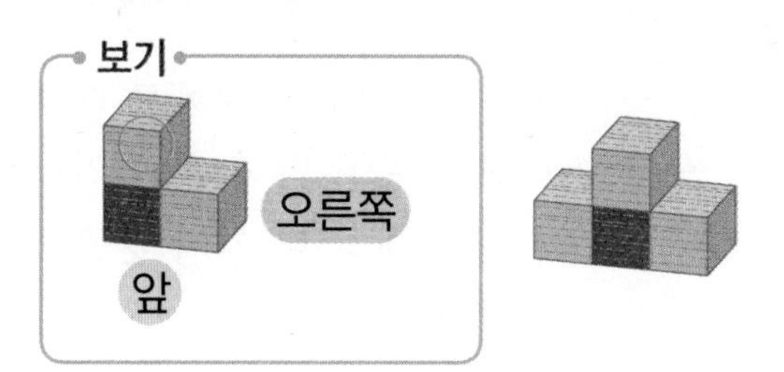


**3-1** 설명에 맞게 똑같이 쌓은 것에 ○표 하시오.

> 2개가 옆으로 나란히 있고, 왼쪽 쌓기나무 뒤에 1개가 있습니다.

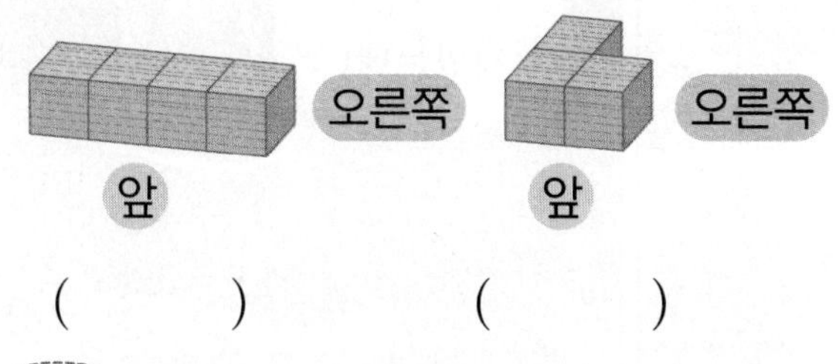


(　　)　　(　　)

힌트 왼손이 있는 쪽이 왼쪽입니다.

**3-2** 설명에 맞게 똑같이 쌓은 것에 ○표 하시오.

> 1층에 3개가 있고, 2층 오른쪽에 쌓기나무 1개가 있습니다.

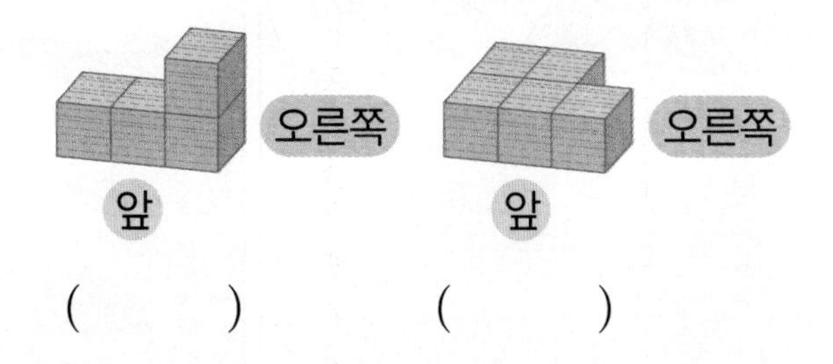


(　　)　　(　　)

# 1 STEP 개념 파헤치기

## 개념8 여러 가지 모양으로 쌓기

개념 동영상

• 쌓기나무 3개로 만든 모양

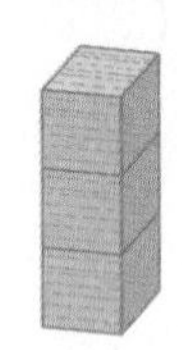
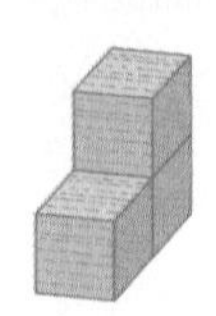
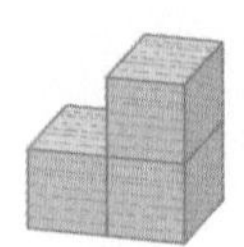
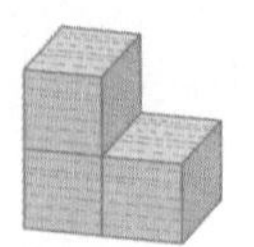

• 쌓기나무 5개로 배 모양 만들기

|  | | |
|---|---|---|
| 모양 | 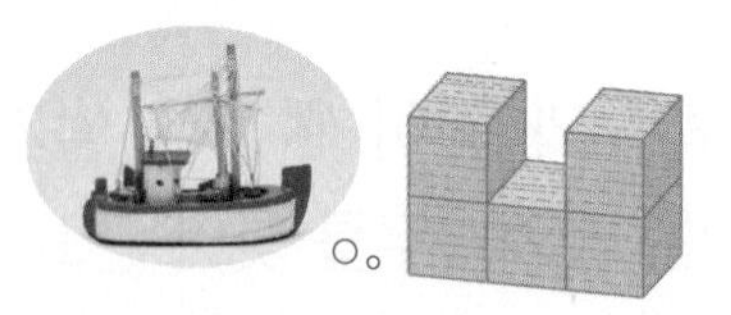 | 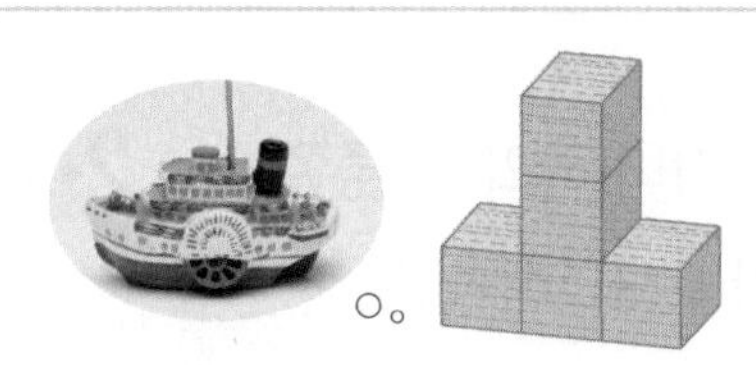 |
| 설명 | 1층에 쌓기나무 3개를 옆으로 나란히 놓고 양쪽 끝 쌓기나무 위에 1개씩 더 쌓아 2층으로 만들었습니다. | 1층에 쌓기나무 3개를 옆으로 나란히 놓고 가운데 쌓기나무 위에 2개를 더 쌓아 3층으로 만들었습니다. |

### 개념 체크

❶ 쌓기나무 3개로 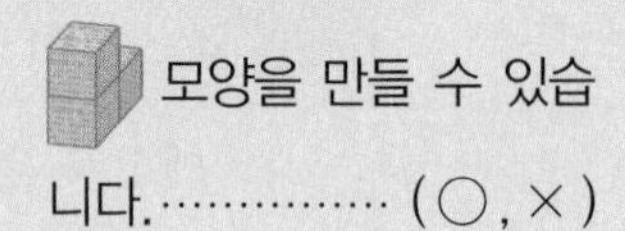 모양을 만들 수 있습니다. ⋯⋯⋯⋯⋯ (○, ×)

❷ 쌓기나무 3개로 (쌓기나무 4개를 옆으로 나란히 놓은) 모양을 만들 수 있습니다. ⋯⋯⋯ (○, ×)

정답 ❶ ○에 ○표 ❷ ×에 ○표

## 기본 문제

**1-1** 쌓기나무 4개로 만든 모양을 찾아 ○표 하시오.

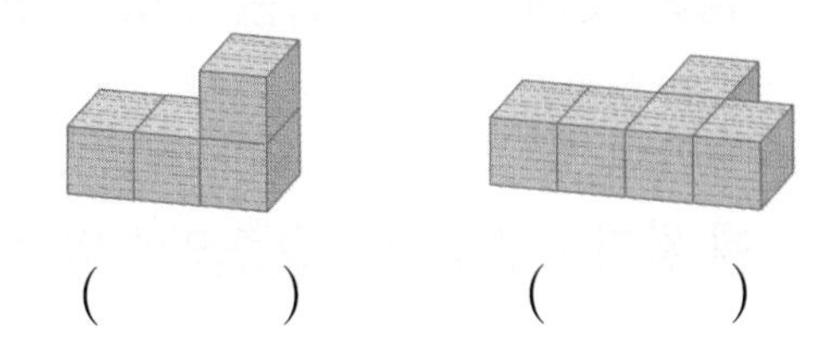

(　　　) (　　　)

(힌트) 쌓기나무를 세어 봅니다.

**2-1** 쌓기나무 4개로 만들 수 <u>없는</u> 모양을 찾아 기호를 쓰시오.

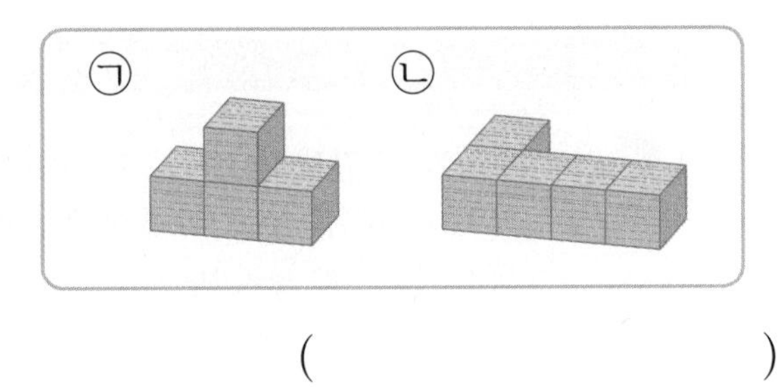


(　　　　　　　)

(힌트) 쌓기나무가 4개보다 많은 것을 찾아봅니다.

교과서 유형

**3-1** 쌓기나무로 쌓은 모양을 바르게 설명하는 말에 ○표 하시오.

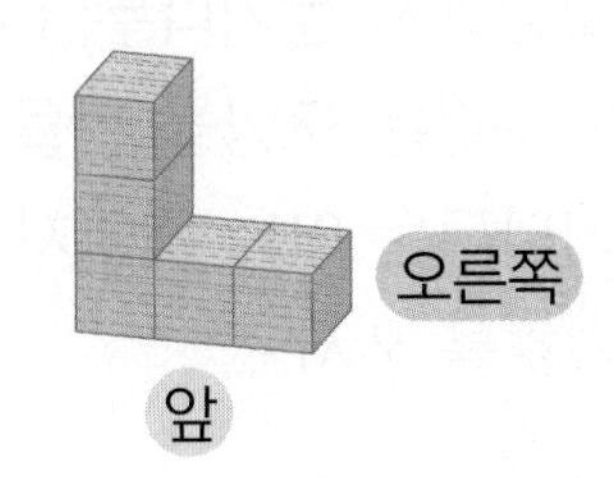


1층에 쌓기나무 3개가 옆으로 나란히 있고, 왼쪽 쌓기나무의 ( 위 , 앞 )에 2개가 있습니다.

(힌트) 왼손이 있는 쪽이 왼쪽입니다.

## 쌍둥이 문제

정답은 9쪽

**1-2** 쌓기나무 3개로 만든 모양을 찾아 ○표 하시오.

(　　　) (　　　)

**2-2** 쌓기나무 3개로 만들 수 <u>없는</u> 모양을 찾아 기호를 쓰시오.

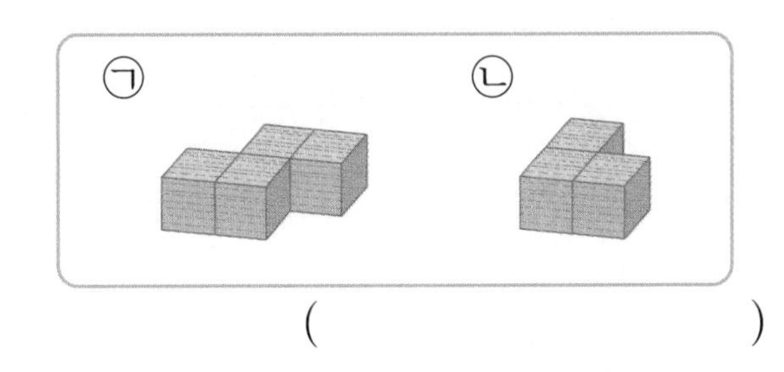


(　　　　　　　)

**3-2** 쌓기나무로 쌓은 모양을 바르게 설명하는 말에 ○표 하시오.

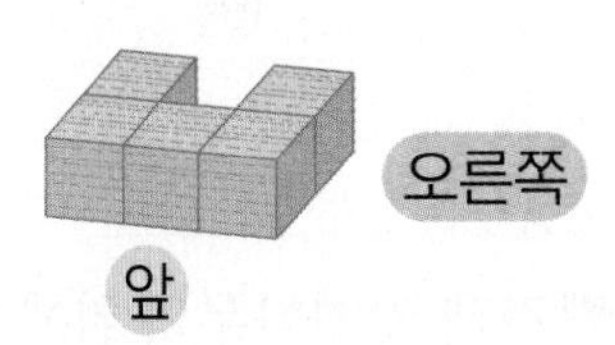


쌓기나무 3개가 옆으로 나란히 있고, 왼쪽과 오른쪽 쌓기나무 ( 오른쪽 , 뒤 )에 각각 1개씩 있습니다.

# 개념 확인하기

**개념 7 똑같은 모양으로 쌓기**

똑같이 쌓으려면 쌓기나무의 전체적인 모양, 쌓기나무의 수, 쌓기나무의 색, 쌓기나무를 놓은 위치나 방향, 쌓기나무의 층수 등을 생각해야 합니다.

익힘책 유형

**1** 똑같은 모양으로 쌓으려면 쌓기나무가 몇 개 필요합니까?

(　　　　　)

교과서 유형

**2** 쌓은 모양을 설명하는 쌓기나무를 찾아 ○표 하시오.

(1) 빨간색 쌓기나무의 앞에 있는 쌓기나무

(2) 빨간색 쌓기나무의 위에 있는 쌓기나무

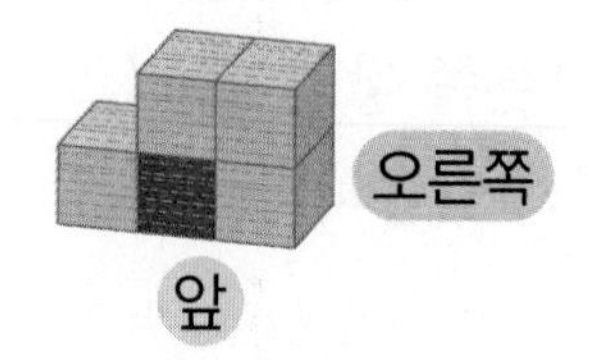


**3** 설명에 맞게 똑같이 쌓은 것에 ○표 하시오.

빨간색 쌓기나무 1개가 있고 그 오른쪽에 쌓기나무 2개가 2층으로 있습니다.

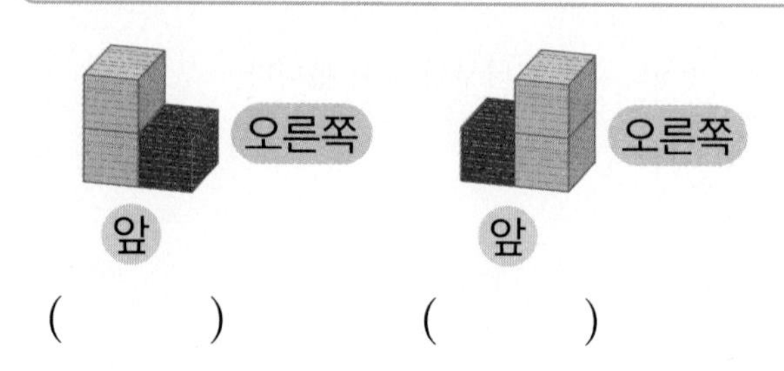


(　　　)　　　(　　　)

**4** 대화를 읽고 쌓기나무에 알맞게 색칠하시오.

**5** 왼쪽 모양에서 쌓기나무 1개만 움직여 오른쪽과 똑같은 모양을 만들었습니다. 움직인 쌓기나무는 어느 것인지 왼쪽 모양에서 찾아 기호를 쓰시오.

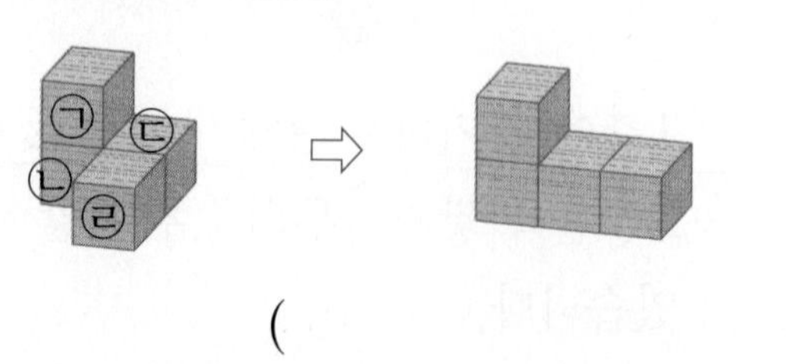


(　　　　　)

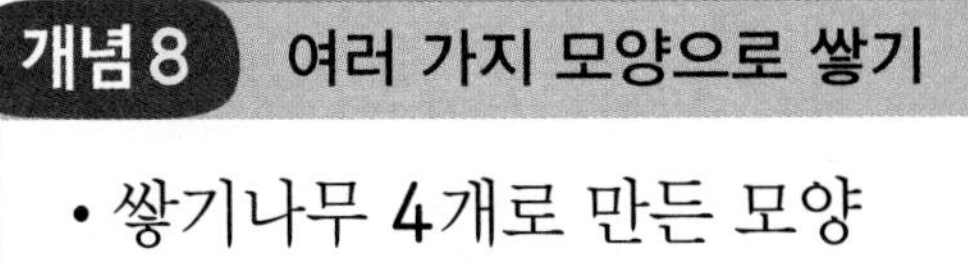

## 개념 8 여러 가지 모양으로 쌓기

• 쌓기나무 4개로 만든 모양

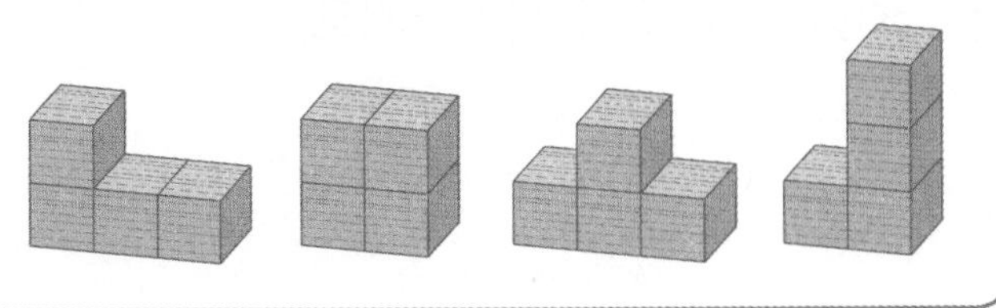

**6** 쌓기나무 5개로 만든 모양을 모두 찾아 ○표 하시오.

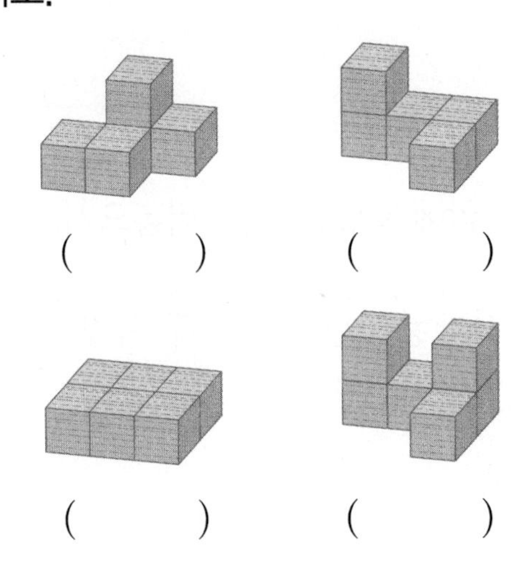

(　　)　(　　)

(　　)　(　　)

**7** 쌓은 모양을 바르게 나타내도록 보기 에서 알맞은 말을 골라 □ 안에 써넣으시오.

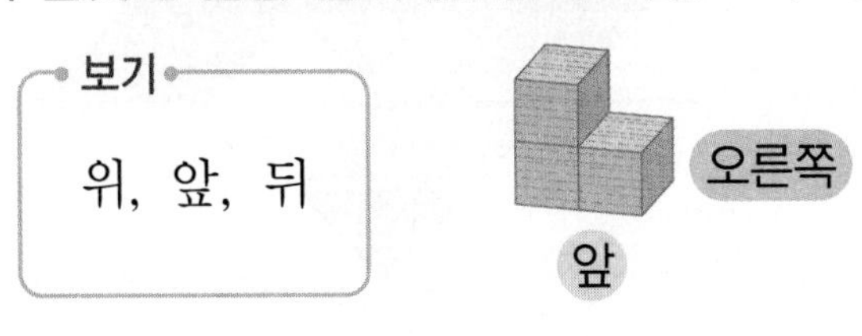


쌓기나무 2개가 옆으로 나란히 있고, 왼쪽 쌓기나무의 □에 쌓기나무 1개가 있습니다.

익힘책 유형

**8** 모양에 대한 설명을 보고 쌓은 모양을 찾아 선으로 이어 보시오.

1층에 3개가 있고, 가운데 쌓기나무의 위에 1개가 있습니다.

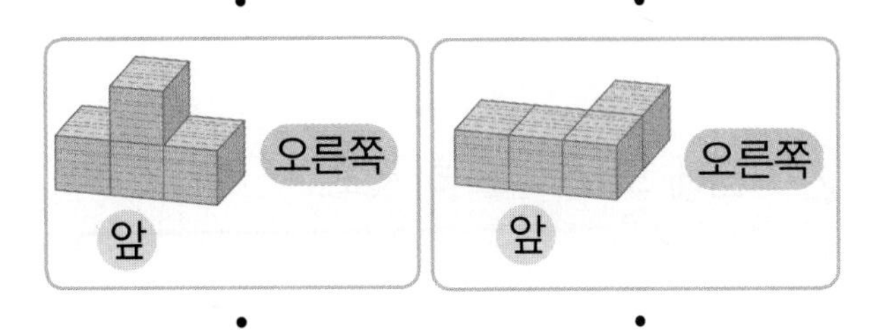


3개가 옆으로 나란히 있고, 오른쪽 쌓기나무의 뒤에 1개가 있습니다.

교과서 유형

**9** 쌓기나무로 쌓은 모양을 설명하려고 합니다. 문장을 바르게 완성하시오.

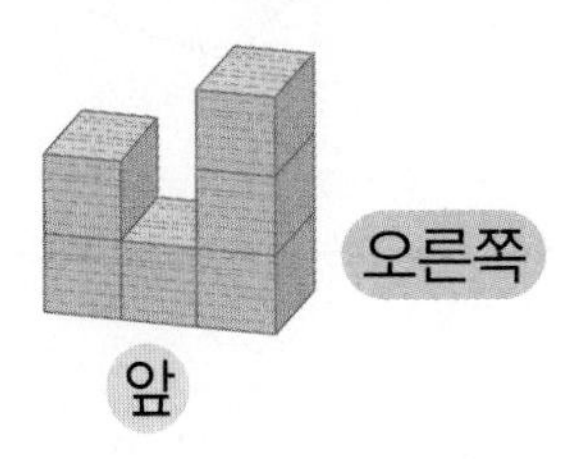


쌓기나무 3개가 옆으로 나란히 있습니다. 왼쪽 쌓기나무의 위에 쌓기나무 1개가 있고, 오른쪽 쌓기나무의 ____________

____________

2 여러 가지 도형

# 3 STEP 단원 마무리 평가

## 2. 여러 가지 도형

점수

**1** 오른쪽 도형의 이름을 쓰시오.

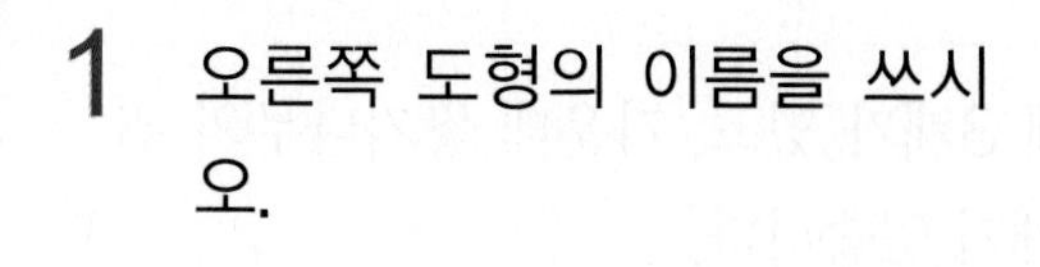

( )

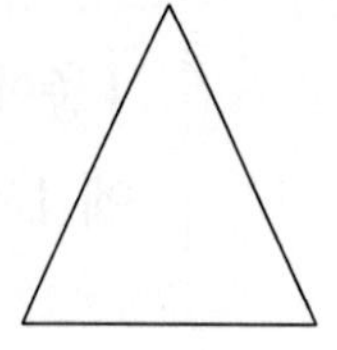

**2** 변에 모두 △표 하시오.

**3** 꼭짓점에 모두 ○표 하시오.

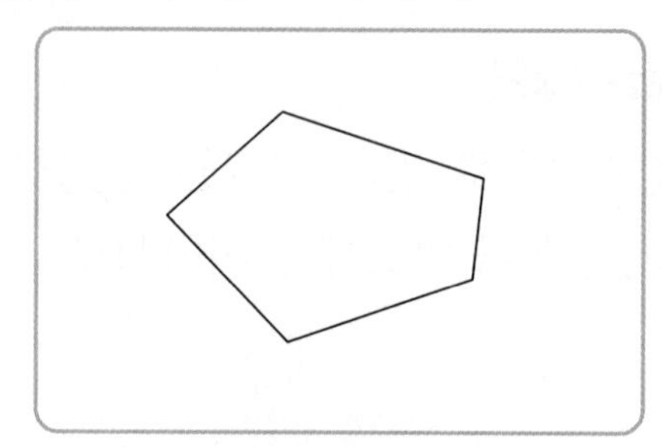

**4** 똑같은 모양으로 쌓으려면 쌓기나무가 몇 개 필요합니까?

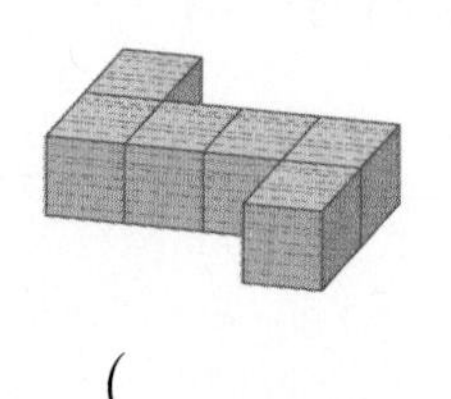

( )

**5** 원을 모두 찾아 색칠하시오.

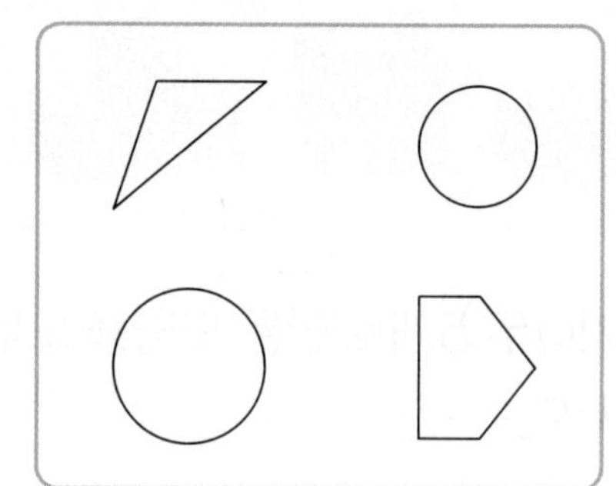

**6** □ 안에 알맞은 수를 써넣으시오.

육각형은 변이 □개, 꼭짓점이 □개 입니다.

**7** 칠교판 조각을 이용하여 만든 것입니다. 삼각형 조각은 몇 개 사용했습니까?

( )

**8** □ 안에 맞으면 ○표, 틀리면 ×표 하시오.

삼각형은 변이 2개입니다. — □

9 오각형을 그려 보시오.

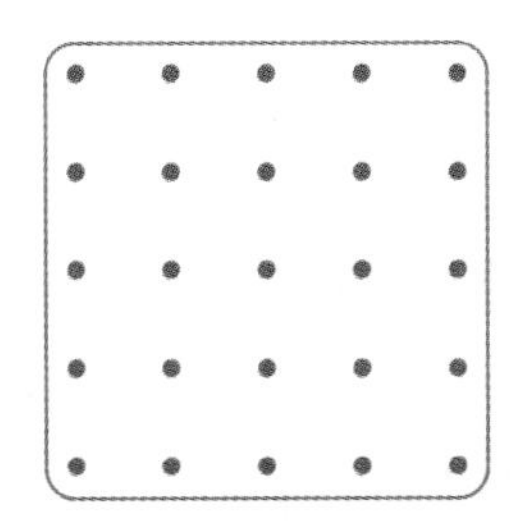

10 오른쪽 태극기에서 찾을 수 있는 도형의 이름에 모두 ◯표 하시오.

원,　삼각형,　사각형

11 쌓은 모양을 설명하는 쌓기나무를 찾아 ◯표 하시오.

빨간색 쌓기나무의 왼쪽에 있는 쌓기나무

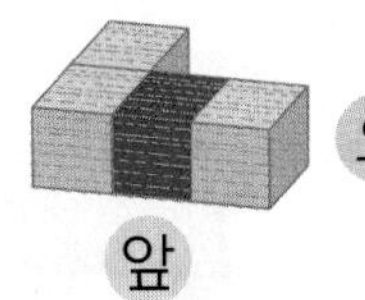

12 쌓기나무 5개로 만든 모양을 모두 찾아 ◯로 묶어 보시오.

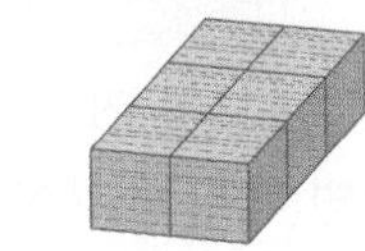

**[13~15] 칠교판을 보고 물음에 답하시오.**

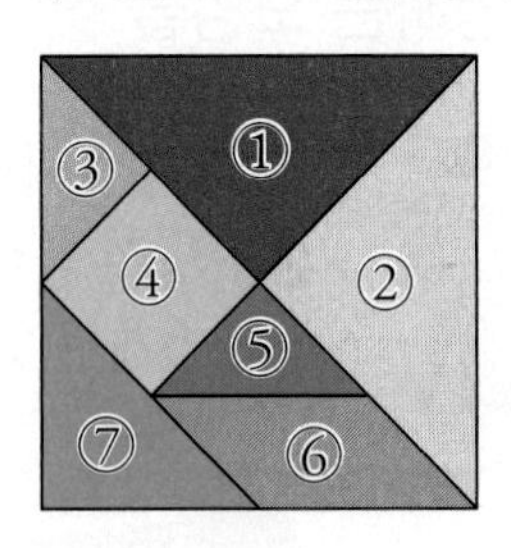


13 두 조각을 이용하여 삼각형을 만든 것에 ◯표 하시오.

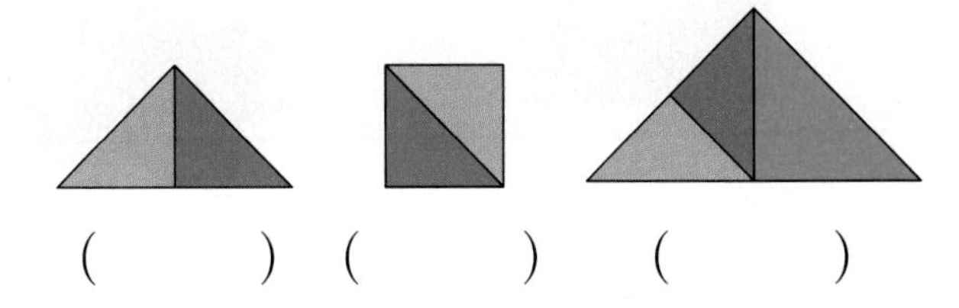

(　　)　(　　)　(　　)

14 조각 ①이 사각형이 아닌 이유를 쓰려고 합니다. □ 안에 알맞은 수를 써넣으시오.

이유 사각형은 변과 꼭짓점이 □개여야 하는데 조각 ①은 변과 꼭짓점이 □개밖에 없기 때문입니다.

15 세 조각 ③, ⑤, ⑥을 모두 이용하여 사각형을 만드시오.

2 여러 가지 도형

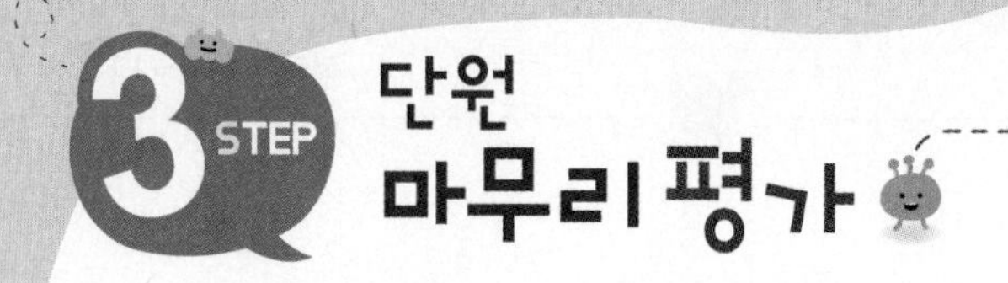


정답은 11쪽

16 왕자가 설명하는 모양을 찾아 ○표 하시오.

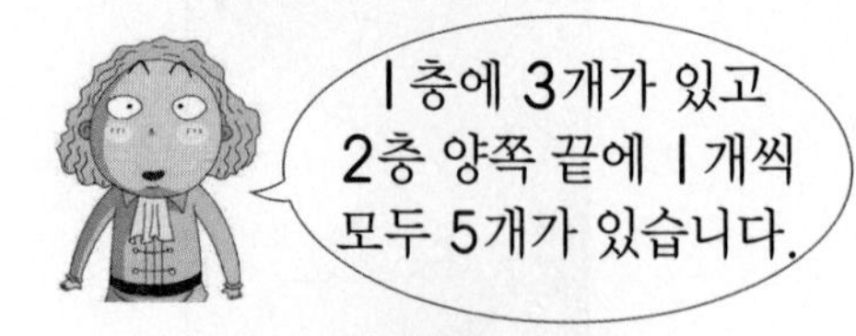

17 색종이를 점선을 따라 자르면 어떤 도형이 몇 개 생깁니까?

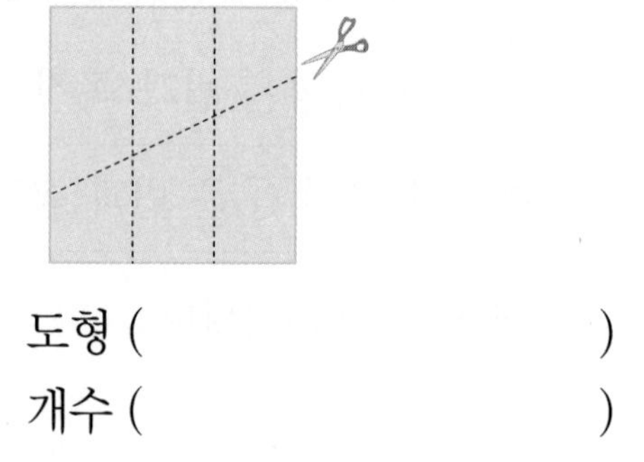

도형 (　　　　　　　　)

개수 (　　　　　　　　)

18 원에 대해 알게 된 점을 1가지만 쓰시오.

19 그림에서 도형을 찾아 정해진 색으로 색칠하시오.

- 원: 빨간색
- 삼각형: 노란색
- 사각형: 파란색
- 오각형: 초록색
- 육각형: 보라색

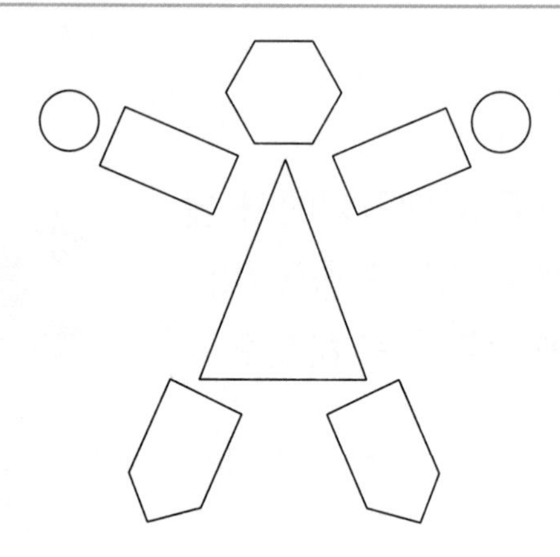

20 주어진 물음에 알맞은 도형의 이름을 쓰시오.

(　　　　　　　　)

QR 코드를 찍어 게임을 해 보고
이번 단원을 확실히 익혀 보세요!

정답은 11쪽

**1** 승욱이가 긴 줄을 이용하여 오른쪽과 같이 도형을 만들었습니다. 승욱이가 만든 도형의 이름을 쓰시오.

(　　　　　　　　　　)

**2** 삼각형과 사각형으로 웃는 얼굴 모양을 만들었습니다. □ 안에 알맞은 수를 써넣고 알맞은 말에 ○표 하시오.

사각형 □ 개와 삼각형 □ 개로 만들었습니다.

눈은 ( 삼각형 , 사각형 )으로, 코는 ( 삼각형 , 사각형 )으로 만들었습니다.

**3** 왼쪽 색종이를 선을 따라 잘랐습니다. 자른 도형을 이용하여 재미있는 모양을 만들어 보시오.

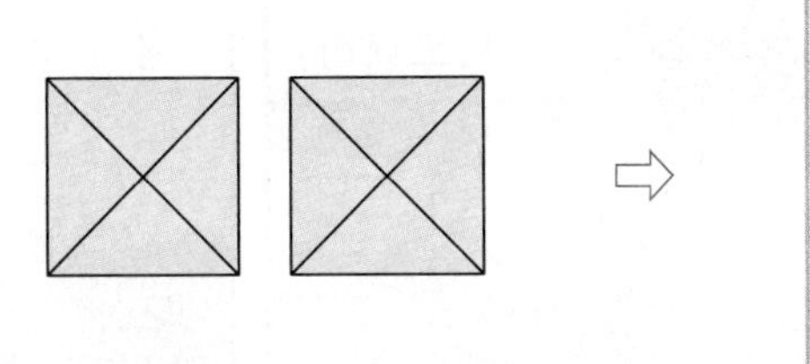

⇨

# 덧셈과 뺄셈

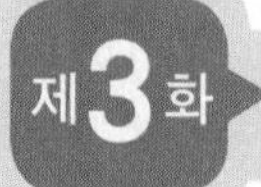


## 배고픈 걸 참지 못하는 왕 달래기

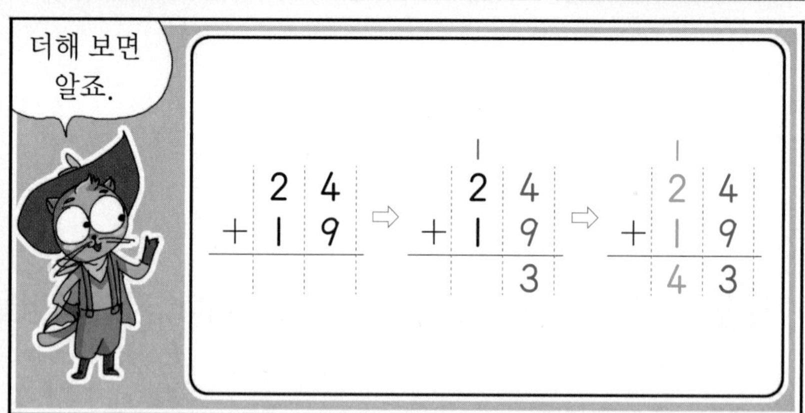

**이미 배운 내용**

[1-2 덧셈과 뺄셈]
- 받아올림/받아내림이 없는
  (두 자리 수)+(한/두 자리 수)
  (두 자리 수)−(한/두 자리 수)
- (몇)+(몇)=(십몇)
- (십몇)−(몇)=(몇)

**이번에 배울 내용**

- (두 자리 수)+(한/두 자리 수)
- (두 자리 수)−(한/두 자리 수)
- 덧셈과 뺄셈의 관계
- 덧셈식, 뺄셈식에서 □ 구하기
- 세 수의 계산

**앞으로 배울 내용**

[3-1 덧셈과 뺄셈]
- 여러 가지 방법으로 덧셈하기
- (세 자리 수)+(세 자리 수)
- 여러 가지 방법으로 뺄셈하기
- (세 자리 수)−(세 자리 수)

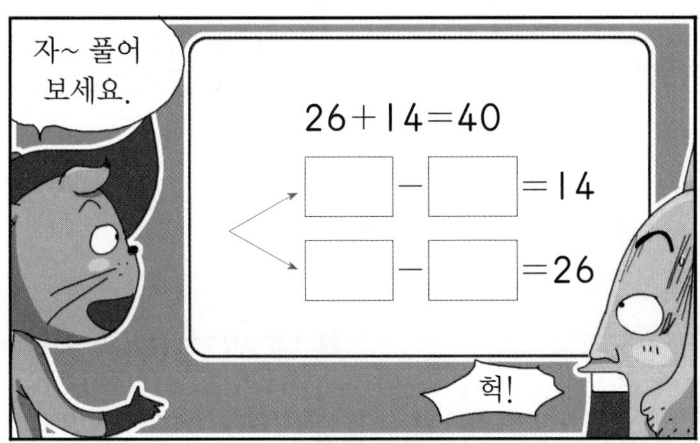

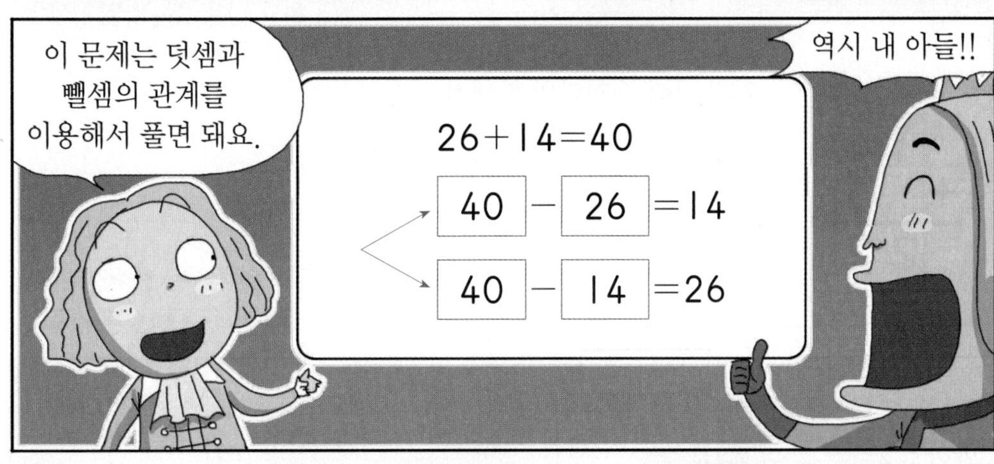

# 개념 파헤치기

## 개념1 일의 자리에서 받아올림이 있는 (두 자리 수)+(한 자리 수)

개념 동영상

• 15+7의 계산

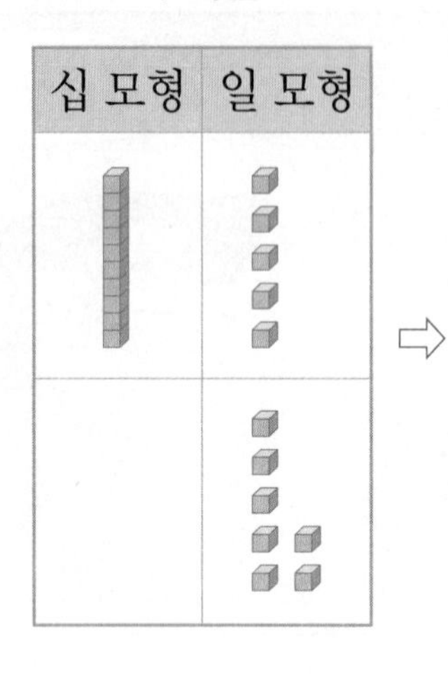


⇨

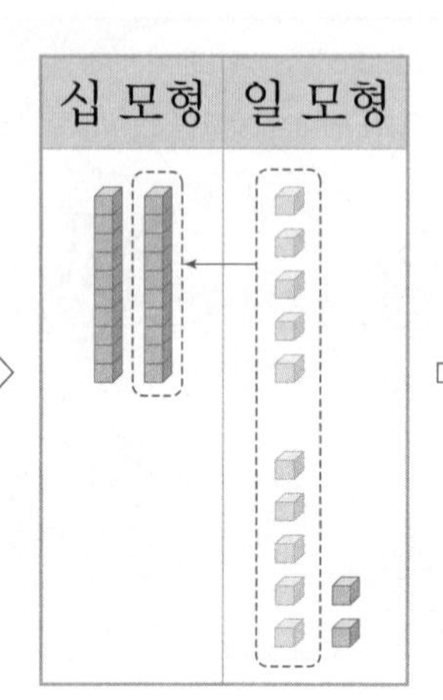


⇨

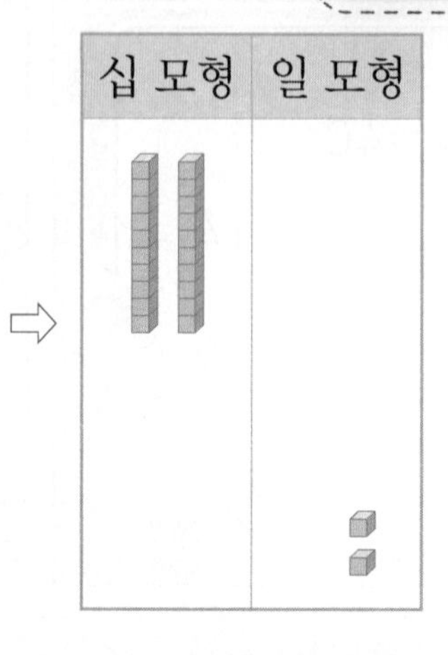


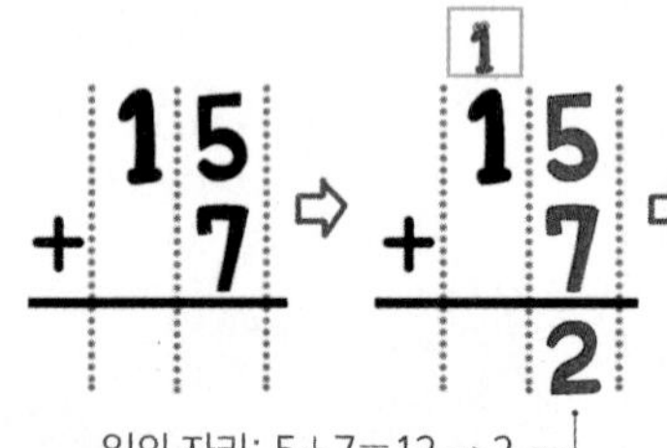


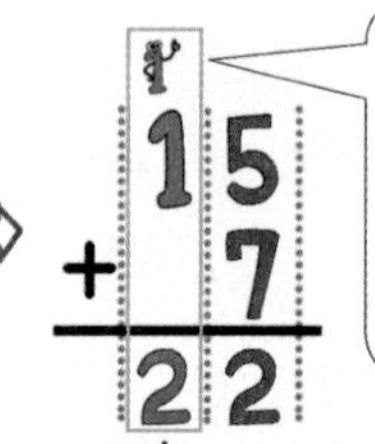


일의 자리 수끼리의 합에서 10은 십의 자리로 받아올림하여 십의 자리 수 위에 작게 1로 나타내면 돼.

### 개념 체크

❶ 일의 자리 수끼리의 합이 10이거나 10보다 크면 ( 일 , 십 )의 자리로 받아올림합니다.

❷ 15+7 ⇨ 일의 자리 수끼리의 합 5+7=12에서 십의 자리로 받아올림하고 남은 2는 ( 일 , 십 )의 자리에 씁니다.

정답 ❶ 십에 ○표 ❷ 일에 ○표

## 기본 문제

## 쌍둥이 문제

정답은 12쪽

**1-1** 수 모형을 보고 38+5를 구하시오.

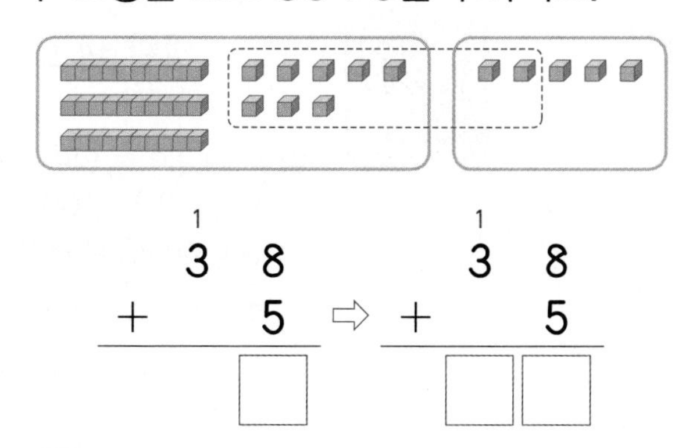

$$\begin{array}{r} \overset{1}{3}\ 8 \\ +\ \ 5 \\ \hline \square \end{array} \Rightarrow \begin{array}{r} \overset{1}{3}\ 8 \\ +\ \ 5 \\ \hline \square\square \end{array}$$

힌트 일 모형 10개는 십 모형 1개와 같습니다.

**1-2** 수 모형을 보고 29+3을 구하시오.

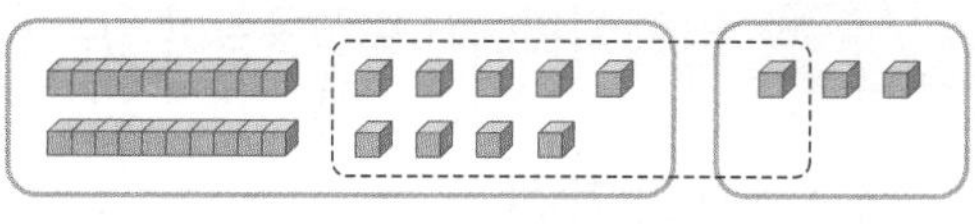

일의 자리: 9+3=1□

십의 자리: 1+2=□

⇨ 29+3=□

교과서 유형

**2-1** □ 안에 알맞은 수를 써넣으시오.

(1)
$$\begin{array}{r} \overset{1}{5}\ 8 \\ +\ \ 6 \\ \hline \square\square \end{array}$$

(2)
$$\begin{array}{r} 2\ 4 \\ +\ \ 9 \\ \hline \square\square \end{array}$$

힌트 일의 자리 수끼리의 합이 10이거나 10보다 크면 십의 자리로 받아올림합니다.

**2-2** □ 안에 알맞은 수를 써넣으시오.

(1)
$$\begin{array}{r} 9 \\ +\ 3\ 7 \\ \hline \square\square \end{array}$$

(2)
$$\begin{array}{r} 8 \\ +\ 7\ 5 \\ \hline \square\square \end{array}$$

익힘책 유형

**3-1** 빈 곳에 알맞은 수를 써넣으시오.

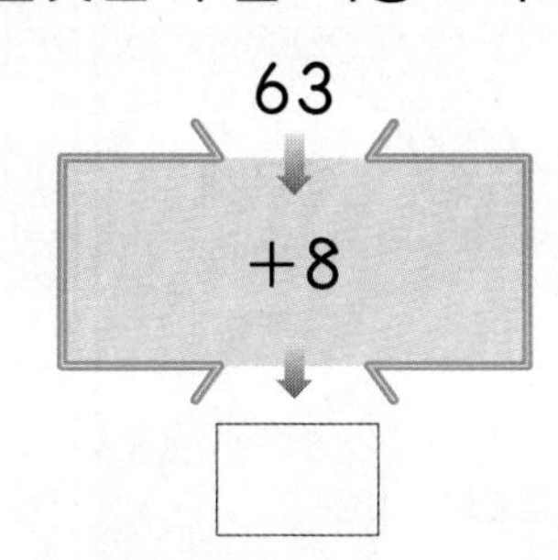


힌트 자리를 맞추어 수를 쓴 후 받아올림에 주의하여 계산합니다.

**3-2** 빈 곳에 알맞은 수를 써넣으시오.

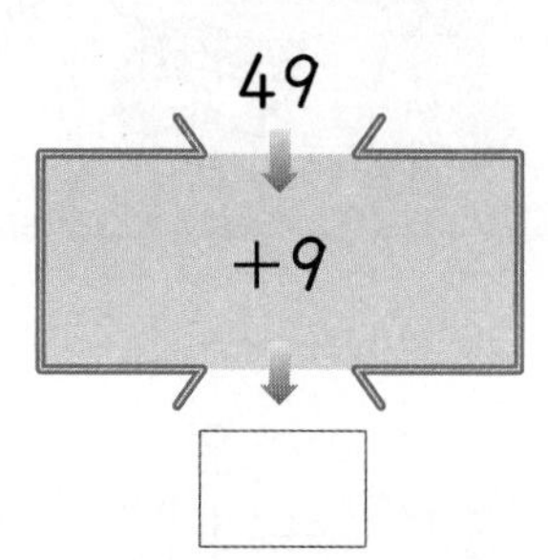

# 1 STEP 개념 파헤치기

## 개념2 일의 자리에서 받아올림이 있는 (두 자리 수)+(두 자리 수)

개념 동영상

• 24+19의 계산

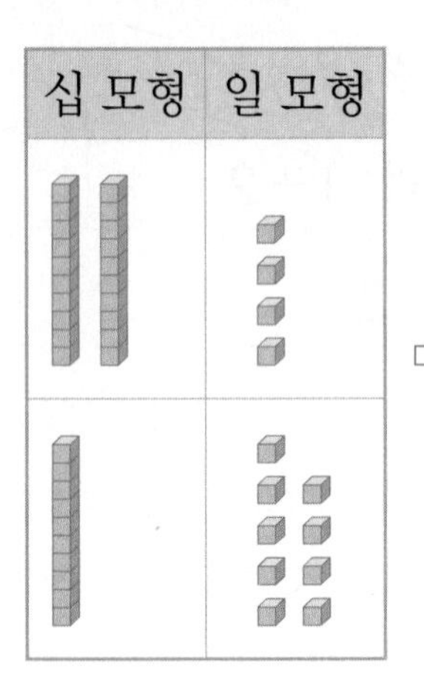


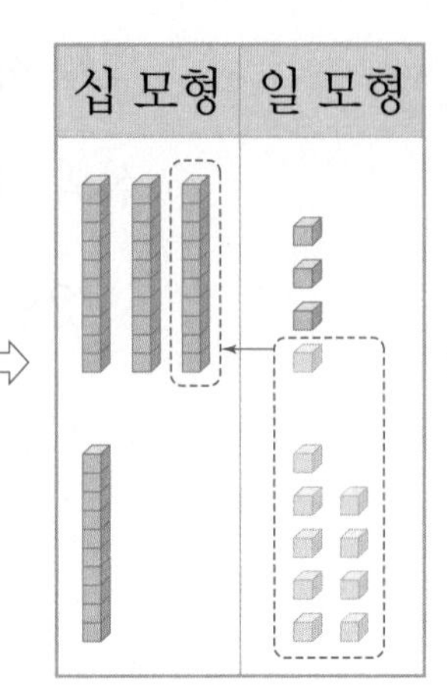


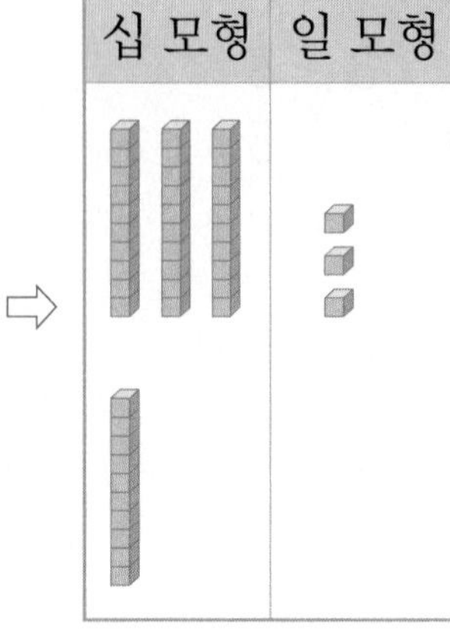


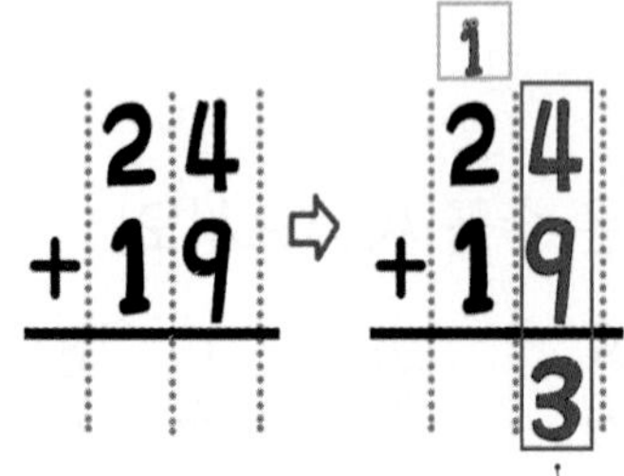

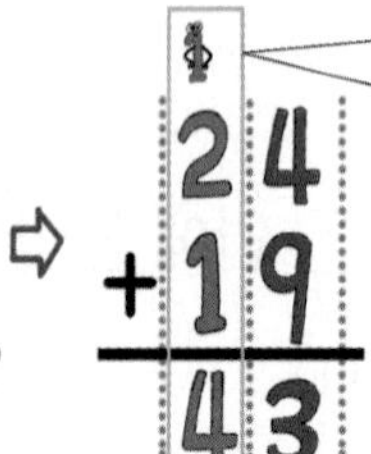

일의 자리 수끼리의 합에서 10은 십의 자리로 받아올림하여 십의 자리 수 위에 작게 1로 나타내면 돼.

일의 자리: 4+9=13 → 3

십의 자리: 1+2+1=4

### 개념 체크

❶ 24+19 ⇨ 일의 자리 계산 4+9=13에서 10은 십의 자리로 받아올림하므로 남은 □은 일의 자리에 씁니다.

❷ 24+19 ⇨ 일의 자리에서 십의 자리로 받아올림이 있으므로 십의 자리 계산은 □+2+1=4입니다.

정답 ❶ 3 ❷ 1

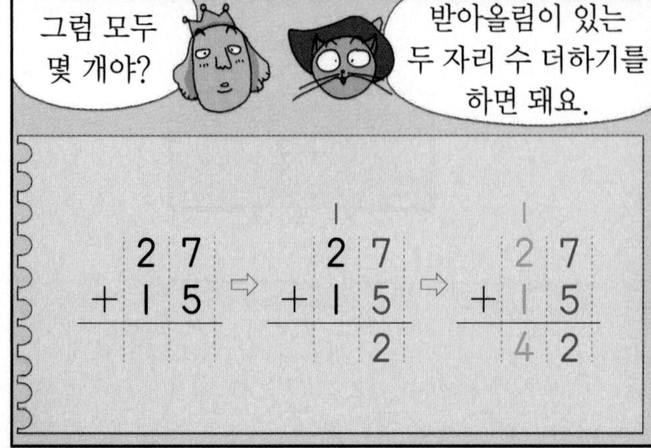

## 기본 문제

## 쌍둥이 문제

정답은 12쪽

**1-1** 수 모형을 보고 35+18을 구하시오.

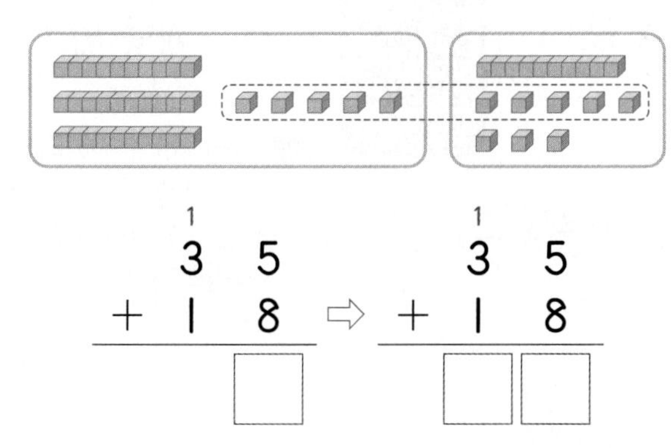

$$\begin{array}{r} \overset{1}{3}\ 5 \\ +\ 1\ 8 \\ \hline \square \end{array} \Rightarrow \begin{array}{r} \overset{1}{3}\ 5 \\ +\ 1\ 8 \\ \hline \square\square \end{array}$$

힌트 일 모형 10개는 십 모형 1개와 같습니다.

**1-2** 수 모형을 보고 27+14를 구하시오.

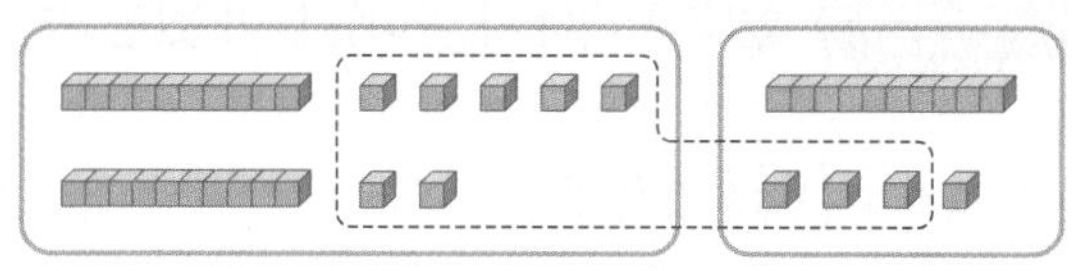

일의 자리: 7+4=1☐

십의 자리: 1+2+1=☐

⇨ 27+14=☐

교과서 유형

**2-1** ☐ 안에 알맞은 수를 써넣으시오.

(1)
$$\begin{array}{r} \overset{1}{7}\ 6 \\ +\ 1\ 4 \\ \hline \square\square \end{array}$$

(2)
$$\begin{array}{r} 4\ 9 \\ +\ 2\ 5 \\ \hline \square\square \end{array}$$

힌트 일의 자리 수끼리의 합이 10이거나 10보다 크면 십의 자리로 받아올림합니다.

**2-2** ☐ 안에 알맞은 수를 써넣으시오.

(1)
$$\begin{array}{r} 4\ 5 \\ +\ 3\ 6 \\ \hline \square\square \end{array}$$

(2)
$$\begin{array}{r} 2\ 8 \\ +\ 5\ 8 \\ \hline \square\square \end{array}$$

익힘책 유형

**3-1** 빈 곳에 알맞은 수를 써넣으시오.

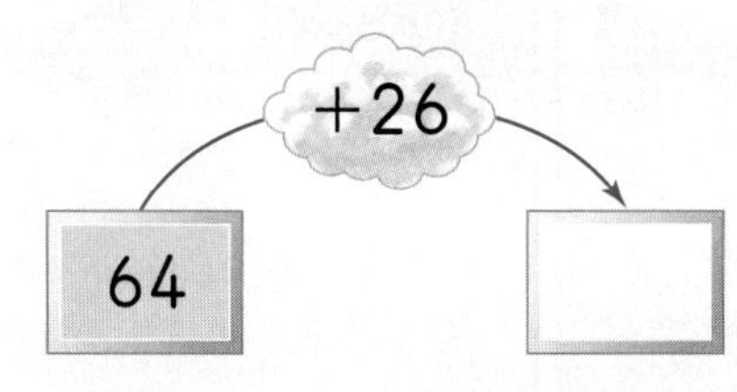


힌트 자리를 맞추어 수를 쓴 후 받아올림에 주의하여 계산합니다.

**3-2** 빈 곳에 알맞은 수를 써넣으시오.

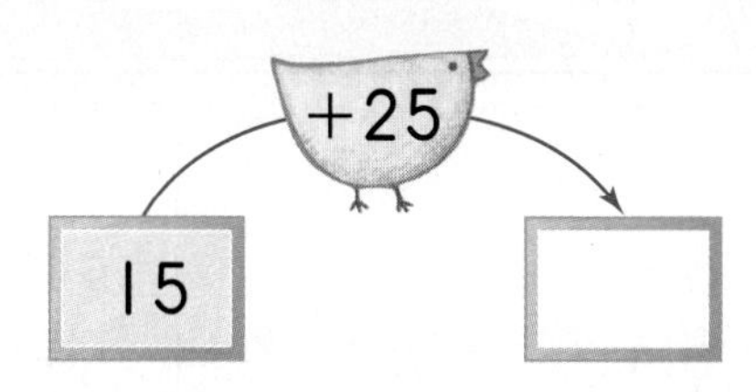


3 덧셈과 뺄셈

## 개념 3 십의 자리에서 받아올림이 있는 (두 자리 수)+(두 자리 수)

개념 동영상

• 53+53의 계산

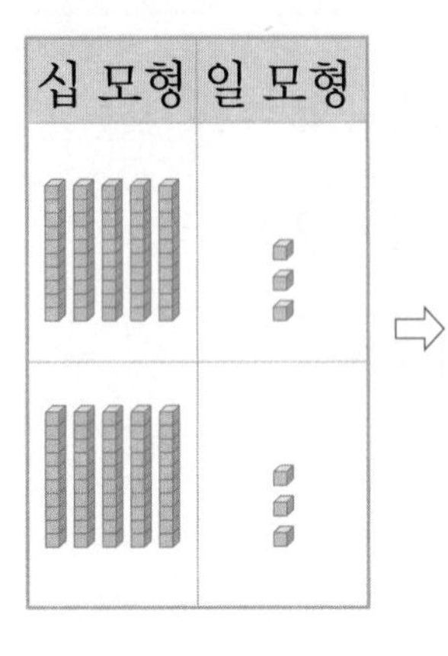


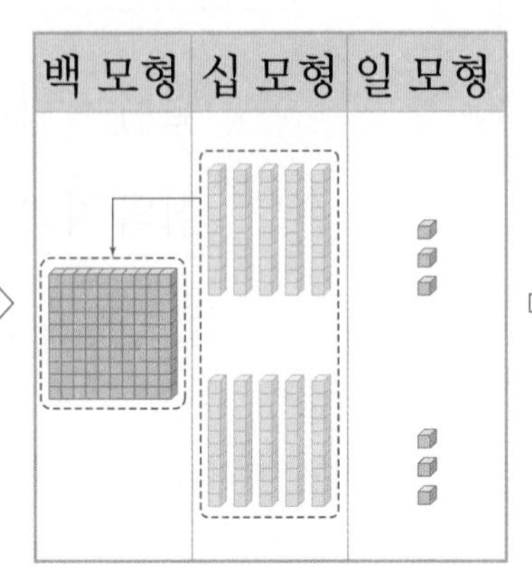


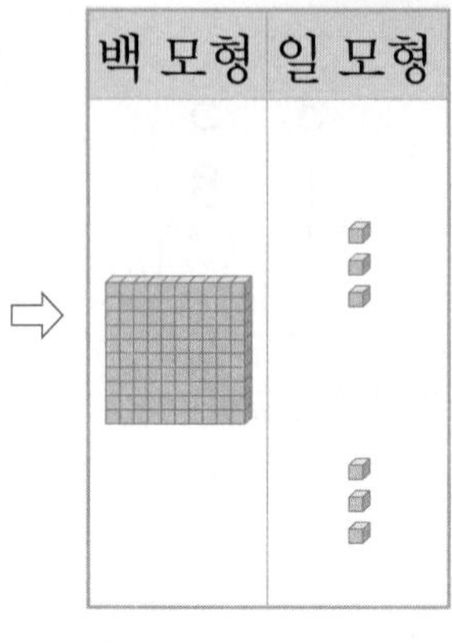


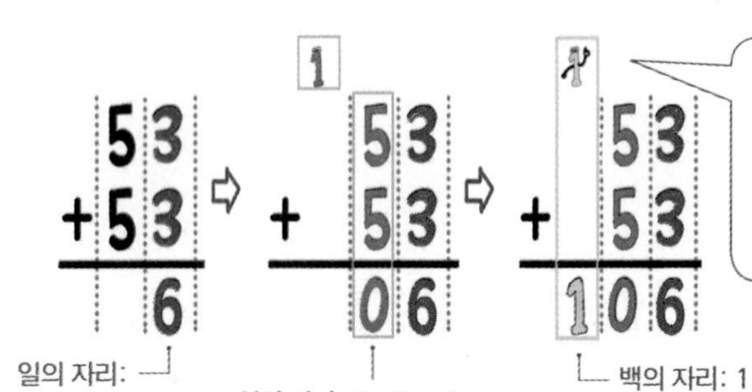


십의 자리 수끼리의 합에서 10은 백의 자리로 받아올림하여 백의 자리에 1을 내려 써야 해.

### 개념 체크

❶ 십의 자리 수끼리의 합이 10이거나 10보다 크면 ( 십 , 백 )의 자리로 받아올림합니다.

❷ 53+53 ⇨ 십의 자리 계산 5+5=10에서 백의 자리로 받아올림하면 십의 자리 수는 [ ] 입니다.

정답 ❶ 백에 ○표 ❷ 0

## 기본 문제

## 쌍둥이 문제

정답은 12쪽

**1-1** 수 모형을 보고 54+71을 구하시오.

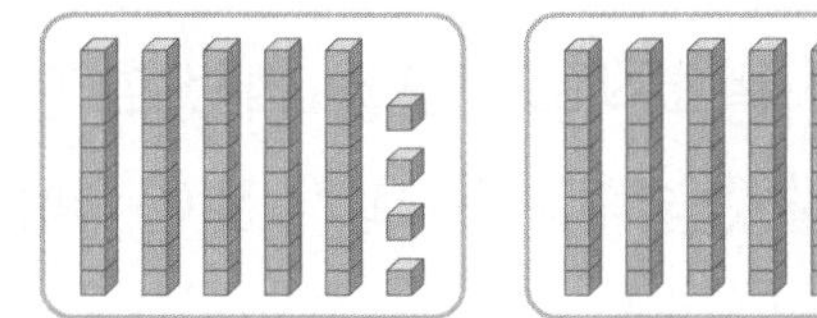

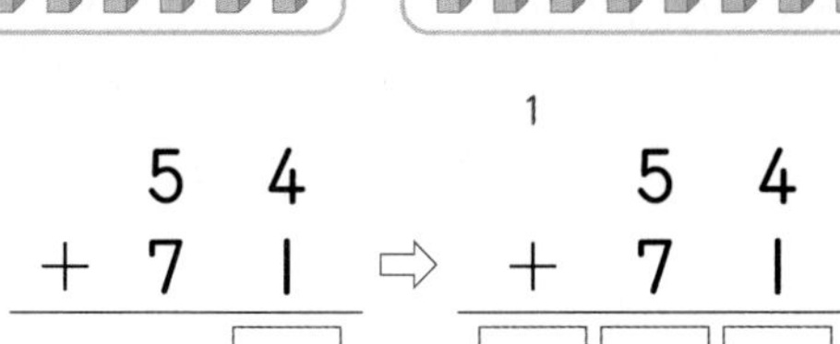

힌트 십 모형 10개는 백 모형 1개와 같습니다.

**1-2** 수 모형을 보고 64+63을 구하시오.

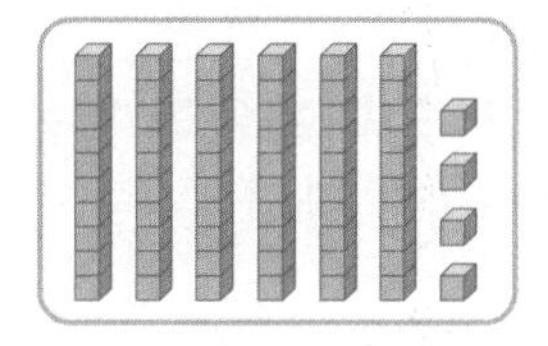

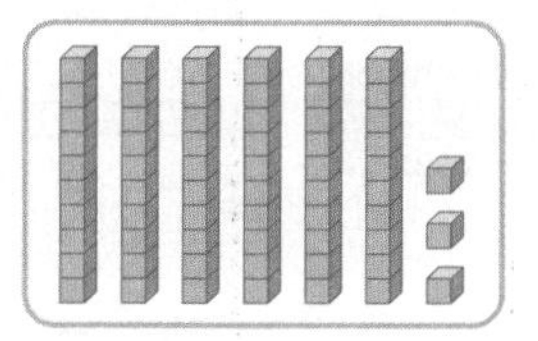

일의 자리: 4+3=□

십의 자리: 6+6=1□

백의 자리: □

⇨ 64+63=□

교과서 유형

**2-1** □ 안에 알맞은 수를 써넣으시오.

(1) $\begin{array}{r} 3\ 2 \\ +\ 8\ 7 \\ \hline \square\square\square \end{array}$ (2) $\begin{array}{r} 1\ 9 \\ +\ 9\ 0 \\ \hline \square\square\square \end{array}$

힌트 십의 자리 수끼리의 합이 10이거나 10보다 크면 백의 자리로 받아올림합니다.

**2-2** □ 안에 알맞은 수를 써넣으시오.

(1) $\begin{array}{r} 9\ 5 \\ +\ 4\ 3 \\ \hline \square\square\square \end{array}$ (2) $\begin{array}{r} 7\ 8 \\ +\ 6\ 1 \\ \hline \square\square\square \end{array}$

익힘책 유형

**3-1** 빈 곳에 알맞은 수를 써넣으시오.

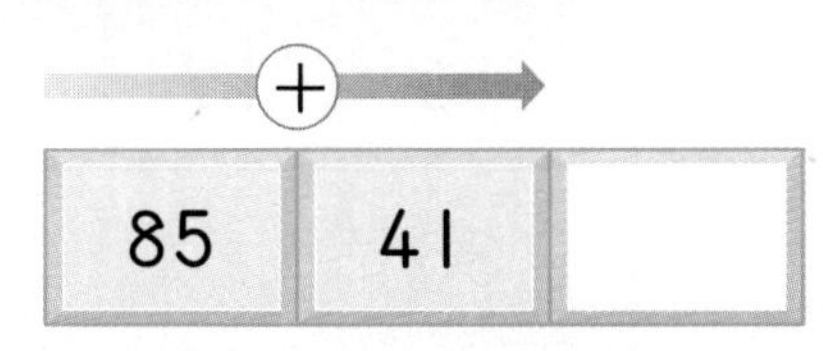


힌트 자리를 맞추어 수를 쓴 후 받아올림에 주의하여 계산합니다.

**3-2** 두 수의 합을 구하시오.

52 64

(　　　　　　)

3 덧셈과 뺄셈

## 개념 1 일의 자리에서 받아올림이 있는 (두 자리 수)+(한 자리 수)

일의 자리에서 받아올림이 있으면 십의 자리 수 위에 작게 1로 나타냅니다.

$$\begin{array}{r} {}^{1}\phantom{0} \\ 43 \\ +\ \ 9 \\ \hline 52 \end{array}$$

**1** 덧셈을 하시오.

(1) $\begin{array}{r} 58 \\ +\ \ 5 \\ \hline \end{array}$　　(2) $\begin{array}{r} 6 \\ +26 \\ \hline \end{array}$

익힘책 유형

**2** 두 수의 합을 빈 곳에 써넣으시오.

**3** 가장 큰 수와 가장 작은 수를 더하시오.

57　30　9

(　　　　　)

교과서 유형

**4** 준희가 동화책을 22권 읽었고, 만화책을 9권 읽었습니다. 준희가 읽은 책은 모두 몇 권입니까?

(　　　　　)

## 개념 2 일의 자리에서 받아올림이 있는 (두 자리 수)+(두 자리 수)

일의 자리에서 받아올림이 있으면 십의 자리 수 위에 작게 1로 나타냅니다.

$$\begin{array}{r} {}^{1}\phantom{0} \\ 44 \\ +26 \\ \hline 70 \end{array}$$

**5** 덧셈을 하시오.

(1) $\begin{array}{r} 33 \\ +37 \\ \hline \end{array}$　　(2) $\begin{array}{r} 66 \\ +18 \\ \hline \end{array}$

**6** 빈 곳에 알맞은 수를 써넣으시오.

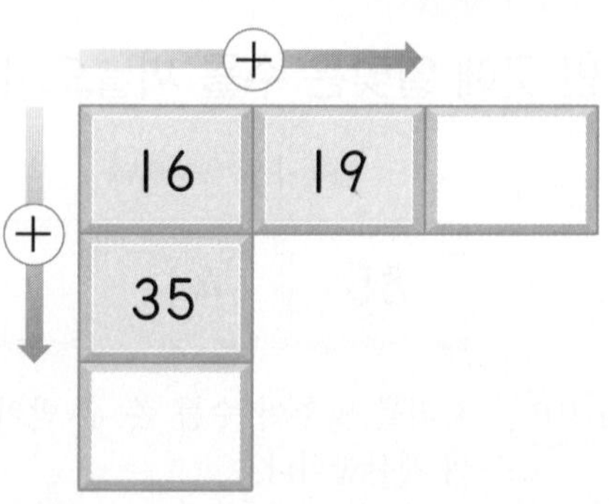

정답은 13쪽

**7** 농촌 체험을 하면서 사과를 유리는 24개, 우진이는 47개 땄습니다. 유리와 우진이가 딴 사과는 모두 몇 개입니까?

( )

익힘책 유형

**8** 아래의 두 수를 더해서 위의 빈 곳에 알맞은 수를 써넣으시오.

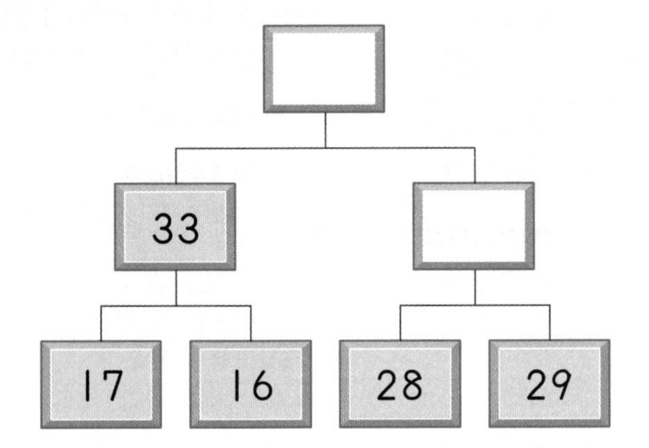


## 개념 3 십의 자리에서 받아올림이 있는 (두 자리 수)+(두 자리 수)

십의 자리에서 받아올림이 있으면 백의 자리에 1을 내려 씁니다.

$$\begin{array}{r} {}^{1}\phantom{00} \\ 57 \\ +\ 71 \\ \hline 128 \end{array}$$

**9** 덧셈을 하시오.

(1) $\begin{array}{r} 78 \\ +\ 50 \\ \hline \end{array}$

(2) $\begin{array}{r} 86 \\ +\ 33 \\ \hline \end{array}$

**10** 다음이 나타내는 수를 구하시오.

| 72보다 96 큰 수 |
|---|

( )

**11** 계산 결과를 비교하여 ○ 안에 >, =, <를 알맞게 써넣으시오.

84+53 ○ 76+63

교과서 유형

**12** 다혜는 어제 훌라후프를 62번 했습니다. 오늘 다혜는 훌라후프를 몇 번 하려고 합니까?

( )

**13** □ 안에 알맞은 수를 써넣으시오.

$$\begin{array}{r} \square\ 4 \\ +\ 5\ 4 \\ \hline 1\ 2\ 8 \end{array}$$

3 덧셈과 뺄셈

# 개념 파헤치기

## 개념 4 일, 십의 자리에서 받아올림이 있는 (두 자리 수)+(두 자리 수)

개념 동영상

• 63+58의 계산

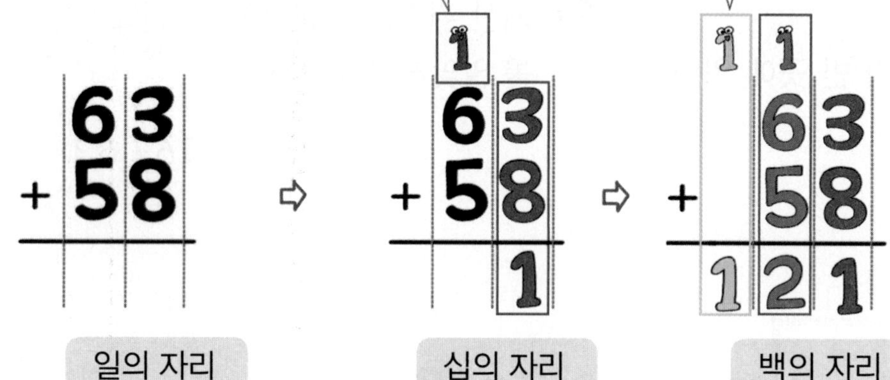


| 일의 자리 | 십의 자리 | 백의 자리 |
|---|---|---|
| 3+8=11 → 1 | 1+6+5=12 → 2 | 1 |

받아올림 받아올림

### 개념 체크

❶ 63+58 ⇨ 일의 자리 계산 3+8=11에서 10은 십의 자리로 받아올림하므로 남은 ☐은 일의 자리에 씁니다.

❷ 63+58 ⇨ 십의 자리 계산 1+6+5=12에서 10은 백의 자리로 받아올림하므로 남은 ☐는 십의 자리에 씁니다.

정답 ❶ 1 ❷ 2

## 기본 문제

## 쌍둥이 문제

정답은 14쪽 

**1-1** 수 모형을 보고 69+63을 구하시오.

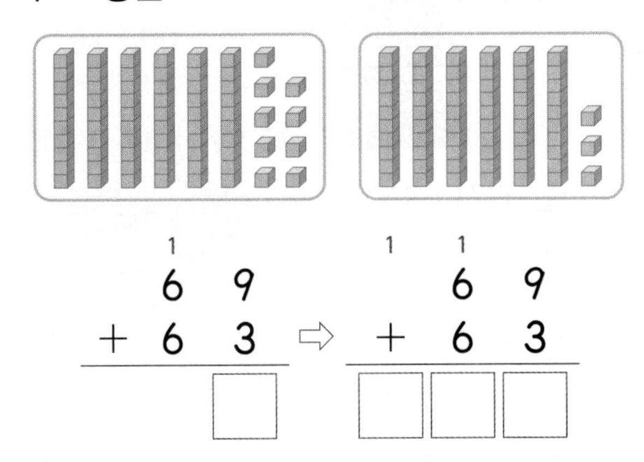

$$\begin{array}{r} {}^{1}\\ 6\ 9 \\ +\ 6\ 3 \\ \hline \square \end{array} \Rightarrow \begin{array}{r} {}^{1}\ {}^{1}\\ 6\ 9 \\ +\ 6\ 3 \\ \hline \square\square\square \end{array}$$

(힌트) 일 모형 10개는 십 모형 1개와 같고
십 모형 10개는 백 모형 1개와 같습니다.

**1-2** 수 모형을 보고 77+55를 구하시오.

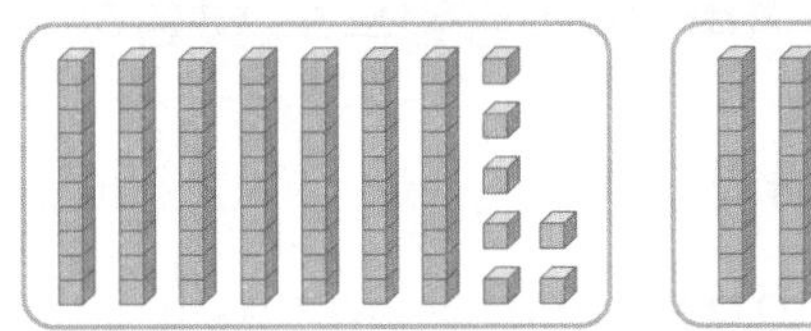 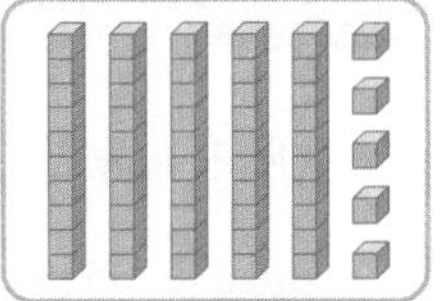

일의 자리: 7+5=1□

십의 자리: 1+7+5=1□

백의 자리: □

⇨ 77+55=□

교과서 유형

**2-1** □ 안에 알맞은 수를 써넣으시오.

(1)
$$\begin{array}{r} {}^{1}\ {}^{1}\\ 4\ 7 \\ +\ 7\ 3 \\ \hline \square\square\square \end{array}$$

(2)
$$\begin{array}{r} 8\ 6 \\ +\ 3\ 5 \\ \hline \square\square\square \end{array}$$

(힌트) 각 자리 수끼리의 합이 10이거나 10보다 크면 바로 위의 자리로 받아올림합니다.

**2-2** □ 안에 알맞은 수를 써넣으시오.

(1)
$$\begin{array}{r} 8\ 2 \\ +\ 8\ 8 \\ \hline \square\square\square \end{array}$$

(2)
$$\begin{array}{r} 9\ 5 \\ +\ 4\ 8 \\ \hline \square\square\square \end{array}$$

익힘책 유형

**3-1** 빈 곳에 알맞은 수를 써넣으시오.

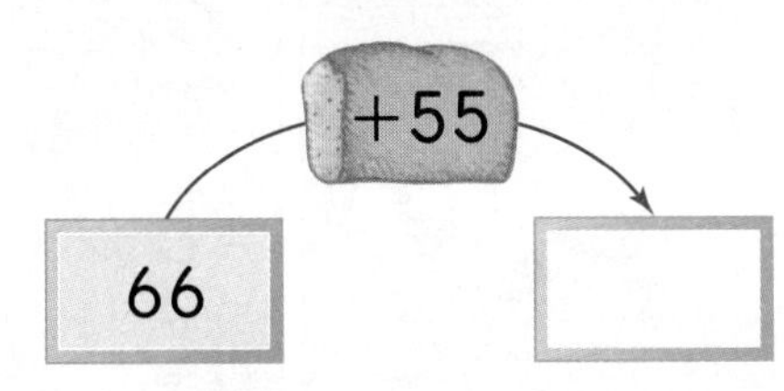


(힌트) 자리를 맞추어 수를 쓴 후 받아올림에 주의하여 계산합니다.

**3-2** 빈 곳에 알맞은 수를 써넣으시오.

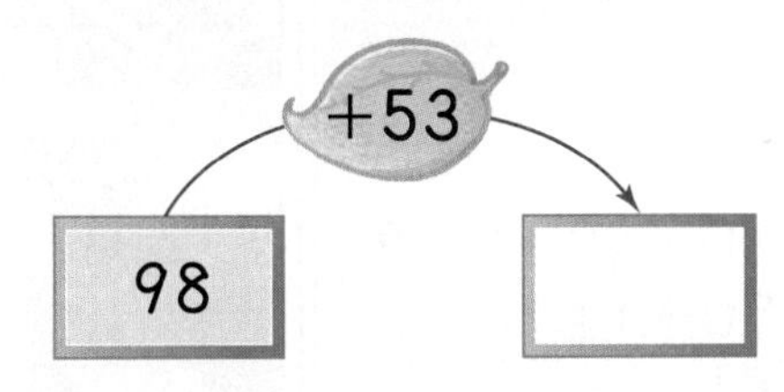


3 덧셈과 뺄셈

# 1 STEP 개념 파헤치기

## 개념 5 여러 가지 방법으로 덧셈하기

개념 동영상

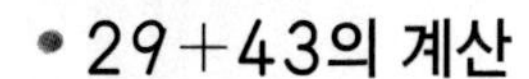

• $29+43$의 계산

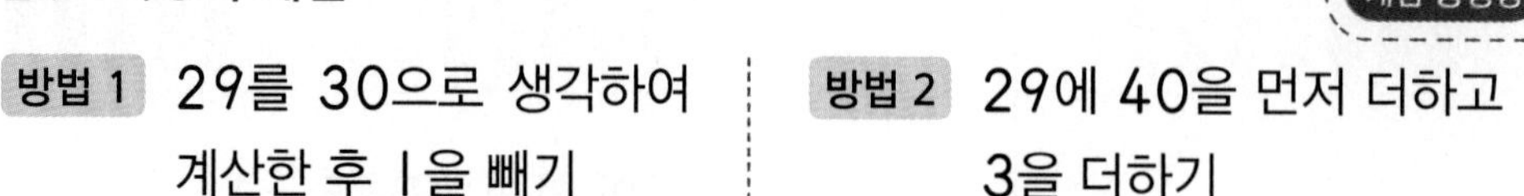

**방법 1** 29를 30으로 생각하여 계산한 후 1을 빼기

$$29+43=30+43-1$$
$$=73-1$$
$$=72$$

**방법 2** 29에 40을 먼저 더하고 3을 더하기

$$29+43=29+40+3$$
$$=69+3$$
$$=72$$

**방법 3** 20과 40을 더하고 9와 3을 더하기

$$29+43=20+40+9+3$$
$$=60+12$$
$$=72$$

**방법 4** 43을 1과 42로 생각하여 29에 1을 먼저 더하고 42를 더하기

$$29+43=29+1+42$$
$$=30+42$$
$$=72$$

### 개념 체크

❶ $29+43$은 29에 3을 먼저 더하고 40을 더하여 계산할 수 있습니다.

⇨ $29+43$
$=29+3+40$
$=\square+40=72$

❷ $29+43$은 29를 22와 7로 생각하여 계산할 수 있습니다.

⇨ $29+43$
$=22+7+43$
$=22+\square=72$

정답 ❶ 32 ❷ 50

## 기본 문제

교과서 유형

[1-1~2-1] 27+35를 여러 가지 방법으로 계산하려고 합니다. □ 안에 알맞은 수를 써넣으시오.

**1-1**

27을 30으로 생각하여 계산합니다.

$27+35=\square+35-3$

$=\square-3=\square$

힌트 27을 30으로 생각하여 계산하면 3만큼 커지므로 3을 빼야 합니다.

**2-1**

십의 자리 수끼리, 일의 자리 수끼리 더합니다.

$27+35=20+30+\square+5$

$=\square+12=\square$

힌트 ■▲=■0+▲

**3-1** 28+13을 계산한 방법과 식입니다. □ 안에 알맞은 수를 써넣으시오.

13을 2와 □로 생각합니다.

$28+13=28+2+\square$

$=30+11=\square$

힌트 28을 30으로 만들기 위해서는 2가 필요하므로 13을 2와 □로 생각합니다.

## 쌍둥이 문제

정답은 14쪽

[1-2~2-2] 36+58을 여러 가지 방법으로 계산하려고 합니다. □ 안에 알맞은 수를 써넣으시오.

**1-2**

36을 40으로 생각하여 계산합니다.

$36+58=\square+58-4$

$=\square-4=\square$

**2-2**

십의 자리 수끼리, 일의 자리 수끼리 더합니다.

$36+58=30+50+\square+8$

$=\square+14=\square$

**3-2** 42+49를 계산한 방법과 식입니다. □ 안에 알맞은 수를 써넣으시오.

49를 8과 □로 생각합니다.

$42+49=42+8+\square$

$=50+\square=\square$

# 2 STEP 개념 확인하기

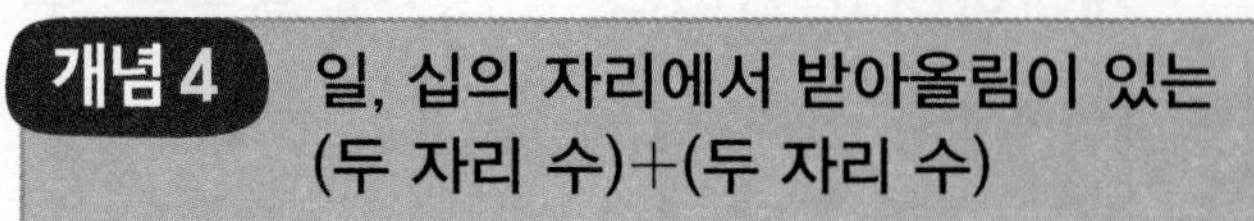


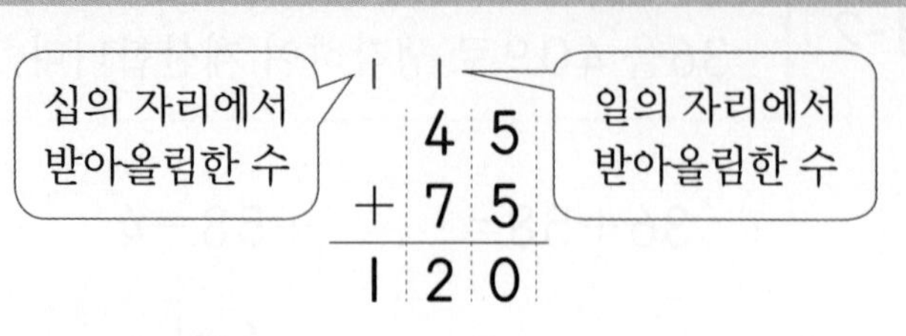


교과서 유형

**1** 덧셈을 하시오.

(1) $\begin{array}{r} 56 \\ +\ 84 \\ \hline \end{array}$  (2) $\begin{array}{r} 97 \\ +\ 96 \\ \hline \end{array}$

**2** 두 수의 합을 구하시오.

| 74 79 |
|---|

( )

**3** 그림을 보고 □ 안에 알맞은 수를 써넣으시오.

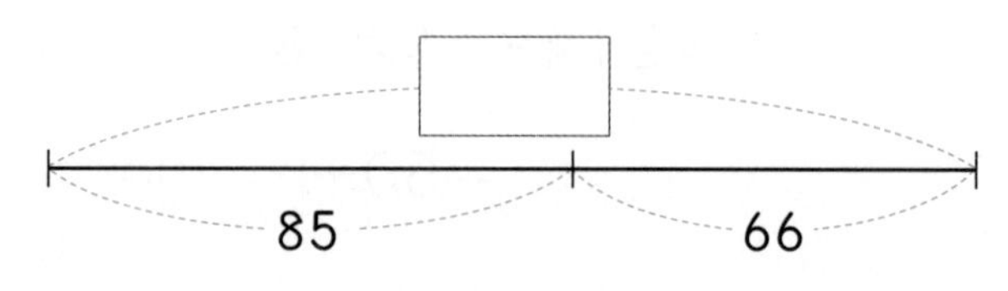


**4** 빈 곳에 알맞은 수를 써넣으시오.

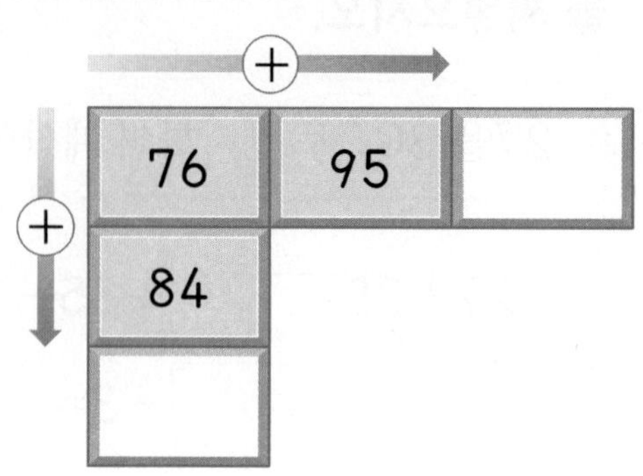


**5** 계산 결과를 비교하여 ○ 안에 >, =, <를 알맞게 써넣으시오.

57+54 ○ 68+42

**6** 농장에 염소가 63마리, 닭이 67마리 있습니다. 농장에는 염소와 닭이 모두 몇 마리 있습니까?

( )

익힘책 유형

**7** 빈 곳은 선으로 연결된 두 수의 합입니다. 빈 곳에 알맞은 수를 써넣으시오.

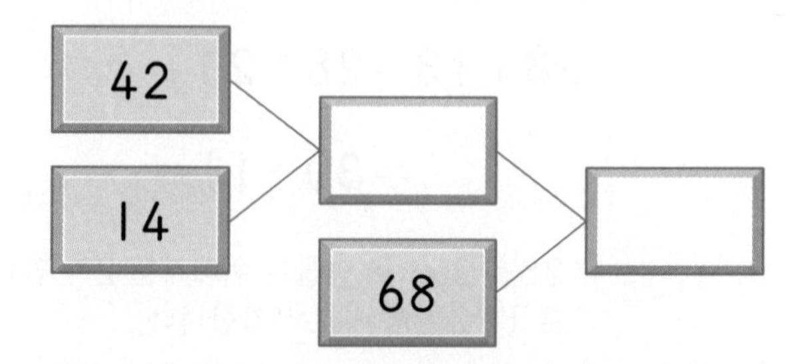

## 개념 5 여러 가지 방법으로 덧셈하기

$26+57$의 계산

| 26을 30으로 생각하여 계산하기 | 50을 먼저 더하고 7을 더하기 |
|---|---|
| $26+57$<br>$=30+57-4$<br>$=87-4=83$ | $26+57$<br>$=26+50+7$<br>$=76+7=83$ |

**8** $15+78$을 지수가 말한 방법대로 바르게 계산한 사람을 찾아 이름을 쓰시오.

15에 70을 먼저 더하고 8을 더했어.

승후: $15+78=15+8+70$
$=23+70=93$
종준: $15+78=15+70+8$
$=85+8=93$

(            )

교과서 유형

**9** $25+18$을 계산한 식을 보고 계산한 방법을 찾아 기호를 쓰시오.

$$25+18=23+2+18$$
$$=23+20=43$$

㉠ 25에 10을 더하고 8을 더하는 방법
㉡ 25에 20을 더하고 2를 빼는 방법
㉢ 25를 23과 2로 생각하여 2에 18을 먼저 더하고 23을 더하는 방법

(            )

**10** $49+36$을 계산한 방법입니다. □ 안에 알맞은 수를 써넣으시오.

$$49+36=49+6+30$$
$$=55+30=85$$

방법 36을 6과 □으로 생각하여 49에 □을 먼저 더하고 □을 더합니다.

**11** $58+14$를 다음과 같은 방법으로 계산하려고 합니다. □ 안에 알맞은 수를 써넣으시오.

14를 2와 12로 생각하여 58에 2를 먼저 더하고 12를 더합니다.

$58+14=58+\square+12$
$=\square+12=\square$

익힘책 유형

**12** $39+46$을 여러 가지 방법으로 계산하려고 합니다. □ 안에 알맞은 수를 써넣으시오.

(1) $39+46=40+46-\square$
$=\square-\square=\square$

(2) $39+46=30+40+9+\square$
$=\square+15=\square$

3 덧셈과 뺄셈

# 개념 파헤치기



## 개념 6 받아내림이 있는 (두 자리 수)−(한 자리 수)

• 22−7의 계산

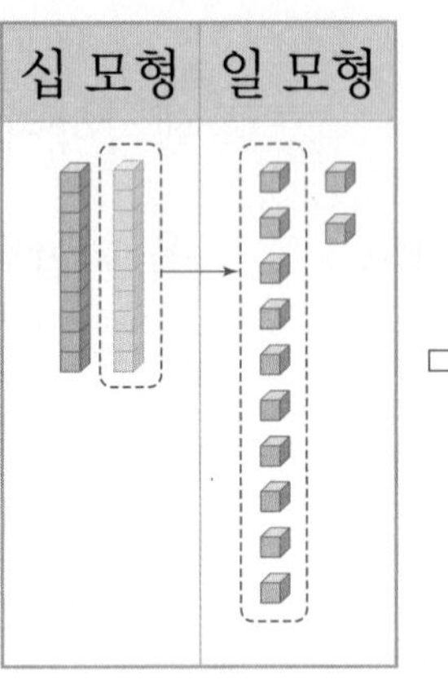


⇨

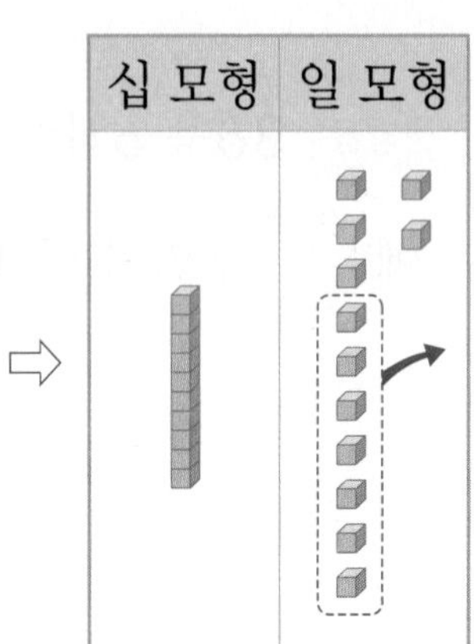


⇨

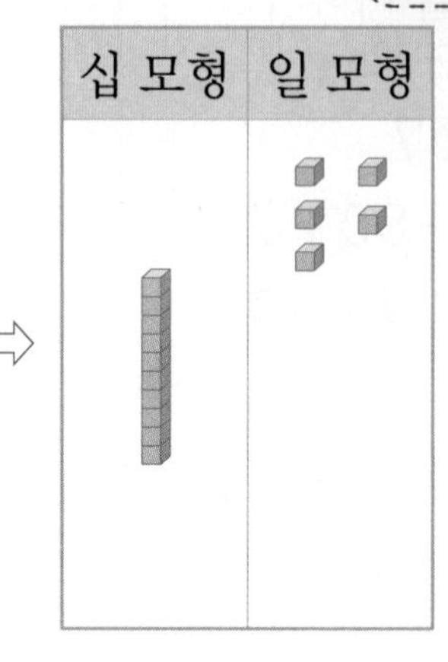


2에서 7을 뺄 수 없으므로 십의 자리에서 받아내림하여 10+2−7을 계산해.

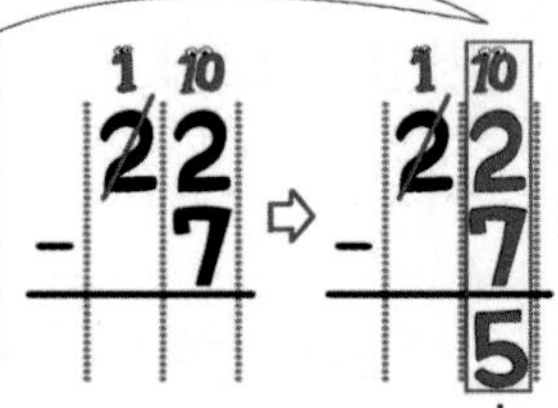

받아내림하고 남은 수를 십의 자리에 쓰면 돼.

일의 자리: 10+2−7=5

십의 자리: 2−1=1

### 개념 체크

❶ 일의 자리 수끼리 뺄 수 없을 때에는 ☐의 자리에서 받아내림하여 계산합니다.

❷ 22−7 ⇨ 십의 자리에서 일의 자리로 받아내림하고 남은 1은 ( 일 , 십 )의 자리에 씁니다.

정답 ❶ 십 ❷ 십에 ○표

1-1 수 모형을 보고 25−8을 구하시오.

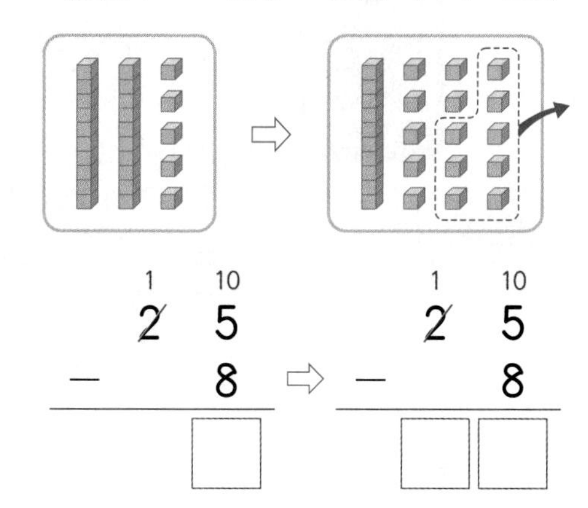

$$\begin{array}{r} \overset{1}{\cancel{2}}\ \overset{10}{5} \\ -\quad 8 \\ \hline \square \end{array} \Rightarrow \begin{array}{r} \overset{1}{\cancel{2}}\ \overset{10}{5} \\ -\quad 8 \\ \hline \square\square \end{array}$$

힌트 십 모형 1개는 일 모형 10개와 같습니다.

1-2 수 모형을 보고 31−8을 구하시오.

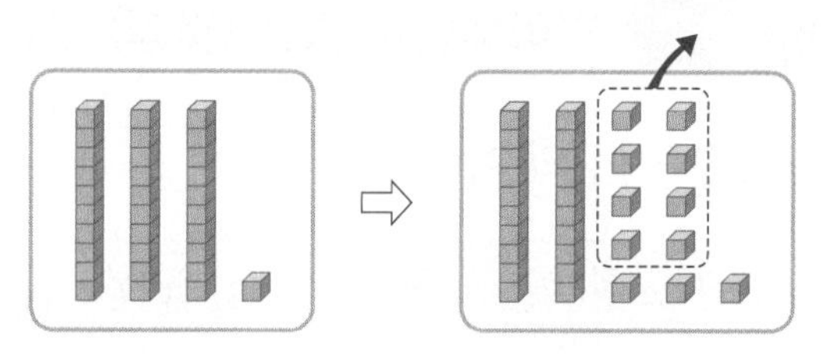

일의 자리: 10+1−8=□

십의 자리: 3−1=□

⇨ 31−8=□

교과서 유형

2-1 □ 안에 알맞은 수를 써넣으시오.

(1)
$$\begin{array}{r} \overset{2}{\cancel{3}}\ \overset{10}{5} \\ -\quad 9 \\ \hline \square\square \end{array}$$

(2)
$$\begin{array}{r} 4\ 1 \\ -\quad 5 \\ \hline \square\square \end{array}$$

힌트 일의 자리 수끼리 뺄 수 없으면 십의 자리에서 받아내림하여 계산합니다.

2-2 □ 안에 알맞은 수를 써넣으시오.

(1)
$$\begin{array}{r} 6\ 4 \\ -\quad 8 \\ \hline \square\square \end{array}$$

(2)
$$\begin{array}{r} 9\ 0 \\ -\quad 4 \\ \hline \square\square \end{array}$$

3-1 잘못 계산한 것의 기호를 쓰시오.

㉠
$$\begin{array}{r} 5\ 7 \\ -\quad 9 \\ \hline 4\ 8 \end{array}$$

㉡
$$\begin{array}{r} 6\ 3 \\ -\quad 4 \\ \hline 6\ 9 \end{array}$$

(　　　　　)

힌트 받아내림에 주의하여 바르게 계산했는지 알아봅니다.

3-2 바르게 계산한 것의 기호를 쓰시오.

㉠
$$\begin{array}{r} 8\ 3 \\ -\quad 7 \\ \hline 7\ 7 \end{array}$$

㉡
$$\begin{array}{r} 7\ 6 \\ -\quad 8 \\ \hline 6\ 8 \end{array}$$

(　　　　　)

1 STEP 개념 파헤치기

## 개념 7 받아내림이 있는 (몇십)−(몇십몇)

개념 동영상

• 30−12의 계산

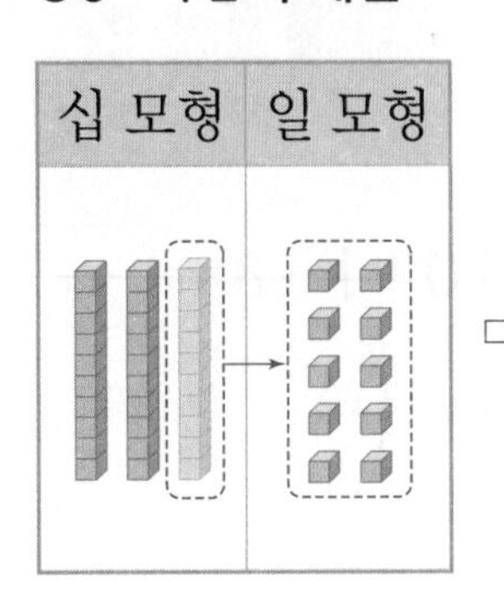


⇨

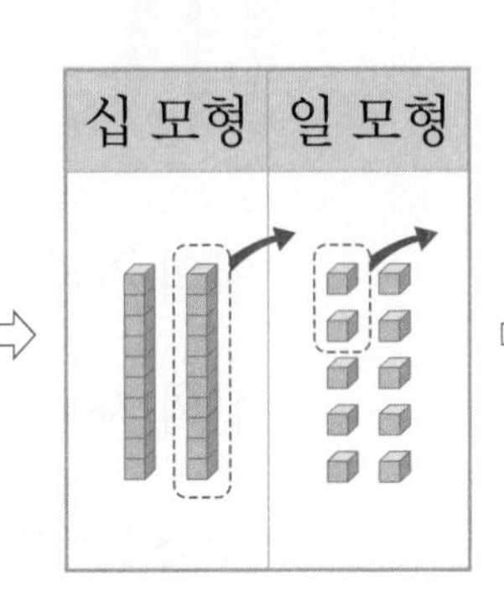


⇨

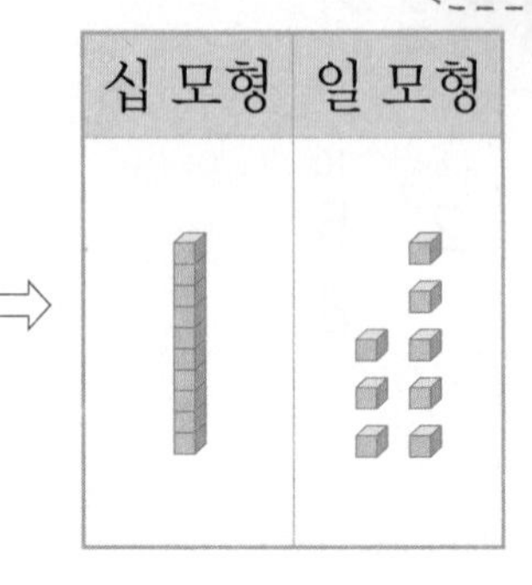


0에서 2를 뺄 수 없으므로 십의 자리에서 받아내림하여 10−2를 계산해.

받아내림하고 남은 수로 계산하여 십의 자리에 써.

$$\begin{array}{r} {}^{2}\,{}^{10} \\ \not{3}\,0 \\ -\,1\,2 \\ \hline \end{array} \Rightarrow \begin{array}{r} {}^{2}\,{}^{10} \\ \not{3}\,0 \\ -\,1\,2 \\ \hline 8 \end{array} \Rightarrow \begin{array}{r} {}^{2}\,{}^{10} \\ \not{3}\,0 \\ -\,1\,2 \\ \hline 1\,8 \end{array}$$

일의 자리: 10−2=8

십의 자리: 3−1−1=1

### 개념 체크

❶ 30−12 ⇨ 일의 자리 수 0에서 2를 뺄 수 없으므로 □의 자리에서 받아내림합니다.

❷ 30−12 ⇨ 십의 자리에서 일의 자리로 받아내림이 있으므로 십의 자리 계산은 ( 3−1 , 3−1−1 ) 입니다.

정답 ❶십 ❷3−1−1에 ○표

**1-1** 그림을 보고 $30-13$을 구하시오.

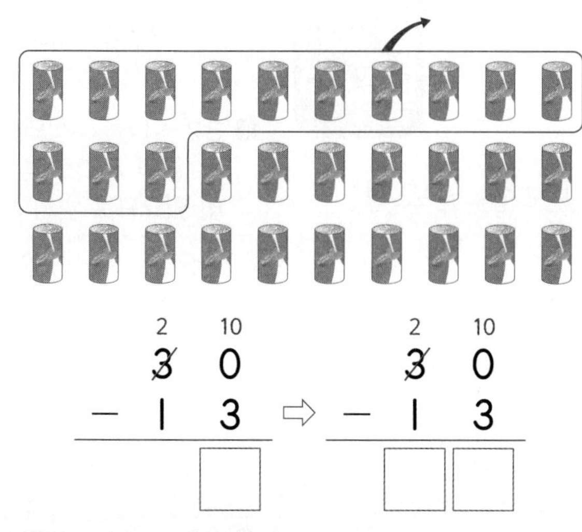

$$\begin{array}{r} \overset{2}{\cancel{3}}\ \overset{10}{0} \\ -\ 1\ 3 \\ \hline \square \end{array} \Rightarrow \begin{array}{r} \overset{2}{\cancel{3}}\ \overset{10}{0} \\ -\ 1\ 3 \\ \hline \square\square \end{array}$$

(힌트) 빼고 남은 음료수 캔은 몇 개인지 알아봅니다.

**1-2** 그림을 보고 $40-21$을 구하시오.

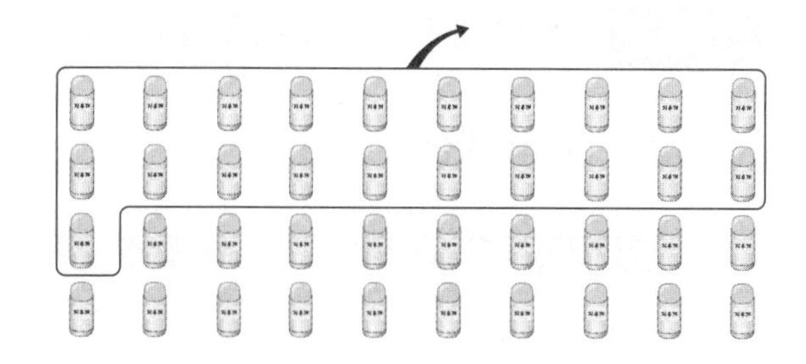

일의 자리: $10-1=\square$

십의 자리: $4-1-2=\square$

⇨ $40-21=\square$

교과서 유형

**2-1** □ 안에 알맞은 수를 써넣으시오.

(1) $\begin{array}{r} \overset{8}{\cancel{9}}\ \overset{10}{0} \\ -\ 2\ 7 \\ \hline \square\square \end{array}$ (2) $\begin{array}{r} 6\ 0 \\ -\ 5\ 2 \\ \hline \square \end{array}$

(힌트) 일의 자리 수끼리 뺄 수 없으면 십의 자리에서 받아내림하여 계산합니다.

**2-2** □ 안에 알맞은 수를 써넣으시오.

(1) $\begin{array}{r} 7\ 0 \\ -\ 4\ 6 \\ \hline \square\square \end{array}$ (2) $\begin{array}{r} 2\ 0 \\ -\ 1\ 9 \\ \hline \square \end{array}$

익힘책 유형

**3-1** 빈 곳에 알맞은 수를 써넣으시오.

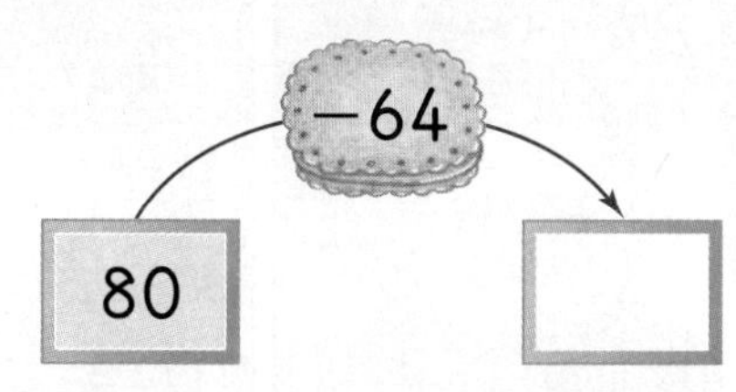


(힌트) 자리를 맞추어 수를 쓴 후 받아내림에 주의하여 계산합니다.

**3-2** 빈 곳에 알맞은 수를 써넣으시오.

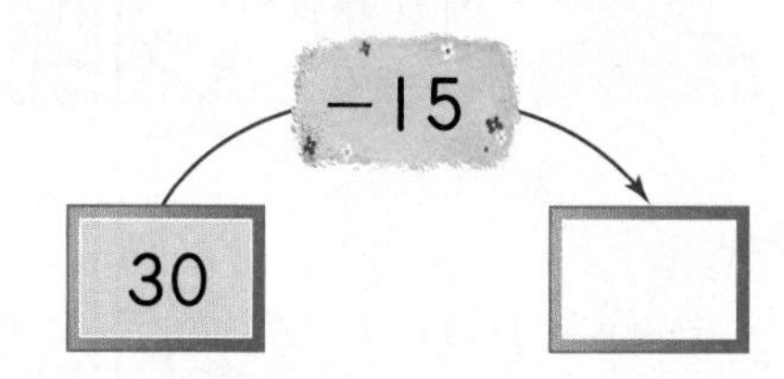

## 개념 8 받아내림이 있는 (두 자리 수)−(두 자리 수)

개념 동영상

• 32−16의 계산

| 십 모형 | 일 모형 |
|---|---|

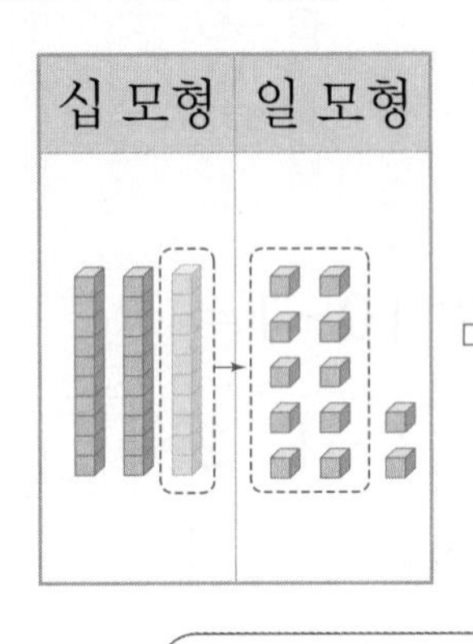

⇨

| 십 모형 | 일 모형 |
|---|---|

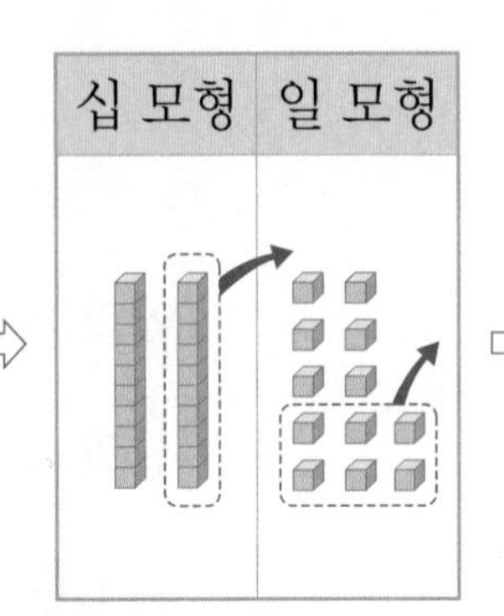

⇨

| 십 모형 | 일 모형 |
|---|---|

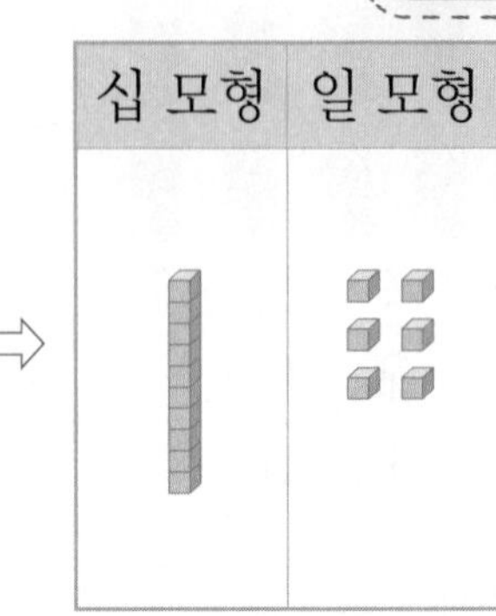

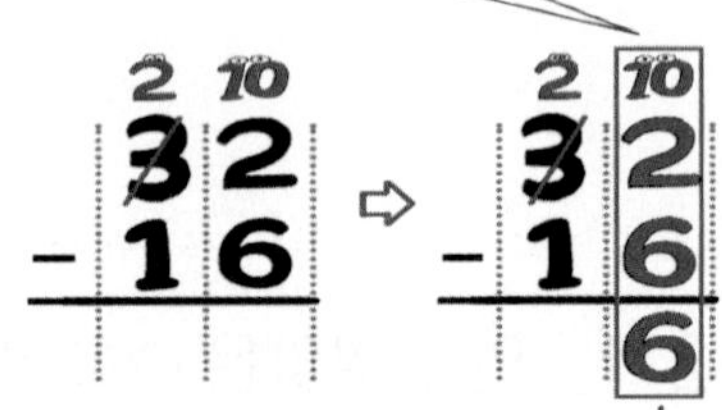


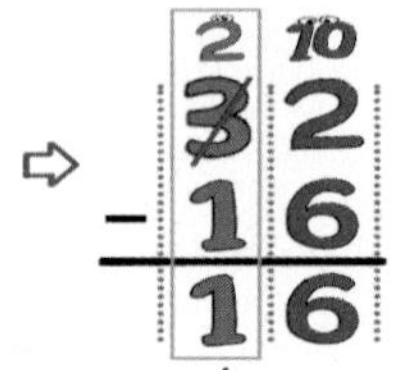


$$\begin{array}{r} \overset{2}{\cancel{3}}\overset{10}{2} \\ -\,1\,6 \\ \hline \end{array} \Rightarrow \begin{array}{r} \overset{2}{\cancel{3}}\overset{10}{2} \\ -\,1\,6 \\ \hline 6 \end{array} \Rightarrow \begin{array}{r} \overset{2}{\cancel{3}}\overset{10}{2} \\ -\,1\,6 \\ \hline 1\,6 \end{array}$$

일의 자리: 10+2−6=6

십의 자리: 3−1−1=1

### 개념 체크

❶ 32−16 ⇨ 십의 자리에서 일의 자리로 받아내림이 있으므로 일의 자리 계산은 ☐+2−6입니다.

❷ 32−16 ⇨ 십의 자리에서 일의 자리로 받아내림이 있으므로 십의 자리 계산은 3−☐−1입니다.

정답 ❶ 10 ❷ 1

## 기본 문제

## 쌍둥이 문제

정답은 15쪽

**1-1** 수 모형을 보고 44−28을 구하시오.

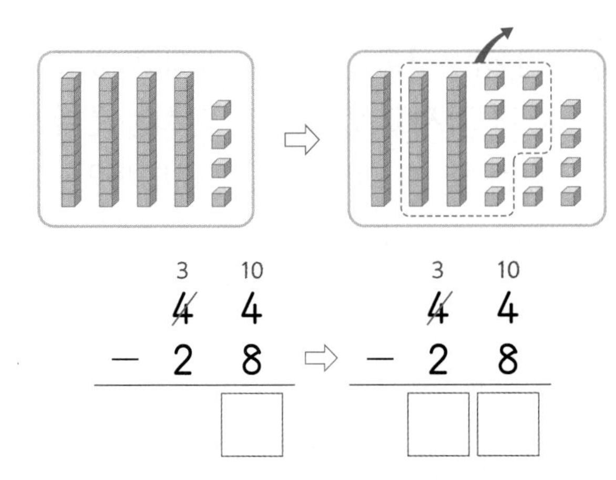

힌트 십 모형 1개는 일 모형 10개와 같습니다.

**1-2** 수 모형을 보고 32−13을 구하시오.

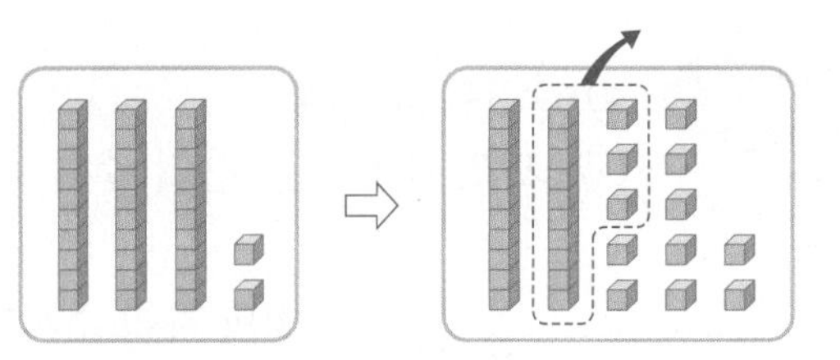

일의 자리: 10+2−3=□

십의 자리: 3−1−1=□

⇨ 32−13=□

교과서 유형

**2-1** □ 안에 알맞은 수를 써넣으시오.

(1) 78−39 (6, 10)

(2) 84−27

힌트 일의 자리 수끼리 뺄 수 없으면 십의 자리에서 받아내림하여 계산합니다.

**2-2** □ 안에 알맞은 수를 써넣으시오.

(1) 55−36

(2) 62−28

익힘책 유형

**3-1** □ 안에 알맞은 수를 써넣으시오.

힌트 자리를 맞추어 수를 쓴 후 받아내림에 주의하여 계산합니다.

**3-2** 두 수의 차를 구하시오.

68　96

(　　　　)

3 덧셈과 뺄셈

# 개념 확인하기

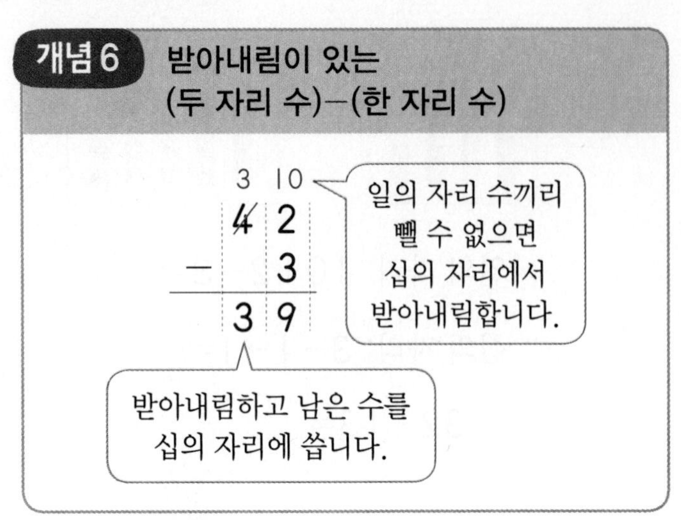


교과서 유형

**1** 뺄셈을 하시오.

(1) $\begin{array}{r} 71 \\ -\ \ 9 \\ \hline \end{array}$  (2) $\begin{array}{r} 63 \\ -\ \ 8 \\ \hline \end{array}$

**2** 두 수의 차를 빈 곳에 써넣으시오.

**3** 계산 결과를 찾아 선으로 이으시오.

| | |
|---|---|
| 56−7 • | • 44 |
| | • 54 |
| 53−9 • | • 49 |

**4** 진희는 구슬을 25개 가지고 있고, 진우는 6개 가지고 있습니다. 진희는 진우보다 구슬을 몇 개 더 가지고 있습니까?

( )

익힘책 유형

**5** 성냥개비를 사용하여 뺄셈식을 만들었습니다. 계산이 맞도록 지워야 할 성냥개비 한 개에 ×표 하시오.

73 − 5 = 88

## 개념 7 받아내림이 있는 (몇십)−(몇십몇)

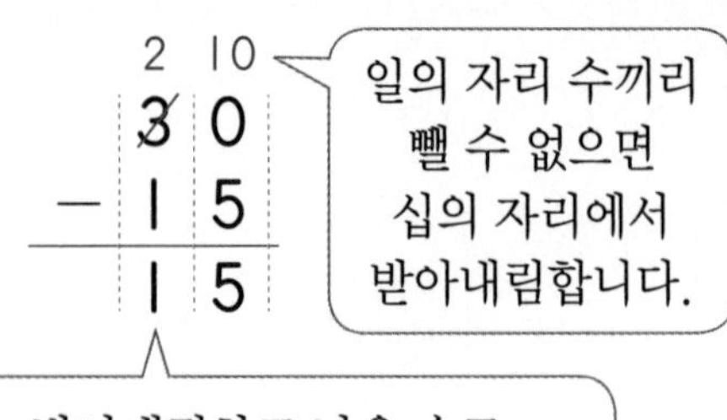


**6** 뺄셈을 하시오.

(1) $\begin{array}{r} 80 \\ -\ 62 \\ \hline \end{array}$  (2) $\begin{array}{r} 90 \\ -\ 77 \\ \hline \end{array}$

**7** 빈 곳에 알맞은 수를 써넣으시오.

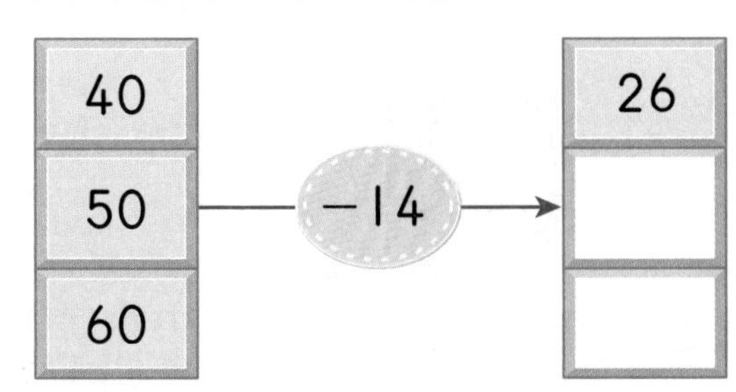


**8** 계산 결과를 비교하여 ○ 안에 >, =, <를 알맞게 써넣으시오.

70−54 ○ 80−65

익힘책 유형

**9** 공원에 참새 30마리가 있습니다. 그중에서 12마리가 날아갔습니다. 남아 있는 참새는 몇 마리입니까?

(　　　　　　　　)

**개념 8** 받아내림이 있는 (두 자리 수)−(두 자리 수)

$$\begin{array}{r} \overset{5}{\cancel{6}}\ \overset{10}{3} \\ -\ 2\ 5 \\ \hline 3\ 8 \end{array}$$

일의 자리 수끼리 뺄 수 없으면 십의 자리에서 받아내림합니다.

받아내림하고 남은 수로 계산하여 십의 자리에 씁니다.

**10** 뺄셈을 하시오.

(1) $\begin{array}{r} 9\ 6 \\ -\ 5\ 7 \\ \hline \end{array}$　　(2) $\begin{array}{r} 7\ 5 \\ -\ 4\ 8 \\ \hline \end{array}$

**11** □ 안에 알맞은 수를 써넣으시오.

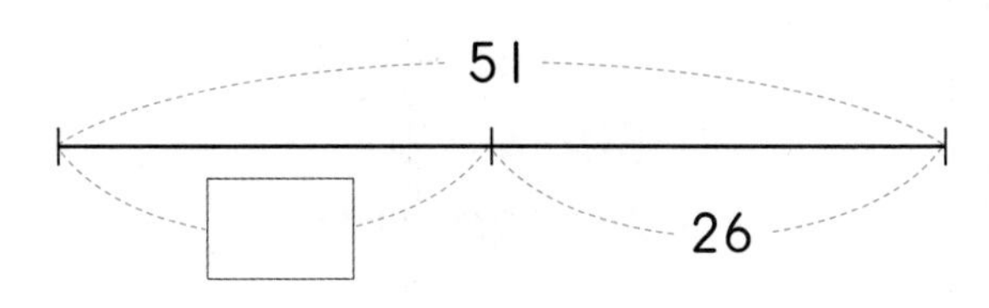


**12** 빈 곳에 알맞은 수를 써넣으시오.

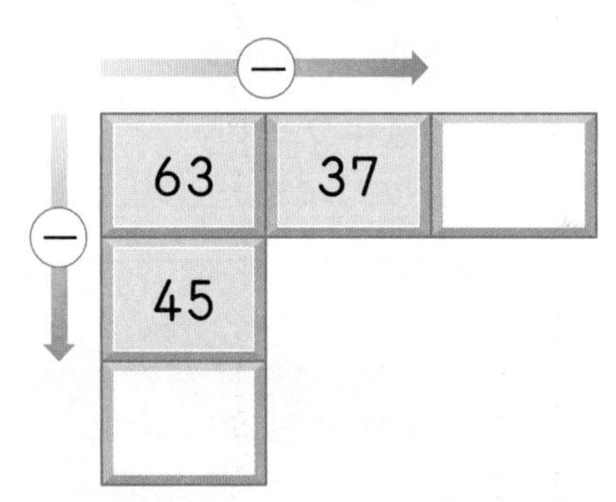


교과서 유형

**13** 말은 캥거루보다 몇 년 더 살 수 있습니까?

(　　　　　　　　)

# 개념 파헤치기

## 개념 9 여러 가지 방법으로 뺄셈하기

개념 동영상

• 52−36의 계산

**방법 1** 52에서 2를 빼고 또 4를 빼고 다시 30을 빼기

$52-36$
$=52-2-4-30$
$=50-4-30$
$=46-30=16$

**방법 2** 52에서 40을 뺀 후 4를 더하기

$52-36$
$=52-40+4$
$=12+4=16$

**방법 3** 52를 50과 2로 가른 후 50에서 36을 빼고 2를 더하기

$52-36$
$=50-36+2$
$=14+2=16$

**방법 4** 52에서 32를 빼고 4를 더 빼기

$52-36$
$=52-32-4$
$=20-4=16$

### 개념 체크

❶ 52=50+2, 36=30+6을 이용하여 계산할 수 있습니다.
⇨ $52-36$
$=50+2-30-6$
$=\square+2-6$
$=16$

❷ 52를 56으로 생각하고 계산한 후 4를 빼어 구할 수 있습니다.
⇨ $52-36$
$=56-36-4$
$=\square-4$
$=16$

정답 ❶ 20 ❷ 20

## 기본 문제

교과서 유형

[1-1~2-1] $93-29$를 주어진 방법으로 계산하려고 합니다. □ 안에 알맞은 수를 써넣으시오.

**1-1**

93에서 3을 빼고 또 6을 빼고 다시 20을 뺍니다.

$93-29=93-\square-6-20$

$=\square-6-20$

$=\square-20=\square$

힌트 $29=9+20=③+6+20$ 빼지는 수 93의 일의 자리 수와 같게 만듭니다.

**2-1**

93에서 30을 뺀 후 1을 더합니다.

$93-29=93-\square+1$

$=\square+1=\square$

힌트 29를 빼야 하는 데 30을 빼므로 1을 더해야 합니다.

**3-1** $41-12$를 계산한 방법과 식입니다. □ 안에 알맞은 수를 써넣으시오.

41에서 11을 빼고 □을 더 뺍니다.

$41-12=41-11-\square$

$=30-\square=\square$

힌트 12는 11과 1로 가를 수 있습니다.

## 쌍둥이 문제

정답은 17쪽

[1-2~2-2] $64-37$을 주어진 방법으로 계산하려고 합니다. □ 안에 알맞은 수를 써넣으시오.

**1-2**

64에서 4를 빼고 또 3을 빼고 다시 30을 뺍니다.

$64-37=64-\square-3-30$

$=\square-3-30$

$=\square-30=\square$

**2-2**

64에서 40을 뺀 후 3을 더합니다.

$64-37=64-\square+3$

$=\square+3=\square$

**3-2** $73-55$를 계산한 방법과 식입니다. □ 안에 알맞은 수를 써넣으시오.

73에서 53을 뺀 후 □를 더 뺍니다.

$73-55=73-53-\square$

$=20-\square=\square$

## 개념 10 덧셈식을 뺄셈식으로 나타내기

더해지는 수　　더하는 수

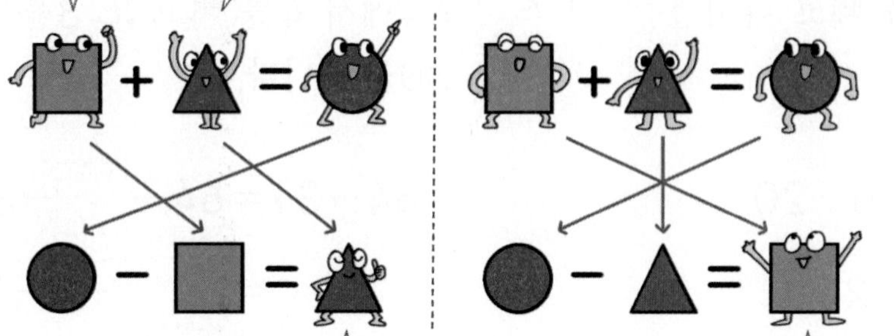

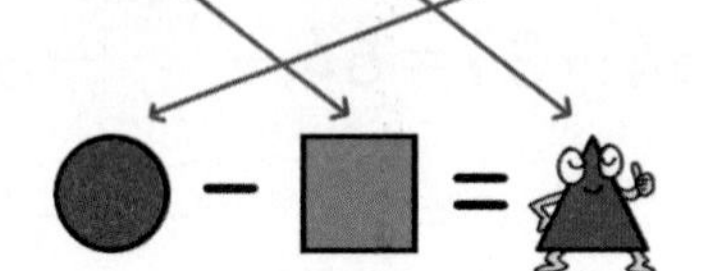

덧셈 결과에서
더해지는 수를 빼면
나를 구할 수 있지.

덧셈 결과에서
더하는 수를 빼면
나를 구할 수 있어.

하나의 덧셈식을 2개의 뺄셈식으로 나타낼 수 있습니다.

예 $7+3=10 \Rightarrow \begin{cases} 10-7=3 \\ 10-3=7 \end{cases}$　　$15+28=43 \Rightarrow \begin{cases} 43-15=28 \\ 43-28=15 \end{cases}$

### 개념 체크

❶ 덧셈식 $8+2=10$을 보고 뺄셈식으로 나타내면 $10-8=$ □ 입니다.

❷ 덧셈식 $24+17=41$을 보고 뺄셈식으로 나타내면 $41-17=$ □ 입니다.

정답 ❶ 2 ❷ 24

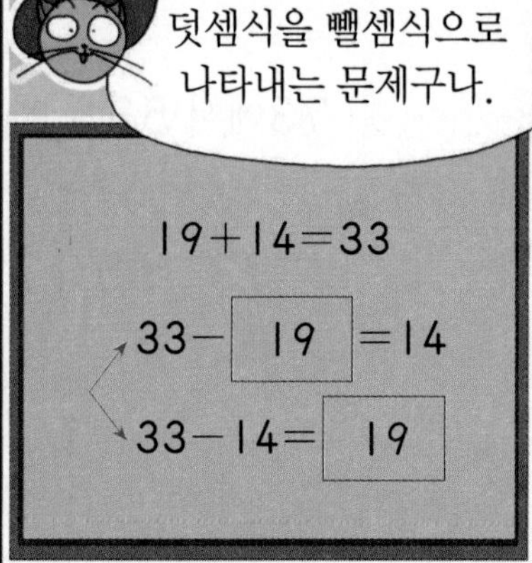

**1-1** 그림을 보고 덧셈식을 뺄셈식으로 나타내려고 합니다. □ 안에 알맞은 수를 써넣으시오.

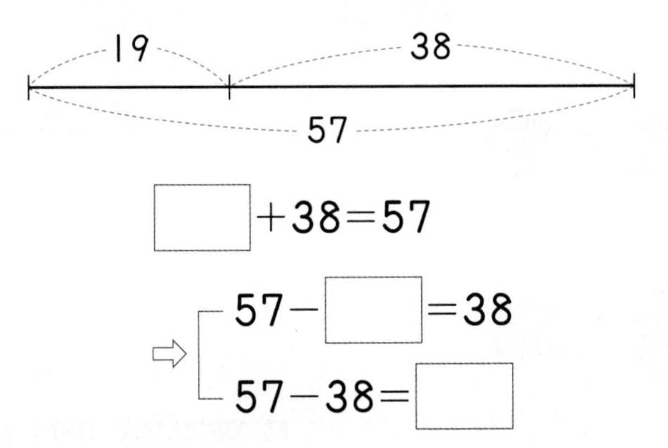


□$+38=57$

⇨ $57-$□$=38$
$57-38=$□

힌트 그림을 보면 19와 38을 더하면 57임을 알 수 있습니다.

**1-2** 그림을 보고 덧셈식을 뺄셈식으로 나타내려고 합니다. □ 안에 알맞은 수를 써넣으시오.

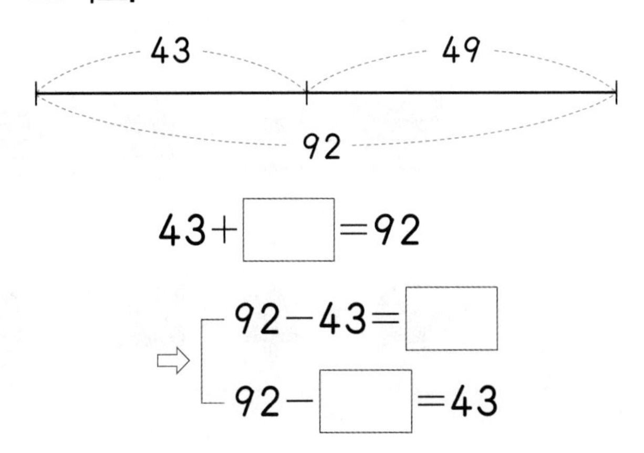


$43+$□$=92$

⇨ $92-43=$□
$92-$□$=43$

교과서 유형

**[2-1~3-1] 덧셈식을 보고 뺄셈식으로 나타낸 것입니다. □ 안에 알맞은 수를 써넣으시오.**

**2-1** $16+7=23$

⇨ □$-$□$=$□
□$-$□$=$□

힌트 ●+▲=■ ⇨ ■−●=▲, ■−▲=●

**3-1** $35+28=$□

⇨ $63-$□$=$□
$63-$□$=$□

힌트 덧셈식에서 결과는 뺄셈식에서 빼지는 수입니다.

**[2-2~3-2] 덧셈식을 보고 뺄셈식으로 나타낸 것입니다. □ 안에 알맞은 수를 써넣으시오.**

**2-2** $9+18=27$

⇨ □$-$□$=$□
□$-$□$=$□

**3-2** $56+26=$□

⇨ $82-$□$=$□
$82-$□$=$□

# 개념 파헤치기

## 개념 11 뺄셈식을 덧셈식으로 나타내기

빼지는 수 / 빼는 수

□ − △ = ○ → ○ + △ = □

□ − △ = ○ → △ + ○ = □

우리 둘을 더하면 빼지는 수를 구할 수 있어.

우리 둘의 순서를 바꾸어 더해도 빼지는 수를 구할 수 있지.

**하나의 뺄셈식을 2개의 덧셈식으로 나타낼 수 있습니다.**

예 $11-6=5$ ⇨ $5+6=11$, $6+5=11$

$45-27=18$ ⇨ $18+27=45$, $27+18=45$

### 개념 체크

❶ 뺄셈식 $15-8=7$을 보고 덧셈식으로 나타내면

$7+$□$=15$입니다.

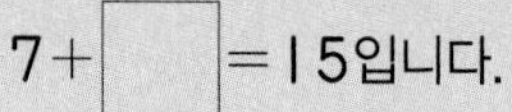

❷ 뺄셈식 $36-19=17$을 보고 덧셈식으로 나타내면

$19+$□$=36$입니다.

정답 ❶ 8 ❷ 17

## 기본 문제

## 쌍둥이 문제

정답은 17쪽

**1-1** 그림을 보고 뺄셈식을 덧셈식으로 나타내려고 합니다. □ 안에 알맞은 수를 써넣으시오.

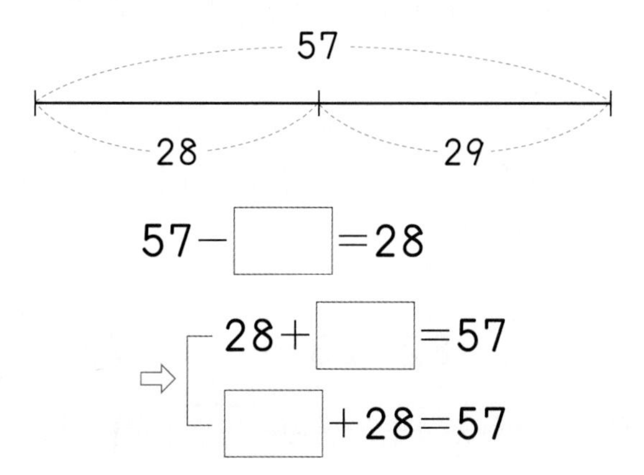


$57-\square=28$

⇨ $28+\square=57$, $\square+28=57$

(힌트) 그림을 보면 57에서 29를 빼면 28임을 알 수 있습니다.

**1-2** 그림을 보고 뺄셈식을 덧셈식으로 나타내려고 합니다. □ 안에 알맞은 수를 써넣으시오.

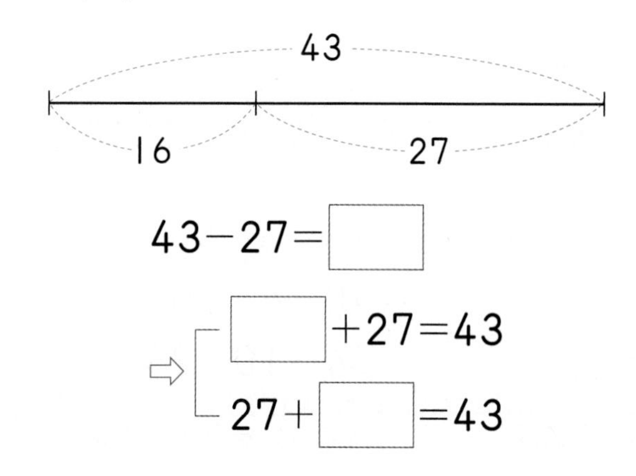


$43-27=\square$

⇨ $\square+27=43$, $27+\square=43$

교과서 유형

**[2-1~3-1] 뺄셈식을 보고 덧셈식으로 나타낸 것입니다. □ 안에 알맞은 수를 써넣으시오.**

**2-1** $93-29=64$

⇨ $\square+\square=\square$, $\square+\square=\square$

(힌트) ■−▲=● ⇨ ●+▲=■, ▲+●=■

**3-1** $85-26=\square$

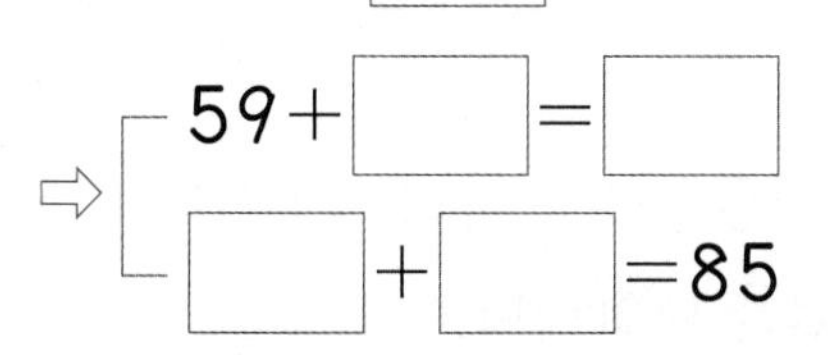

⇨ $59+\square=\square$, $\square+\square=85$

(힌트) 뺄셈식에서 빼는 수와 결과는 덧셈식에서 더하는 두 수입니다.

**[2-2~3-2] 뺄셈식을 보고 덧셈식으로 나타낸 것입니다. □ 안에 알맞은 수를 써넣으시오.**

**2-2** $31-14=17$

⇨ $\square+\square=\square$, $\square+\square=\square$

**3-2** $70-5=\square$

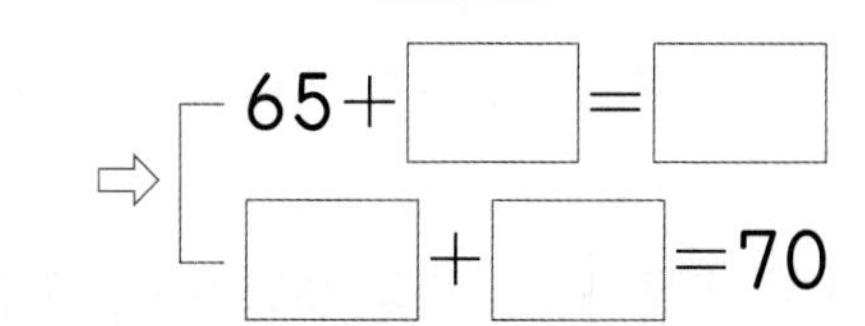

⇨ $65+\square=\square$, $\square+\square=70$

# 개념 확인하기

**개념 9** 여러 가지 방법으로 뺄셈하기

43−19의 계산

방법 1: 3을 빼고 또 6을 빼고 다시 10을 빼기

$43-19=43-3-6-10$
$=40-6-10$
$=34-10=24$

방법 2: 20을 뺀 후 1을 더하기

$43-19=43-20+1$
$=23+1=24$

**1** 45−37을 다음과 같은 계산 방법으로 푼 사람의 이름을 쓰시오.

45에서 35를 빼고 2를 더 뺍니다.

효주: $45-37=50-37-5=13-5=8$

혜민: $45-37=45-35-2=10-2=8$

(                    )

교과서 유형

**2** 27−19를 계산한 방법입니다. □ 안에 알맞은 수를 써넣으시오.

$27-19=27-17-2=10-2=8$

방법: 19를 17과 □로 생각하여 27에서 □을 빼고 □를 뺍니다.

**3** 82−23을 다음과 같은 방법으로 계산하려고 합니다. □ 안에 알맞은 수를 써넣으시오.

82를 83으로 생각하여 23을 빼고 1을 뺍니다.

$82-23=\square-23-1$
$=\square-1$
$=\square$

**4** □ 안에 알맞은 수를 써넣으시오.

$27-18$
$=27-\square-1-10$
$=\square-1-10$
$=\square-10$
$=\square$

익힘책 유형

**5** 66−47을 다음과 같은 방법으로 계산하시오.

47을 50으로 생각하여 66에서 50을 뺀 후 3을 더합니다.

66−47=____________

## 개념 10 덧셈식을 뺄셈식으로 나타내기

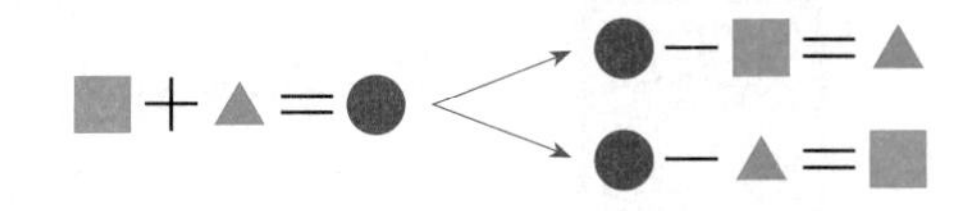

## 개념 11 뺄셈식을 덧셈식으로 나타내기

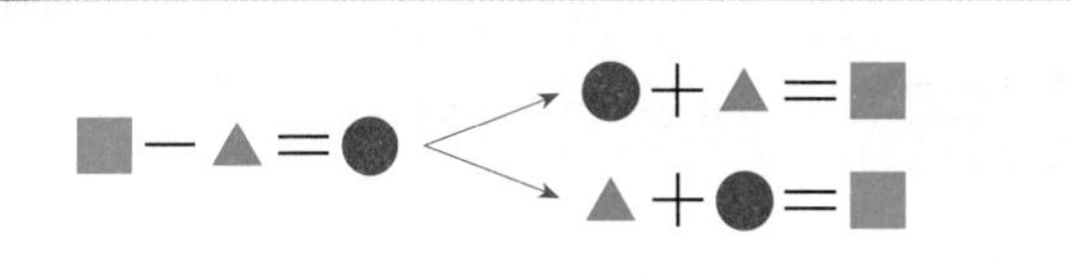

**6** 덧셈식을 보고 뺄셈식으로 바르게 나타낸 것에 ○표 하시오.

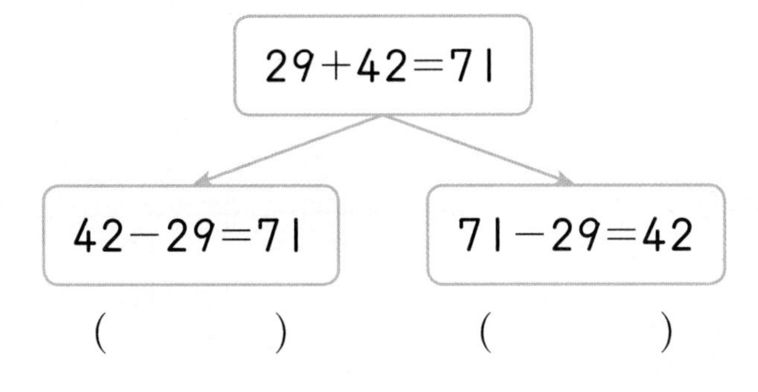


( ) ( )

교과서 유형

**7** 덧셈식을 보고 뺄셈식으로 나타낸 것입니다. □ 안에 알맞은 수를 써넣으시오.

18+38=56

⇨ □−□=□
　 □−□=□

**8** □ 안에 알맞은 수를 써넣으시오.

□+17=54

⇔ 54−□=37

**9** 뺄셈식을 보고 덧셈식으로 나타낸 것입니다. □ 안에 알맞은 수를 써넣으시오.

91−63=28

⇨ □+□=□
　 □+□=□

**10** 오른쪽 세 수를 이용하여 뺄셈식을 완성하고, 덧셈식으로 나타내어 보시오.

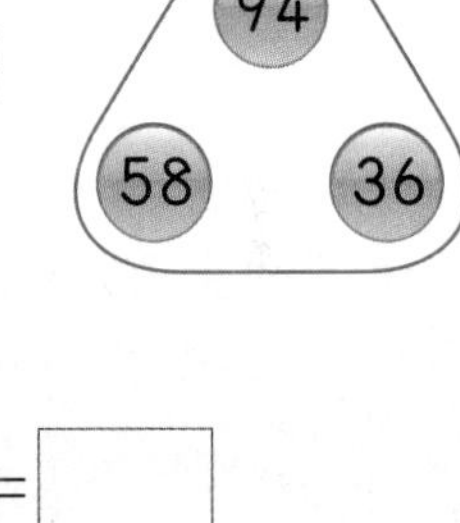


94−□=36

⇨ 36+□=□
　 □+□=□

익힘책 유형

**11** □ 안에 알맞은 수를 써넣으시오.

72−□=35

⇔ 35+37=□

# 개념 파헤치기

## 개념 12 □의 값 구하기

개념 동영상

접시에 있던 사탕 12개 중에서 몇 개를 먹었더니 7개가 남았습니다. 사탕을 몇 개 먹었습니까?

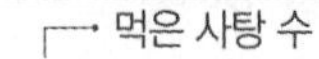

① 모르는 수를 □를 사용하여 뺄셈식으로 나타내기 (모르는 수: 먹은 사탕 수)

⇨ $12-□=7$

② 덧셈과 뺄셈의 관계를 이용하여 □의 값 구하기

⇨ $12-□=7$, $□+7=12$, $12-7=□$, $□=5$

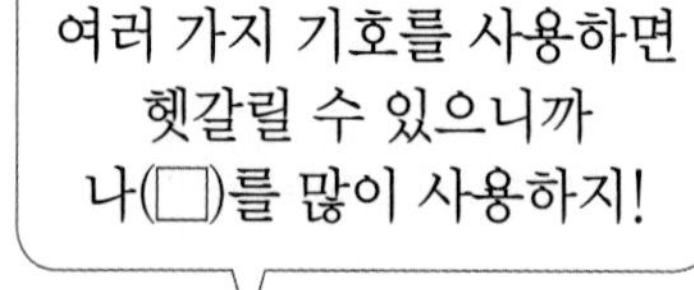

### 개념 체크

❶ 왼쪽 문제에서 모르는 수를 △를 사용하여 뺄셈식으로 나타내면

$12-△=$ □ 입니다.

❷ $15-□=10$,

$□+10=15$,

$15-10=□$,

$□=$ □

정답 ❶ 7 ❷ 5

# 기본 문제

교과서 유형

[1-1~3-1] **책꽂이에 위인전과 동화책이 26권 꽂혀 있습니다. 그중 위인전이 19권입니다. 물음에 답하시오.**

**1-1** 책꽂이에 위인전 19권이 꽂혀 있습니다. 동화책 수만큼 ○로 나타내어 보시오.

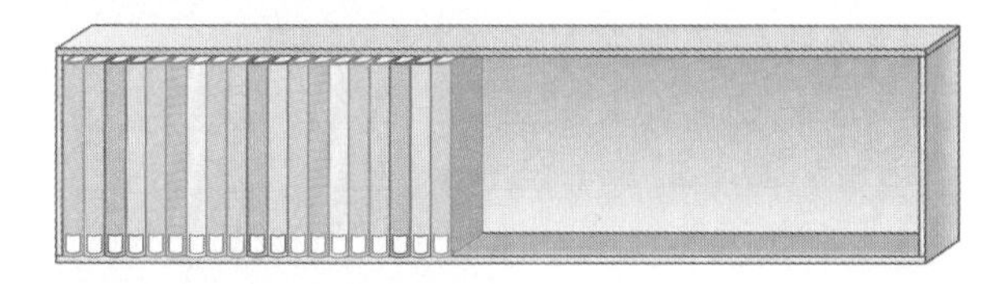

힌트 19와 몇을 더해 26이 되도록 ○로 나타냅니다.

**2-1** 동화책 수를 □를 사용하여 덧셈식으로 나타내시오.

식 ______________________

힌트 (위인전 수)+(동화책 수)=(전체 책 수)

**3-1** 책꽂이에 꽂혀 있는 동화책은 몇 권입니까?

(　　　　　　　　)

힌트 1-1에 나타낸 ○의 수를 세거나 2-1의 식에서 □의 값을 구합니다.

**4-1** □ 안에 알맞은 수를 써넣으시오.

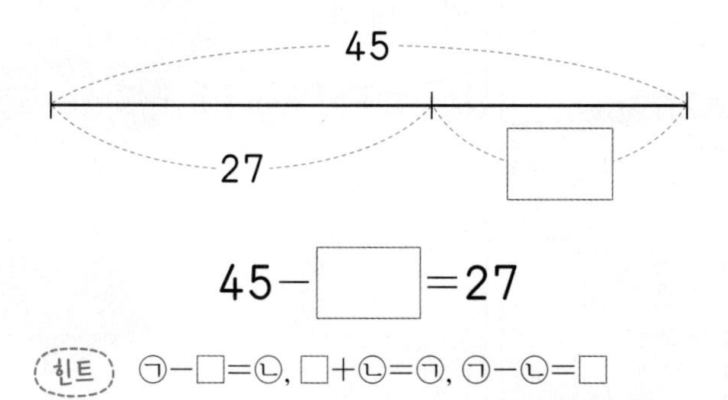


$45-\square=27$

힌트 ㉠−□=㉡, □+㉡=㉠, ㉠−㉡=□

# 쌍둥이 문제

정답은 18~19쪽

[1-2~3-2] **도넛 14개가 있었습니다. 그중 몇 개를 먹었더니 9개가 남았습니다. 물음에 답하시오.**

**1-2** 남은 도넛이 9개가 되도록 /으로 지워 보시오.

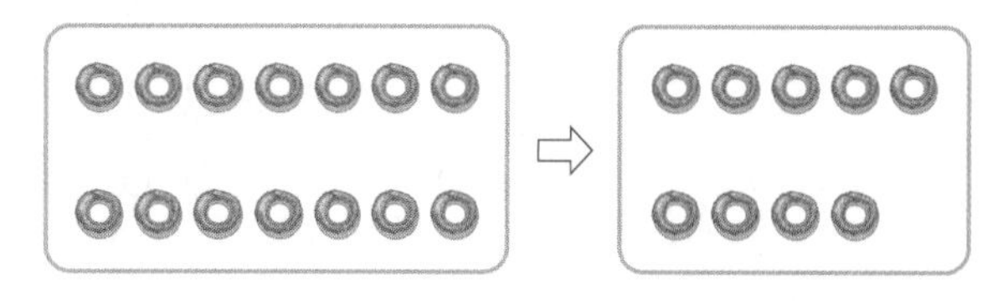

**2-2** 먹은 도넛 수를 □를 사용하여 뺄셈식으로 나타내시오.

식 ______________________

**3-2** 먹은 도넛은 몇 개입니까?

(　　　　　　　　)

**4-2** □ 안에 알맞은 수를 써넣으시오.

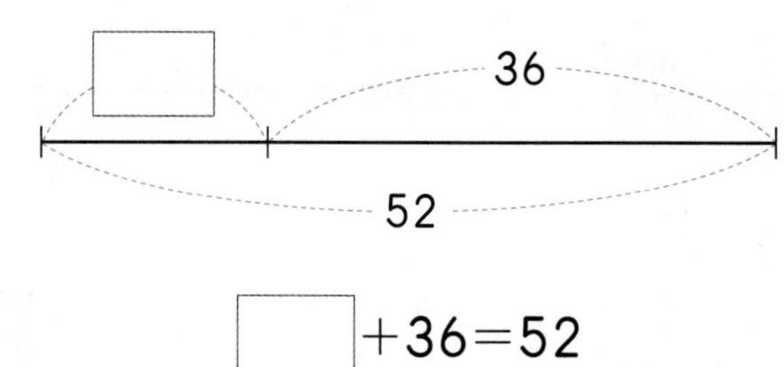


$\square+36=52$

## 개념 13 세 수의 계산 (1) — ■+▲+●, ■+▲−●

• **더하고 더하기**

⇨ 앞의 두 수를 더한 후 마지막 수를 더합니다.

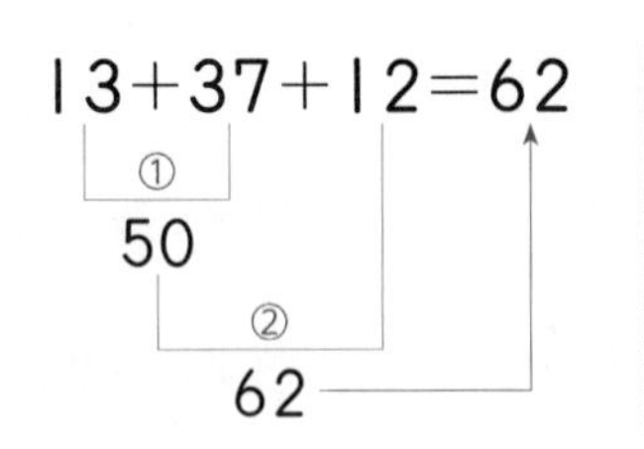


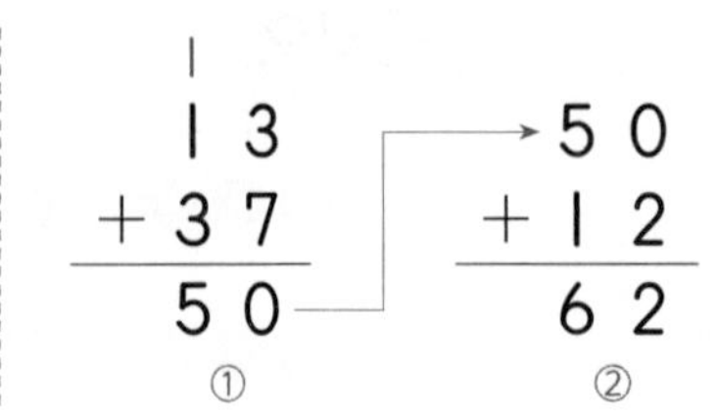


• **더하고 빼기**

⇨ 앞의 두 수를 더한 후 마지막 수를 뺍니다.

27+16−15=28

① 43

② 28

| 1 | 3 10 |
|---|---|
| 2 7 | 4 3 |
| + 1 6 | − 1 5 |
| 4 3 ① | 2 8 ② |

세 수의 계산은 앞에서부터 순서대로 합니다.

### 개념 체크

❶ 세 수의 계산은 ☐에서부터 순서대로 합니다.

❷ 27+16−18에서 ( 27+16 , 16−18 )을 먼저 계산합니다.

정답 ❶ 앞 ❷ 27+16에 ○표

## 기본 문제

## 쌍둥이 문제

정답은 19쪽

**1-1** □ 안에 알맞은 수를 써넣으시오.

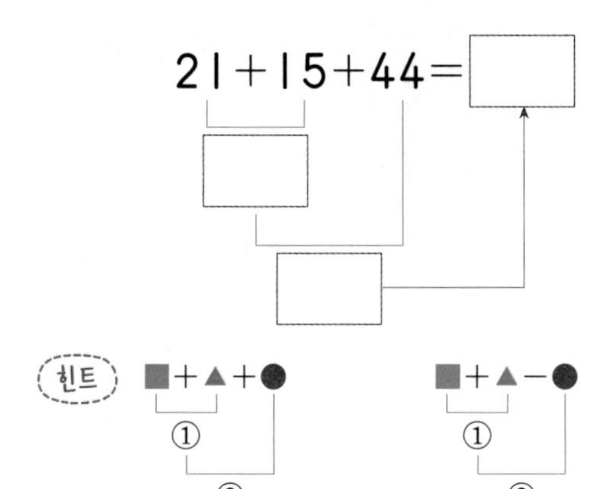


힌트 ■+▲+● ① ②   ■+▲−● ① ②

**1-2** □ 안에 알맞은 수를 써넣으시오.

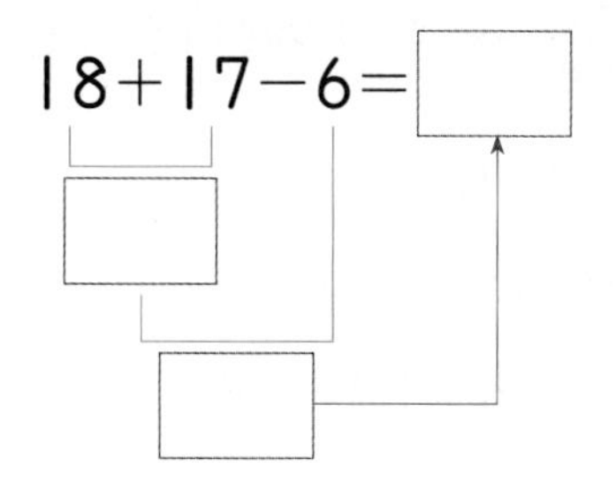


교과서 유형

**2-1** □ 안에 알맞은 수를 써넣으시오.

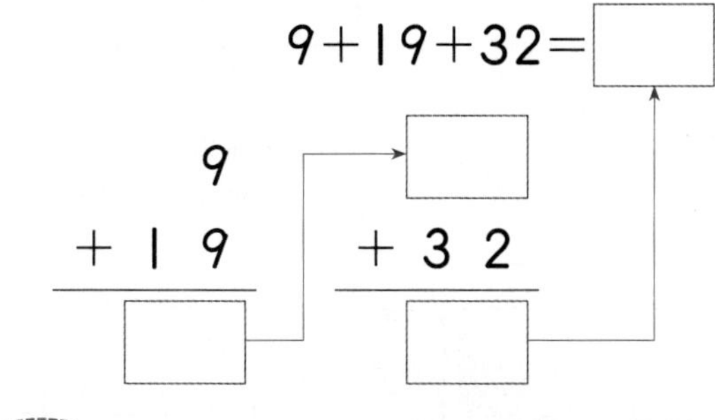


힌트 ■+▲+● ⇨ ■와 ▲를 더한 후 ●를 더합니다.
■+▲−● ⇨ ■와 ▲를 더한 후 ●를 뺍니다.

**2-2** □ 안에 알맞은 수를 써넣으시오.

$27+36-14=\square$

```
  2 7
+ 3 6        − 1 4
```

익힘책 유형

**3-1** 빈 곳에 알맞은 수를 써넣으시오.

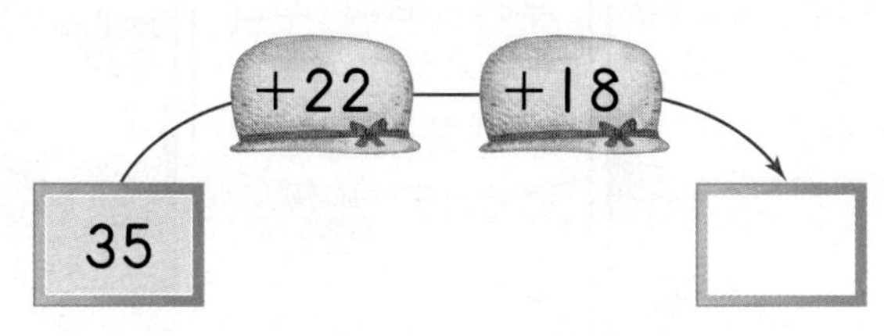


힌트 세 수의 계산은 앞에서부터 순서대로 합니다.

**3-2** 빈 곳에 알맞은 수를 써넣으시오.

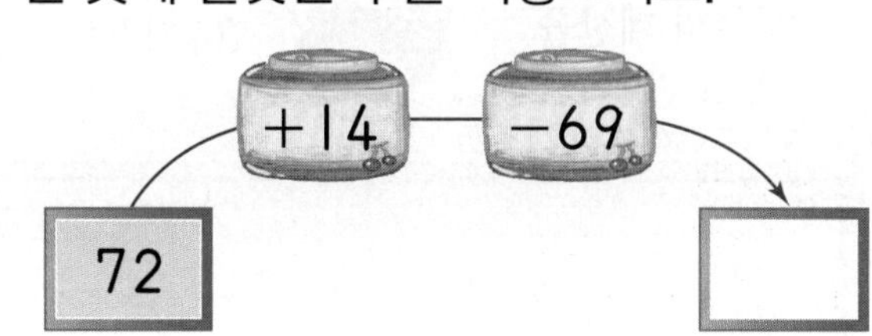


3 덧셈과 뺄셈

# 개념 파헤치기

## 개념 14 세 수의 계산 (2) — ■−▲+●, ■−▲−●

개념 동영상

• **빼고 더하기**

⇨ 맨 앞의 수에서 가운데 수를 뺀 후 마지막 수를 더합니다.

$23-15+17=25$

① $23-15=8$, ② $8+17=25$

$$\begin{array}{r} 23 \\ -\ 15 \\ \hline 8 \end{array} \qquad \begin{array}{r} 8 \\ +\ 17 \\ \hline 25 \end{array}$$

• **빼고 빼기**

⇨ 맨 앞의 수에서 가운데 수를 뺀 후 마지막 수를 뺍니다.

$56-11-26=19$

① $56-11=45$, ② $45-26=19$

$$\begin{array}{r} 56 \\ -\ 11 \\ \hline 45 \end{array} \qquad \begin{array}{r} 45 \\ -\ 26 \\ \hline 19 \end{array}$$

세 수의 계산은 앞에서부터 순서대로 합니다.

### 개념 체크

❶ 23−15+19에서 (23−15, 15+19)를 먼저 계산합니다.

❷ 64−32−15에서 (64−32, 32−15)를 먼저 계산합니다.

정답 ❶ 23−15에 ○표 ❷ 64−32에 ○표

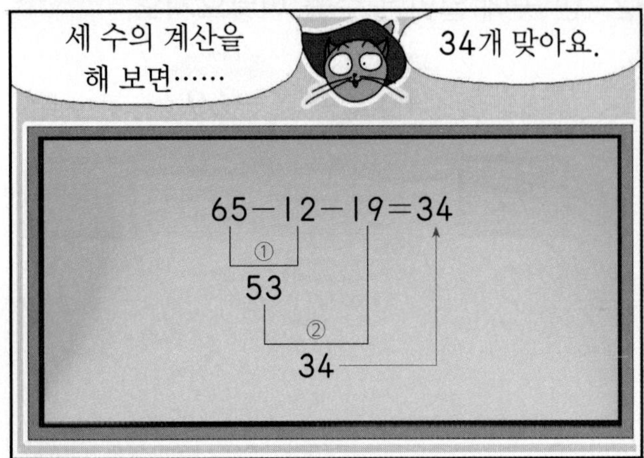

## 기본 문제

## 쌍둥이 문제

정답은 19쪽

**1-1** □ 안에 알맞은 수를 써넣으시오.

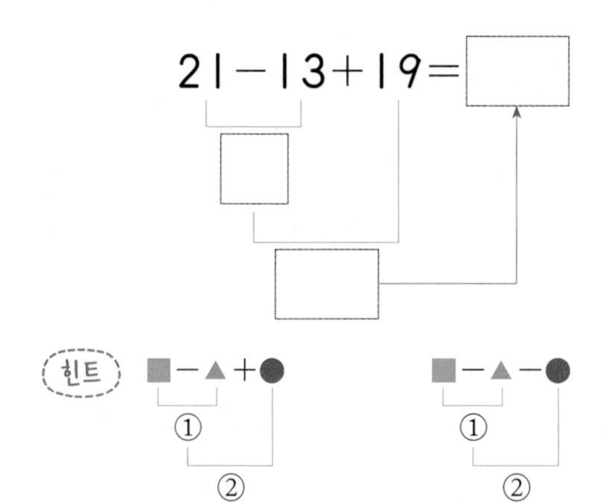


힌트 ■－▲＋● ① ②　■－▲－● ① ②

**1-2** □ 안에 알맞은 수를 써넣으시오.

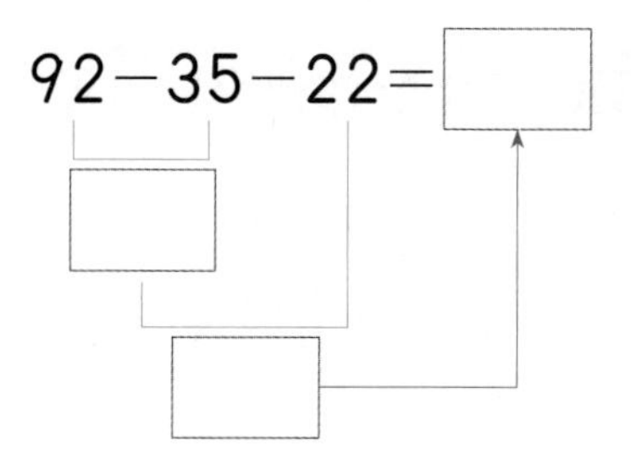


교과서 유형

**2-1** □ 안에 알맞은 수를 써넣으시오.

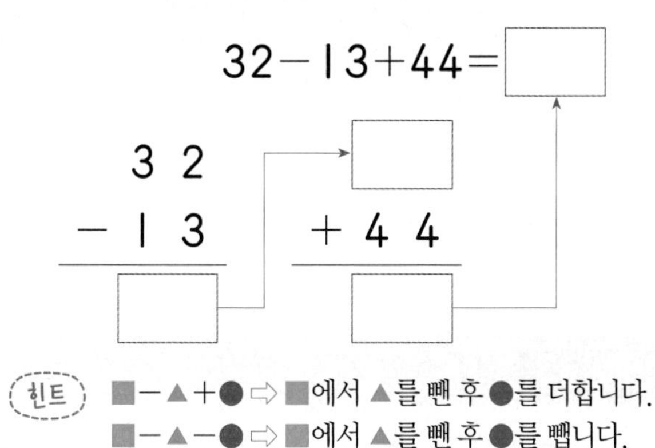


힌트 ■－▲＋● ⇨ ■에서 ▲를 뺀 후 ●를 더합니다.
■－▲－● ⇨ ■에서 ▲를 뺀 후 ●를 뺍니다.

**2-2** □ 안에 알맞은 수를 써넣으시오.

65－28－21＝

| 6 5 |  |
|---|---|
| － 2 8 | － 2 1 |
| □ | □ |

익힘책 유형

**3-1** 빈 곳에 알맞은 수를 써넣으시오.

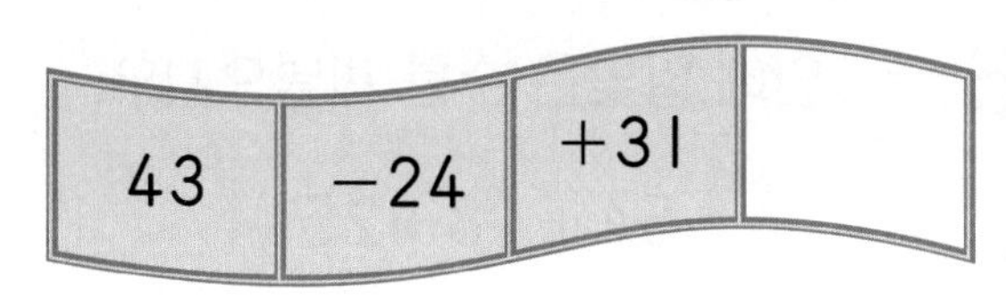


힌트 세 수의 계산은 앞에서부터 순서대로 합니다.

**3-2** 빈 곳에 알맞은 수를 써넣으시오.

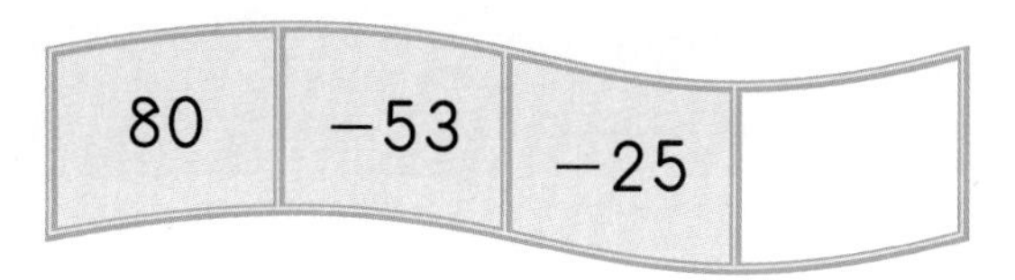

# 개념 확인하기

## 개념 12 □의 값 구하기

모르는 수를 □를 사용하여 식으로 나타낸 후 덧셈과 뺄셈의 관계를 이용하여 □의 값을 구합니다.

익힘책 유형

1 빈 곳에 알맞은 수만큼 ○를 그리고, □ 안에 알맞은 수를 써넣으시오.

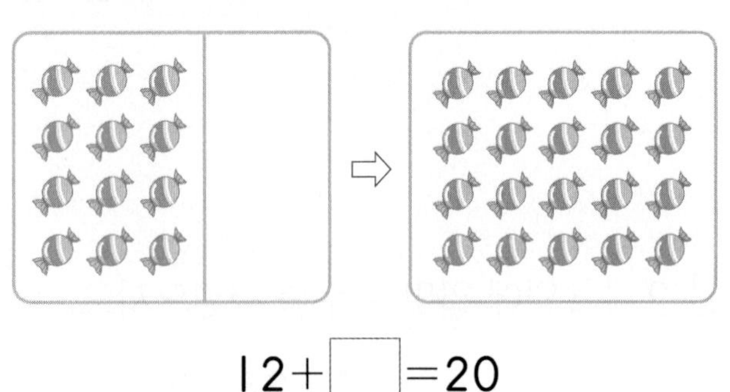

$12+\square=20$

2 □ 안에 알맞은 수를 써넣으시오.

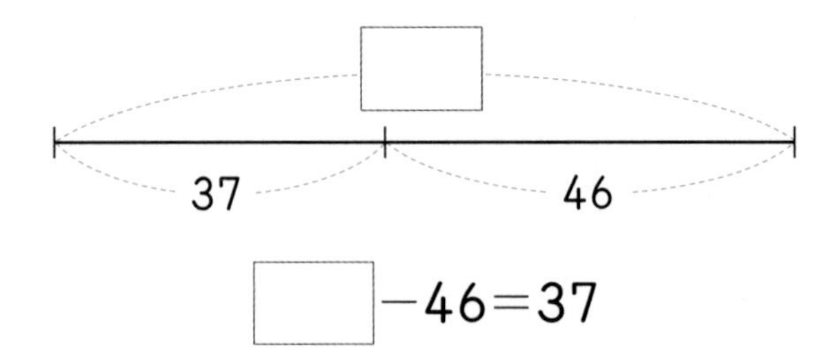


$\square-46=37$

3 □ 안에 알맞은 수를 써넣으시오.

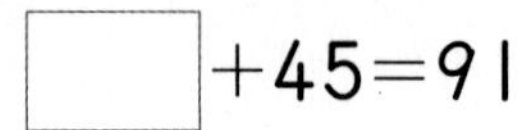

$\square+45=91$

4 □ 안에 알맞은 수를 써넣으시오.

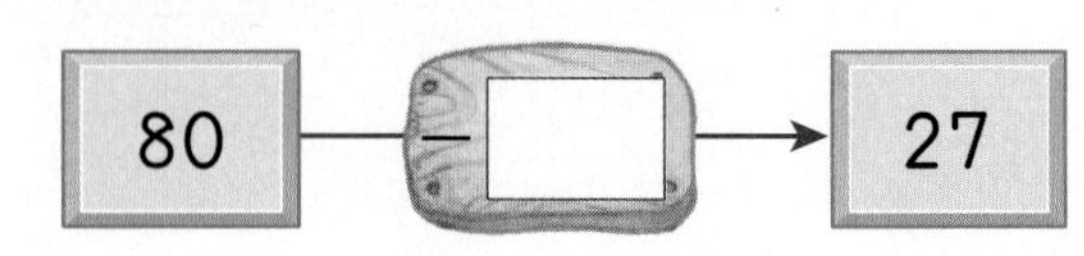


5 세영이가 윗몸 일으키기를 하고 있습니다. 앞으로 몇 번을 더 하겠습니까?

(　　　　　　　　)

## 개념 13 세 수의 계산 (1)

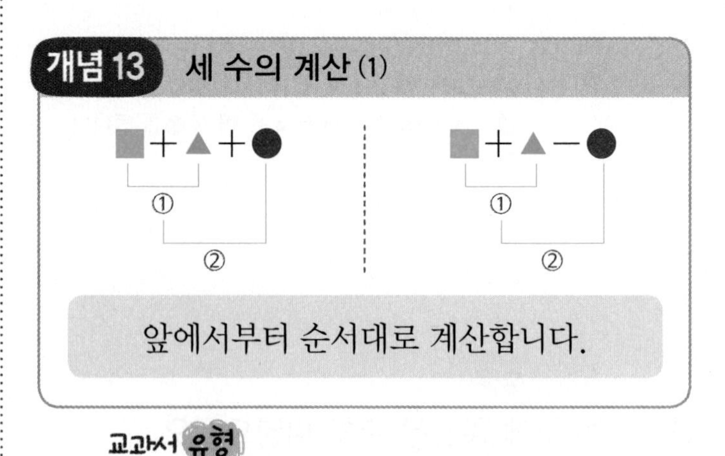


앞에서부터 순서대로 계산합니다.

교과서 유형

6 □ 안에 알맞은 수를 써넣으시오.

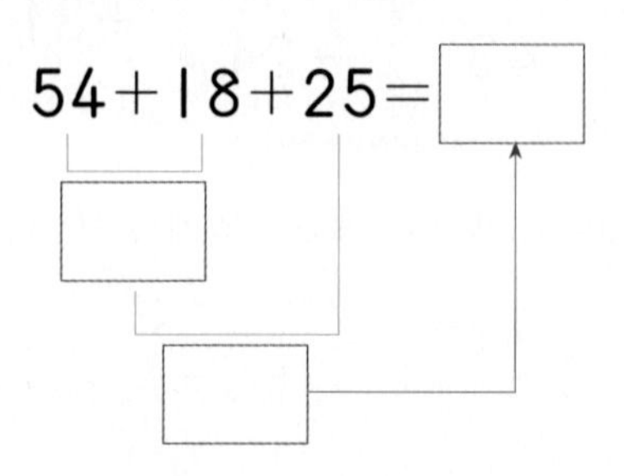

**7** 계산을 하시오.

(1) $33+43+15$

(2) $36+44-63$

**8** 크기를 비교하여 ○ 안에 >, =, <를 알맞게 써넣으시오.

$55+38-17$ ○ $75$

교과서 유형

**9** 주차장에 자동차가 42대 있었습니다. 자동차 29대가 더 들어오고 35대가 빠져나갔습니다. 주차장에는 자동차가 몇 대 있습니까?

(　　　　　　　　)

**개념 14** 세 수의 계산 (2)

■−▲+● (① ■−▲, ② 그 결과 +●)

■−▲−● (① ■−▲, ② 그 결과 −●)

앞에서부터 순서대로 계산합니다.

**10** □ 안에 알맞은 수를 써넣으시오.

$72-15+21=$□

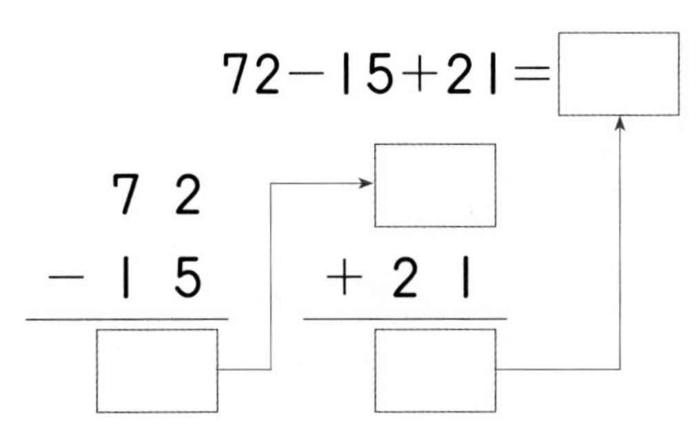

**11** 계산을 하시오.

(1) $57-28+11$

(2) $88-28-48$

**12** 계산 결과를 찾아 선으로 이으시오.

| | |
|---|---|
| $77-12-16$ • | • 31 |
| $45-38+24$ • | • 49 |

익힘책 유형

**13** 민우는 색종이 80장을 가지고 있었습니다. 수아에게 22장을 주고, 정연이에게 9장을 받았습니다. 민우에게 남아 있는 색종이는 몇 장입니까?

(　　　　　　　　)

3 덧셈과 뺄셈

# 3 STEP 단원 마무리 평가

3. 덧셈과 뺄셈

점수

**1** 그림을 보고 뺄셈을 하시오.

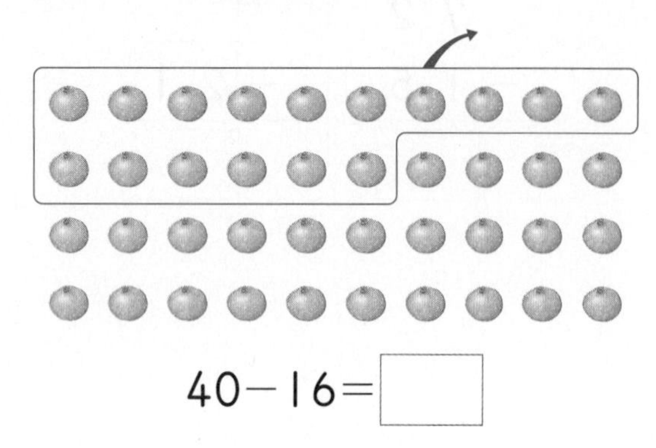

40－16＝□

**2** 덧셈식을 보고 뺄셈식으로 나타낸 것입니다. □ 안에 알맞은 수를 써넣으시오.

27＋45＝72

⇨ 72－27＝□
72－□＝□

**3** 뺄셈식을 보고 덧셈식으로 나타낸 것입니다. □ 안에 알맞은 수를 써넣으시오.

92－78＝14

⇨ □＋78＝□
□＋□＝92

**4** 계산을 하시오.

(1)
$$\begin{array}{r} 4\ 7 \\ +\ 3\ 8 \\ \hline \end{array}$$

(2)
$$\begin{array}{r} 9\ 3 \\ -\quad 4 \\ \hline \end{array}$$

**5** 보기 와 같은 방법으로 계산하려고 합니다. □ 안에 알맞은 수를 써넣으시오.

보기
57＋28＝50＋20＋7＋8
＝70＋15＝85

39＋15＝30＋10＋9＋□
＝40＋□＝□

**6** □ 안에 알맞은 수를 써넣으시오.

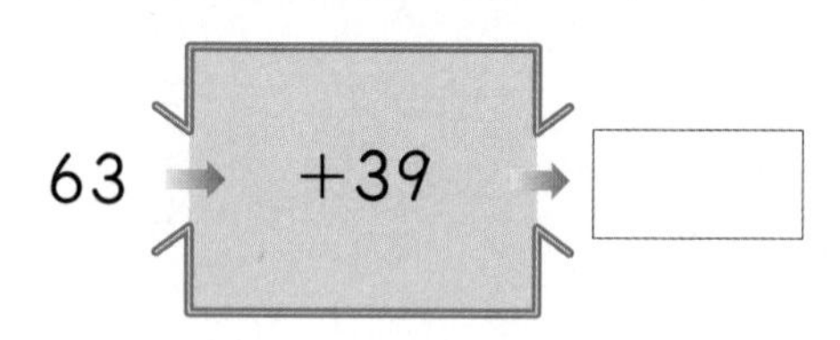


**7** 계산 결과를 찾아 선으로 이으시오.

| | |
|---|---|
| 18＋25 • | • 43 |
| 91－38 • | • 53 |

8 □ 안에 알맞은 수를 써넣으시오.

$53-37=53-\square-4-30$

$=\square-4-30$

$=\square-30$

$=\square$

9 계산 결과를 비교하여 ○ 안에 >, =, < 를 알맞게 써넣으시오.

$91-75$ ○ $22-3$

10 수 모형이 나타내는 수보다 35 큰 수를 구하시오.

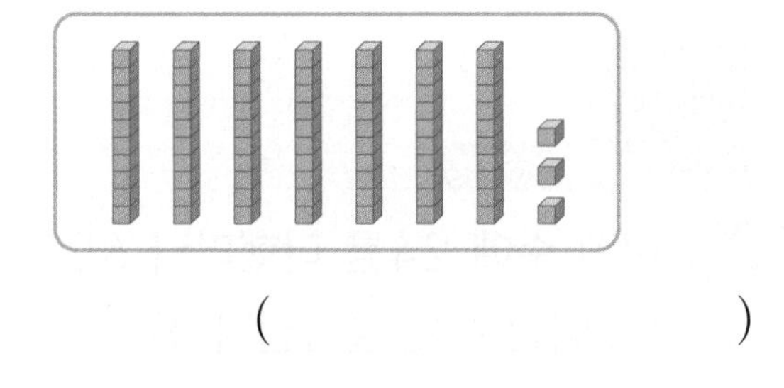

(　　　　　　)

11 빈 곳에 알맞은 수를 써넣으시오.

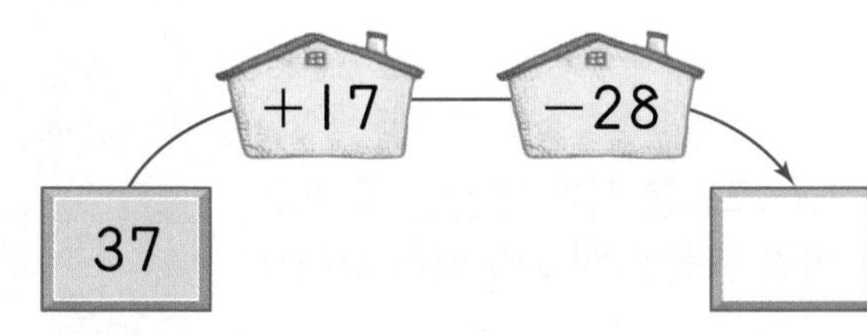


12 소희네 반 학생들은 공차기 놀이를 하고 있습니다. 소희네 반 학생들이 모두 한 번씩 차려면 몇 명이 더 차야 하는지 식을 쓰고 답을 구하시오.

식 ____________________

답 ____________________

13 가장 큰 수에서 가장 작은 수를 빼고 나머지 수를 더한 값을 구하시오.

73　　25　　18

(　　　　　　)

14 □ 안에 알맞은 수를 써넣으시오.

# 3 STEP 단원 마무리 평가

정답은 21쪽

**15** 계산 결과가 가장 큰 것을 찾아 기호를 쓰시오.

㉠ $58 + 4$  ㉡ $37 + 19$  ㉢ $60 - 24$

(          )

**16** 다음 식을 계산하여 각각의 글자를 빈칸에 알맞게 써넣으시오.

$16+4+11=\square$ — 래

$54-12-8=\square$ — 가

$24+15-3=\square$ — 떡

| 36 | 34 | 31 |
|---|---|---|
|  |  |  |

유사 문제

**17** □ 안에 들어갈 수 있는 가장 큰 숫자는 어느 것입니까? ······················ (    )

$6\square < 81-15$

81−15를 먼저 계산한 후 크기를 비교합니다.

① 4  ② 5  ③ 6
④ 7  ⑤ 8

**18** □ 안에 알맞은 수를 써넣으시오.

$$\begin{array}{r} 7\ 1 \\ -\ \square\ 3 \\ \hline 5\ 8 \end{array}$$

**19** 딸기 13개 중에서 몇 개를 먹었더니 5개가 남았습니다. 먹은 딸기는 몇 개인지 먹은 딸기의 수를 □를 사용하여 뺄셈식으로 쓰고 답을 구하시오.

식 ____________________

답 ____________________

**20** 어떤 수에 24를 더했더니 62가 되었습니다. 어떤 수는 얼마입니까?

(          )

QR 코드를 찍어 게임을 해 보고 이번 단원을 확실히 익혀 보세요!

**[❶~❷] 다음과 같이 나이를 나타내는 한자가 있습니다. 한자를 보고 물음에 답하시오.**

| 지학(志學) | 희수(喜壽) | 이립(而立) | 불혹(不惑) |
|---|---|---|---|
| 학문에 뜻을 둔 나이로 15세를 말함. | 희(喜)자를 칠(七)로도 썼기 때문에 七十七세로 77세를 말함. | 가정과 사회에 모든 기초를 닦는다는 나이로 30세를 말함. | 세상일에 정신을 빼앗겨 헷갈리지 않는 나이로 40세를 말함. |

**1** 은서네 할아버지는 8년 후 희수(喜壽)가 됩니다. 올해 은서네 할아버지의 연세는 몇 세입니까?

( )

**2** 올해 은서의 나이는 지학(志學)이고 아버지의 나이는 불혹(不惑)입니다. 아버지는 은서보다 몇 살 더 많습니까?

( )

**3** 보기 의 화살표(→) 규칙에 따라 빈 곳에 알맞은 수를 써넣으시오.

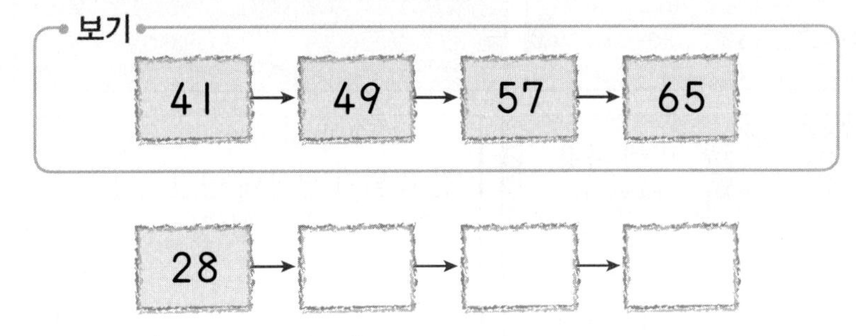

# 4 길이 재기

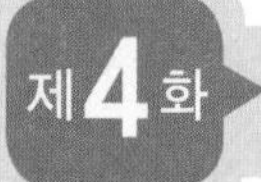

## 제4화 왕자가 원하는 막대 사탕은?

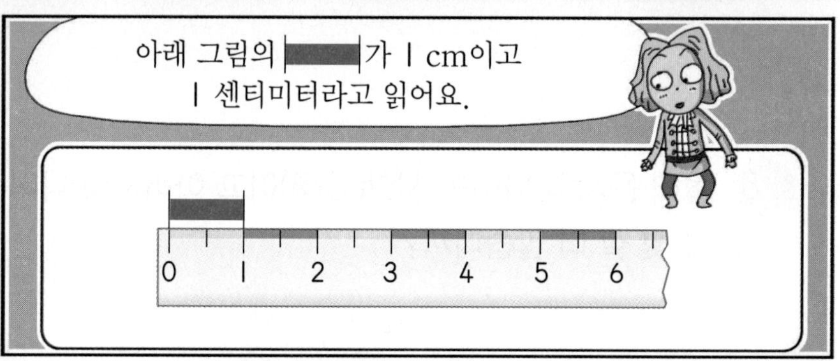

| 이미 배운 내용 | 이번에 배울 내용 | 앞으로 배울 내용 |
| --- | --- | --- |
| [1-1 비교하기]<br>• 길이(키, 높이) 비교하기<br>• 무게 비교하기<br>• 넓이 비교하기<br>• 담을 수 있는 양 비교하기 | • 여러 가지 단위로 길이 재기<br>• 1 cm 알아보기<br>• 자로 길이 재기<br>• 길이 어림하기 | [2-2 길이 재기]<br>• 1 m 알아보기<br>• 길이의 합과 차<br>[3-1 시간과 길이]<br>• 1 mm / 1 km 알아보기 |

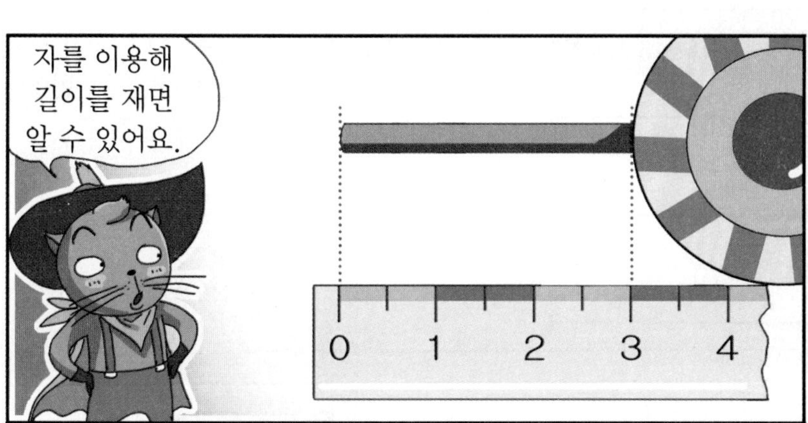

# 개념 파헤치기

## 개념1 여러 가지 단위로 길이 재기

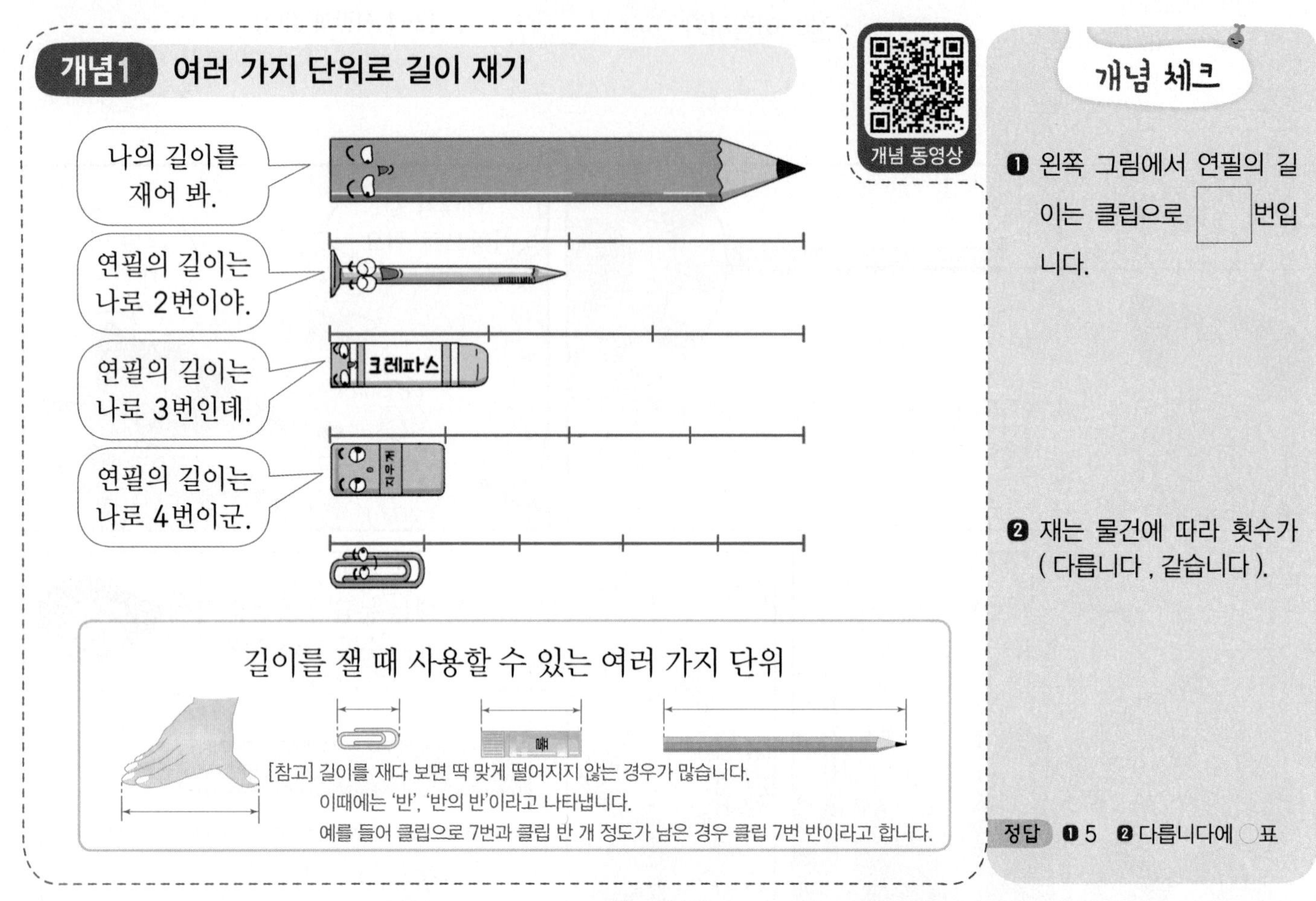


### 길이를 잴 때 사용할 수 있는 여러 가지 단위

[참고] 길이를 재다 보면 딱 맞게 떨어지지 않는 경우가 많습니다.
이때에는 '반', '반의 반'이라고 나타냅니다.
예를 들어 클립으로 7번과 클립 반 개 정도가 남은 경우 클립 7번 반이라고 합니다.

### 개념 체크

❶ 왼쪽 그림에서 연필의 길이는 클립으로 □번입니다.

❷ 재는 물건에 따라 횟수가 ( 다릅니다 , 같습니다 ).

정답 ❶ 5 ❷ 다릅니다에 ○표

## 기본 문제

## 쌍둥이 문제

정답은 22쪽

교과서 유형

**1-1** 그림을 보고 □ 안에 알맞은 수를 써넣으시오.

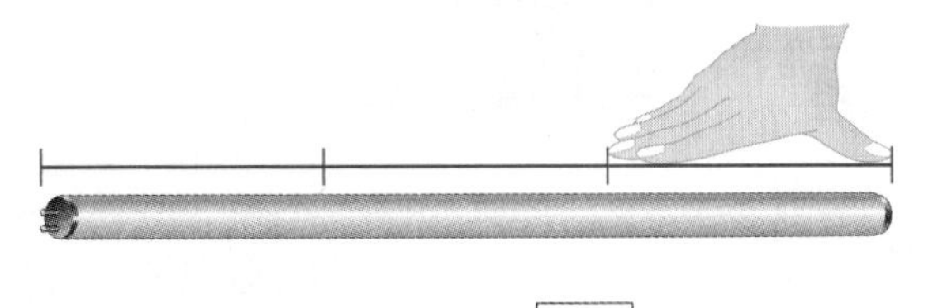

⇨ 형광등의 길이는 □뼘입니다.

힌트 형광등의 길이가 뼘으로 몇 번인지 알아봅니다.

**1-2** 그림을 보고 □ 안에 알맞은 수를 써넣으시오.

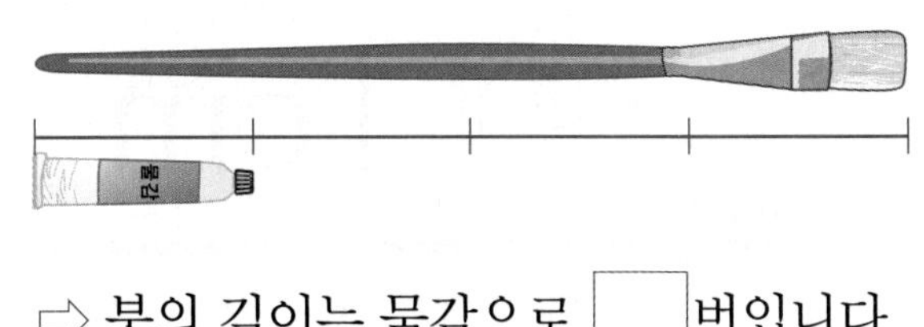

⇨ 붓의 길이는 물감으로 □번입니다.

**2-1** 길이를 잴 때 사용할 수 있는 단위 중에서 가장 짧은 것에 ○표 하시오.

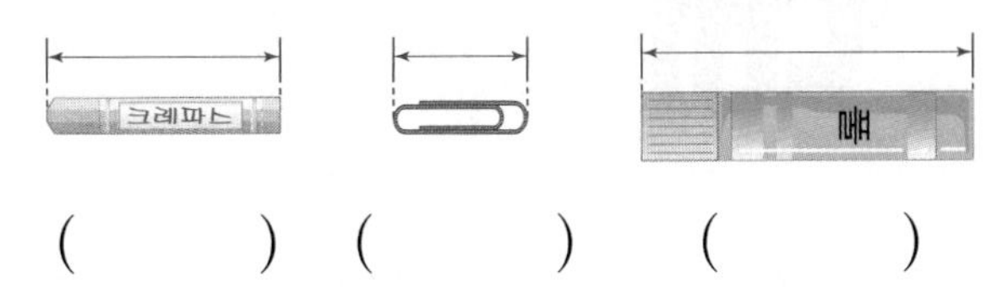


(　　) (　　) (　　)

힌트 크레파스, 클립, 풀의 길이를 비교하여 가장 짧은 것을 찾아봅니다.

**2-2** 길이를 잴 때 사용할 수 있는 단위 중에서 가장 긴 것에 ○표 하시오.

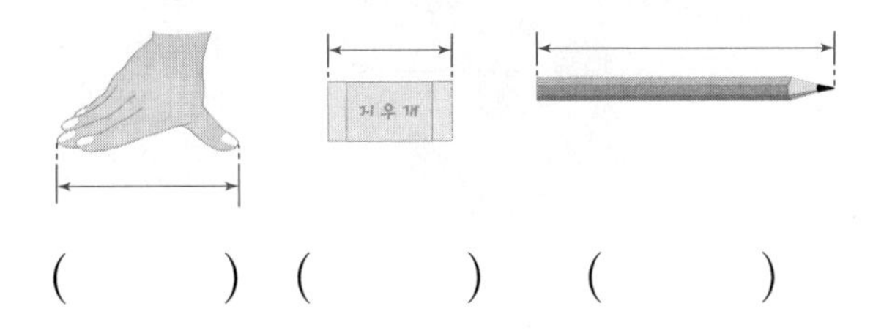


(　　) (　　) (　　)

익힘책 유형

**3-1** 더 긴 색 테이프를 가지고 있는 사람의 이름을 쓰시오.

(　　　　　　)

힌트 잰 횟수가 같으므로 클립과 뼘의 길이를 비교합니다.

**3-2** 더 짧은 리본을 가지고 있는 사람의 이름을 쓰시오.

(　　　　　　)

# 1 STEP 개념 파헤치기

## 개념2 | cm 알아보기

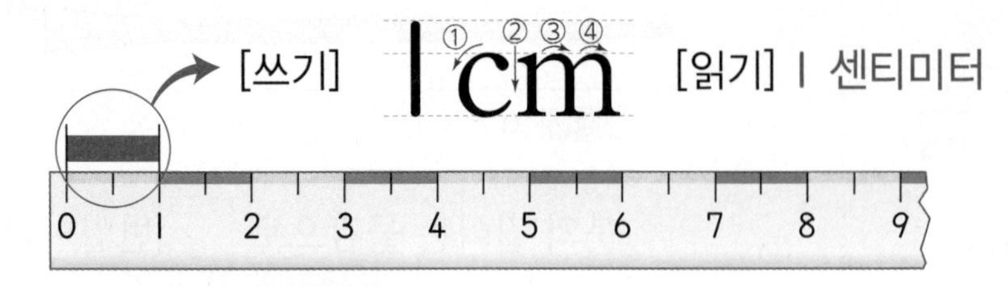

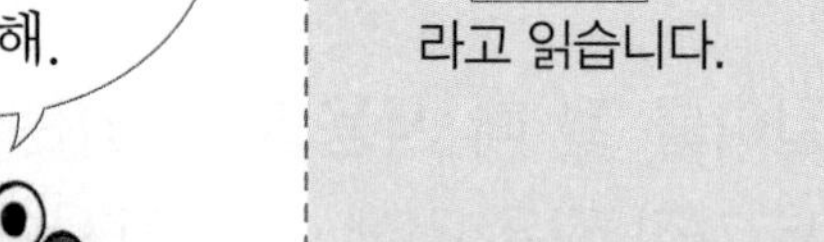

뼘은 사람마다 달라서 정확한 길이를 알 수 없습니다.

클립은 크기가 다른 것도 있고, 여러 번 옮겨야 해서 불편합니다.

짠! 길이의 단위로 나(센티미터)를 사용해.

### 개념 체크

❶ 사람마다 한 뼘의 길이는 ( 다르므로 , 같으므로 ) 뼘으로 길이를 재면 정확한 길이를 알 수 없습니다.

❷ 2 [ ] 는 2 센티미터라고 읽습니다.

정답 ❶ 다르므로에 ○표 ❷ cm

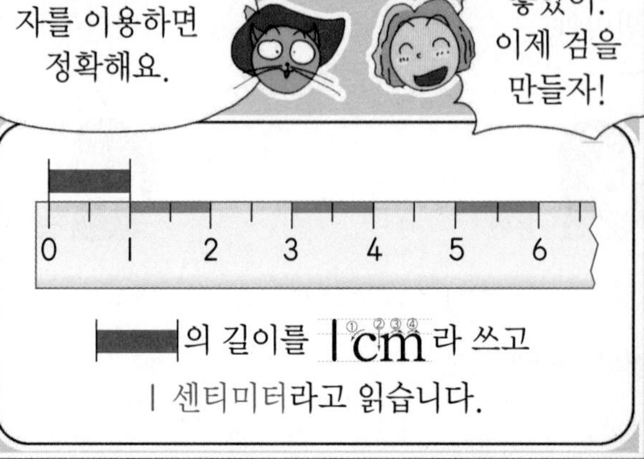

교과서 유형

**1-1** 3 cm를 바르게 쓰고 읽어 보시오.

(　　　　　　　　　　)

힌트 숫자는 맨 위 점선까지 닿게 쓰고, cm는 가운데 점선까지 닿게 씁니다.

**1-2** 4 cm를 바르게 쓰고 읽어 보시오.

(　　　　　　　　　　)

**2-1** 그림을 보고 □ 안에 알맞은 수를 써넣으시오.

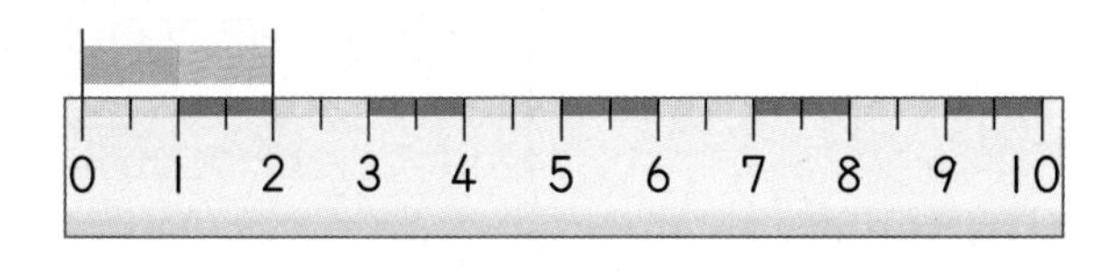


⇨ 1 cm 2번이면 □ cm입니다.

힌트 1 cm ■번이면 ■ cm입니다.

**2-2** 그림을 보고 □ 안에 알맞은 수를 써넣으시오.

⇨ 1 cm 3번이면 □ cm입니다.

익힘책 유형

**3-1** 길이에 맞게 색칠하시오.

1 cm ■

4 cm □□□□□

힌트 ▲ cm: 1 cm ▲번만큼 색칠합니다.

**3-2** 길이에 맞게 색칠하시오.

1 cm ■

3 cm □□□□□

**4-1** □ 안에 알맞은 수를 써넣으시오.

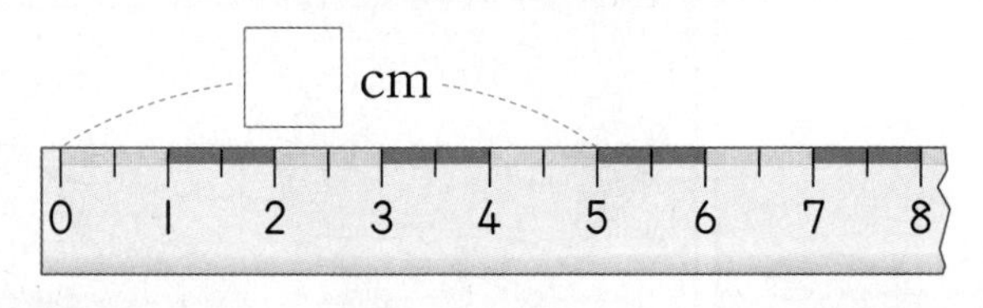


힌트 1 cm 몇 번인지 알아봅니다.

**4-2** □ 안에 알맞은 수를 써넣으시오.

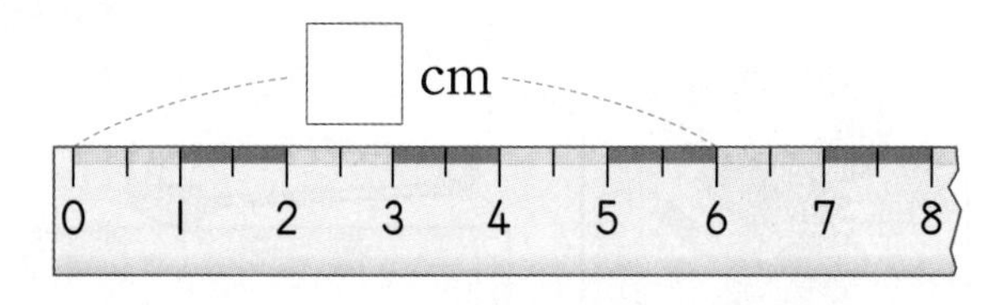

# 개념 파헤치기

## 개념 3 자로 길이 재기 (1) → 눈금 0에서 시작

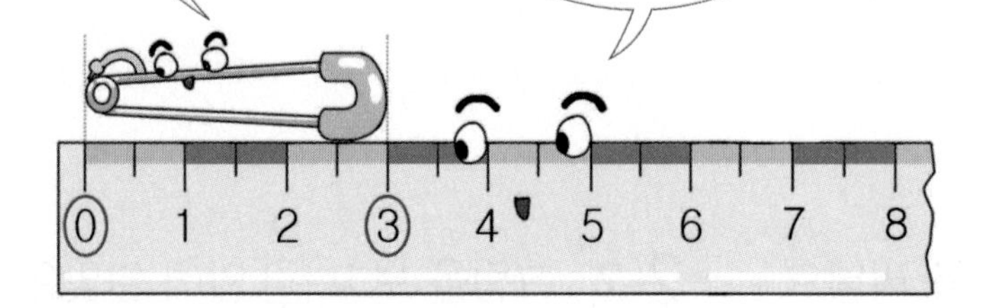


① 옷핀의 한끝을 자의 눈금 0에 맞춥니다.
② 옷핀의 다른 끝에 있는 자의 눈금을 읽습니다.
⇨ 옷핀의 길이는 3 cm입니다.

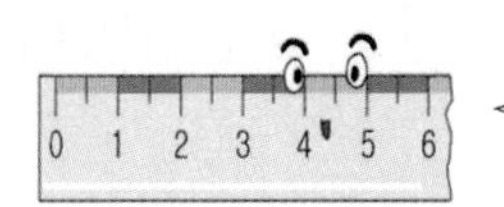


물건의 **한끝이 자의 눈금 0**에 맞추어져 있고
**다른 끝이** ■를 가리키면 길이는 ■ cm야.

### 개념 체크

❶
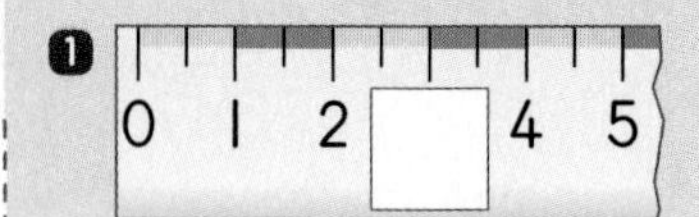


❷ 연필의 한끝이 자의 눈금 □에 맞추어져 있고 다른 끝이 9를 가리키면 연필의 길이는 9 cm입니다.

정답 ❶ 3 ❷ 0

기본 문제

쌍둥이 문제

정답은 22쪽

**1-1** 그림을 보고 맞으면 ○표, 틀리면 ×표 하시오.

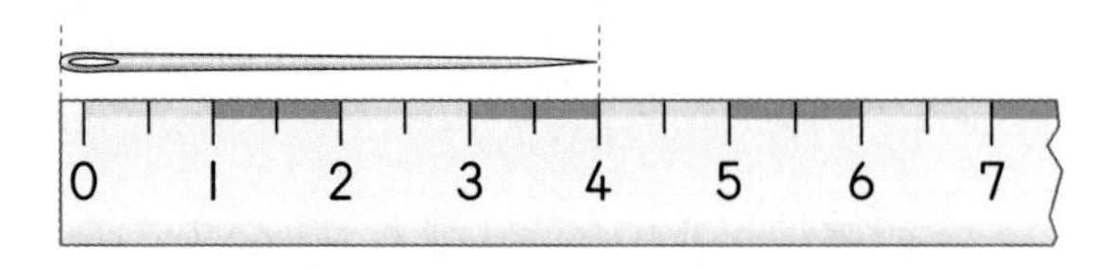


⇨ 바늘의 길이는 4 cm입니다.

(　　　　　　　　　　)

힌트 바늘의 한끝이 자의 눈금 0에 맞추어져 있는지 확인합니다.

**1-2** 그림을 보고 맞으면 ○표, 틀리면 ×표 하시오.

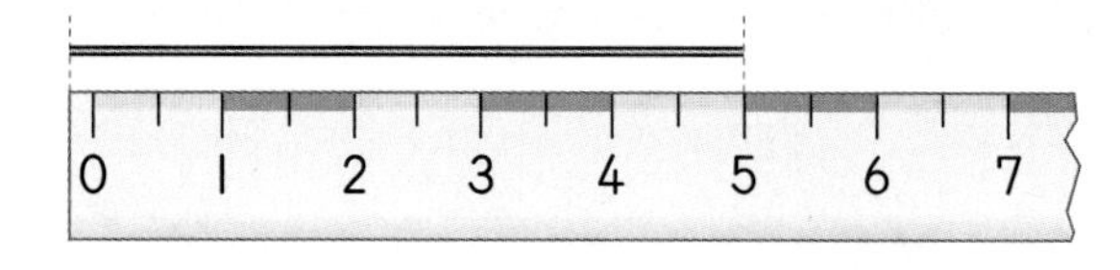


⇨ 철사의 길이는 5 cm입니다.

(　　　　　　　　　　)

교과서 유형

**2-1** 머리핀의 길이는 몇 cm입니까?

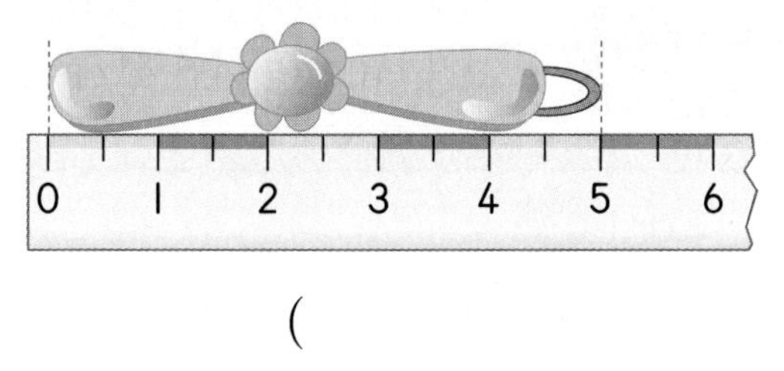


(　　　　　　　　　　)

힌트 물건의 한끝이 자의 눈금 0에 맞추어져 있고 다른 끝이 ♥를 가리키면 길이는 ♥ cm입니다.

**2-2** 손톱깎이의 길이는 몇 cm입니까?

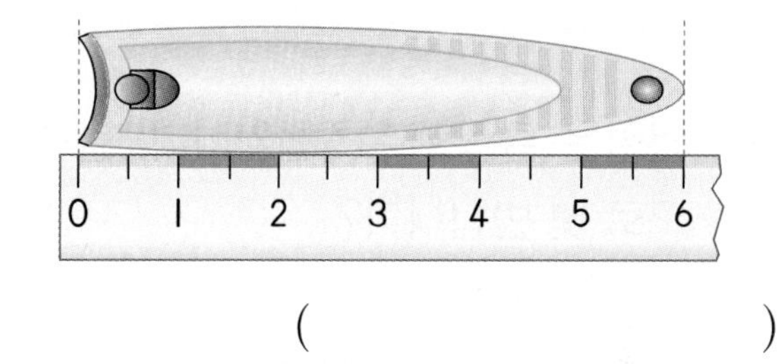


(　　　　　　　　　　)

익힘책 유형

**3-1** 지우개의 긴 쪽의 길이는 몇 cm인지 자로 재어 보시오.

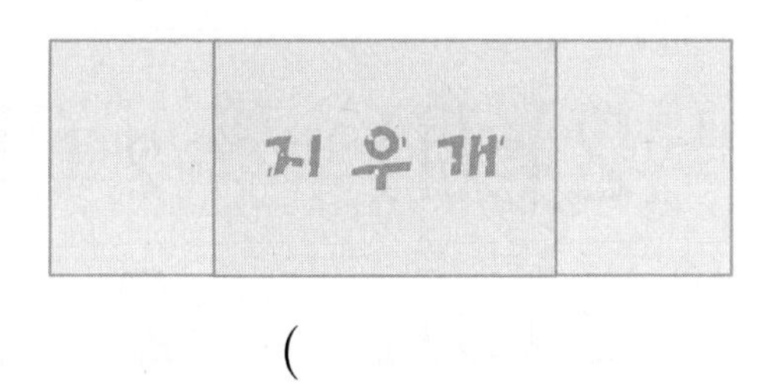


(　　　　　　　　　　)

힌트 지우개의 긴 쪽의 한끝을 자의 눈금 0에 맞추고 다른 끝이 가리키는 눈금을 읽습니다.

**3-2** 자석의 긴 쪽의 길이는 몇 cm인지 자로 재어 보시오.

(　　　　　　　　　　)

# 개념 확인하기

## 개념 1 여러 가지 단위로 길이 재기

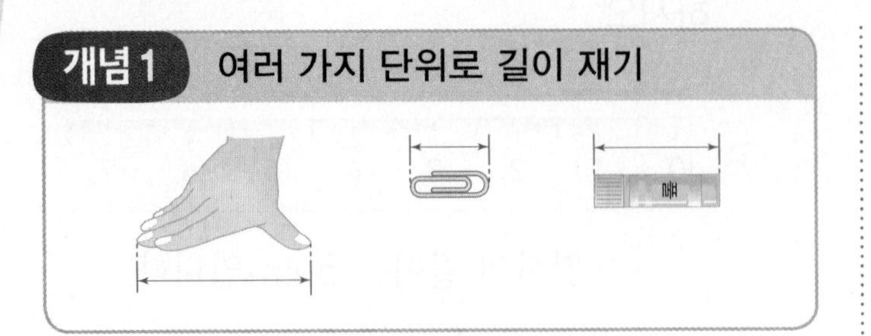

1 막대의 길이는 몇 뼘입니까?

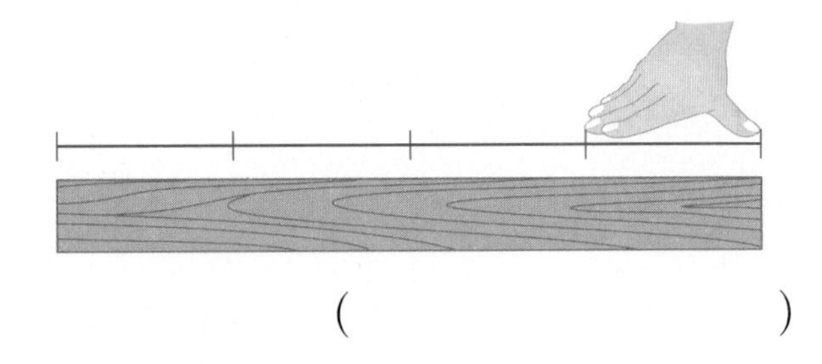

( )

2 연필은 클립으로 4번입니다. 볼펜은 클립으로 몇 번입니까?

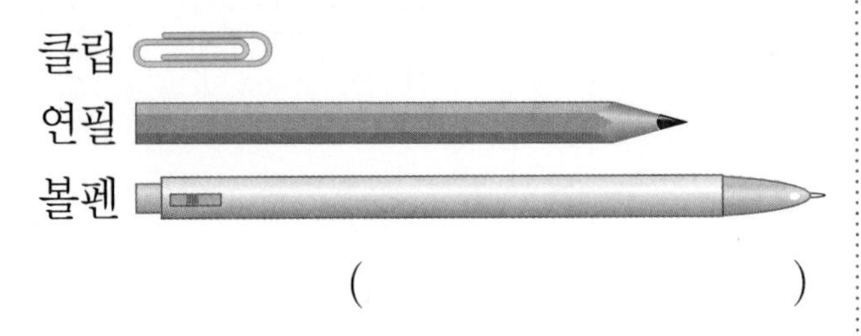


( )

익힘책 유형

3 길이가 같은 클립을 이었습니다. 가장 길게 이은 것의 기호를 쓰시오.

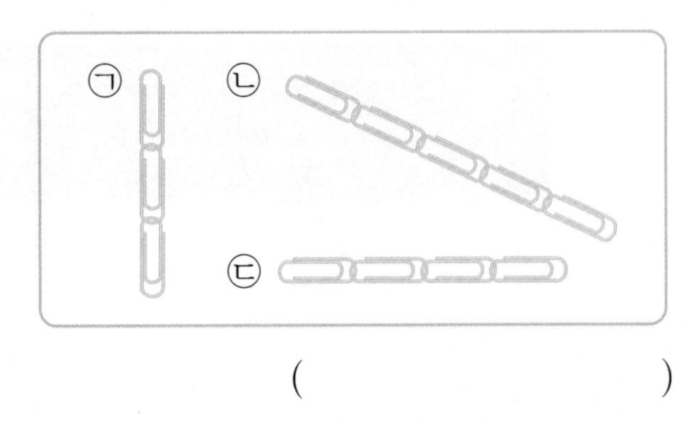


( )

4 가장 긴 우산을 가지고 있는 사람의 이름을 쓰시오.

→ 잰 횟수가 같으면 길이가 긴 단위로 잰 것의 길이가 더 깁니다.

| | |
|---|---|
| 민주 | 내 우산은 뼘으로 4번이야. |
| 서진 | 내 우산은 풀로 4번이야. |
| 승기 | 내 우산은 수학익힘책의 긴 쪽으로 4번이야. |

( )

## 개념 2 1 cm 알아보기

- 센티미터라고 읽습니다.
- 1 cm ■번이면 ■ cm입니다.

교과서 유형

5 자에서 ▬의 길이를 쓰고 읽어 보시오.

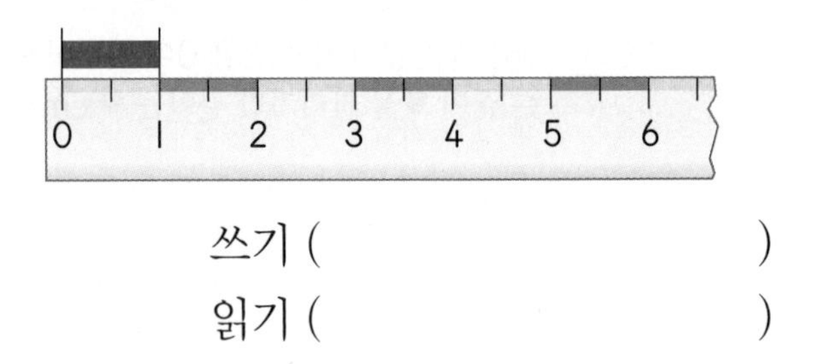


쓰기 ( )

읽기 ( )

6 2 센티미터를 바르게 쓴 것은 어느 것입니까? ……………………………… ( )

① 2 cm ② 2 cm ③ 2 cm ④ 2 cm ⑤ 2 Cm

게임을 즐겁게 할 수 있어요.
QR 코드를 찍어 보세요.

정답은 22쪽

7 관계있는 것끼리 선으로 이으시오.

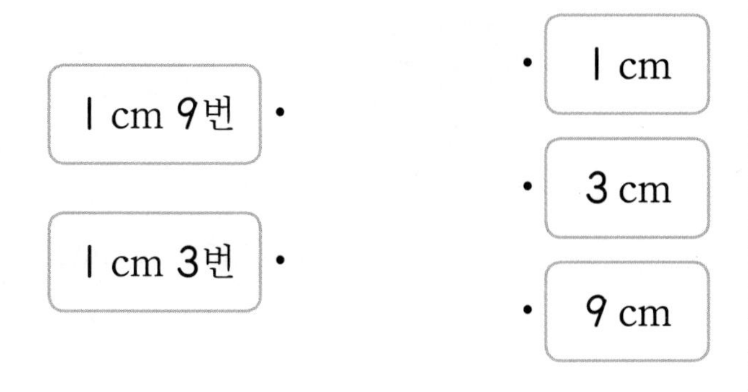


8 왼쪽 쌓기나무 4개로 침대 모양을 생각하며 오른쪽과 같이 쌓은 것입니다. □ 안에 알맞은 수를 써넣으시오.

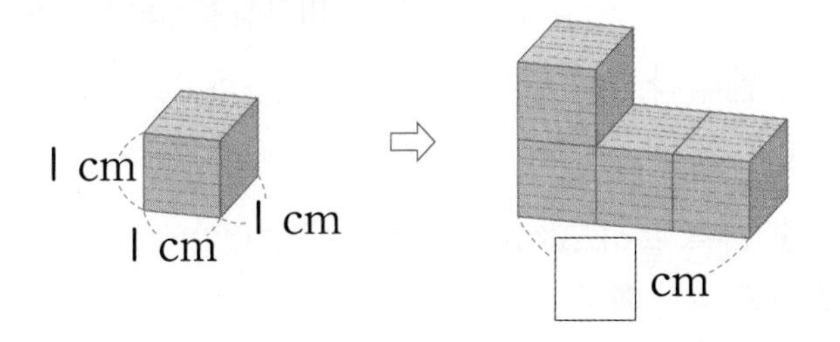


**개념 3 자로 길이 재기 (1)** → 눈금 0에서 시작

물건의 한끝을 자의 눈금 0에 맞추고 다른 끝에 있는 자의 눈금(■)을 읽으면 길이는 ■ cm입니다.

익힘책 유형

9 색 테이프의 길이를 바르게 잰 것의 기호를 쓰시오.

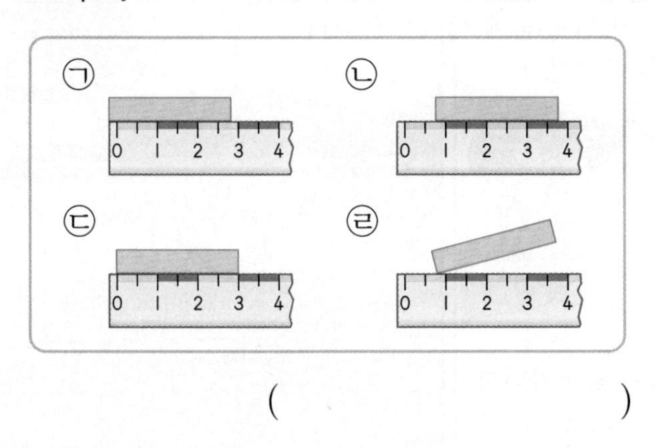


(　　　　　　)

교과서 유형

10 숟가락의 길이는 몇 cm입니까?

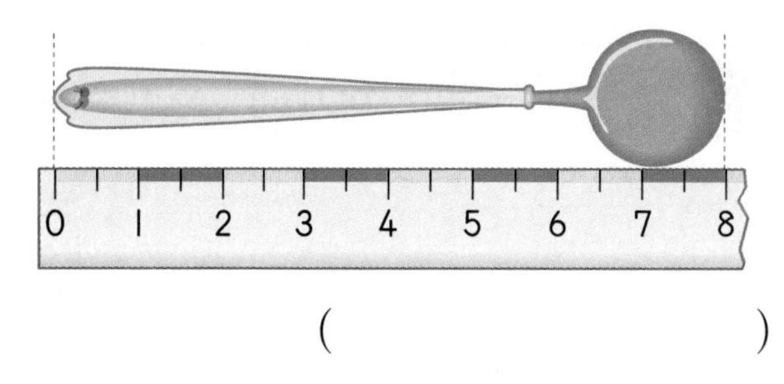

(　　　　　　)

11 태극기의 짧은 쪽의 길이는 몇 cm입니까?

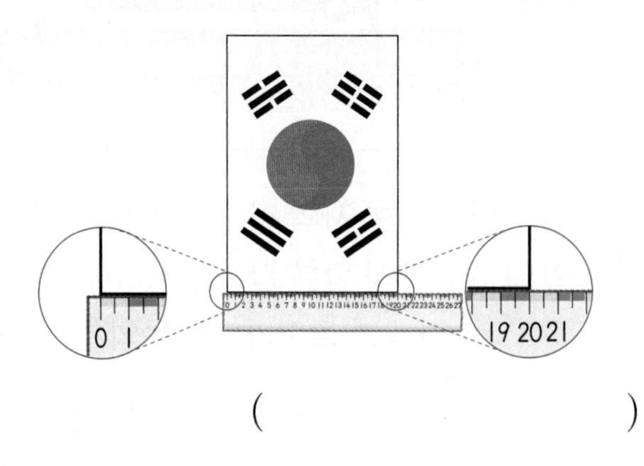


(　　　　　　)

12 가장 짧은 연필의 길이는 몇 cm인지 자로 재어 보시오.

(　　　　　　)

13 사각형의 변의 길이를 자로 재어 □ 안에 알맞은 수를 써넣으시오.

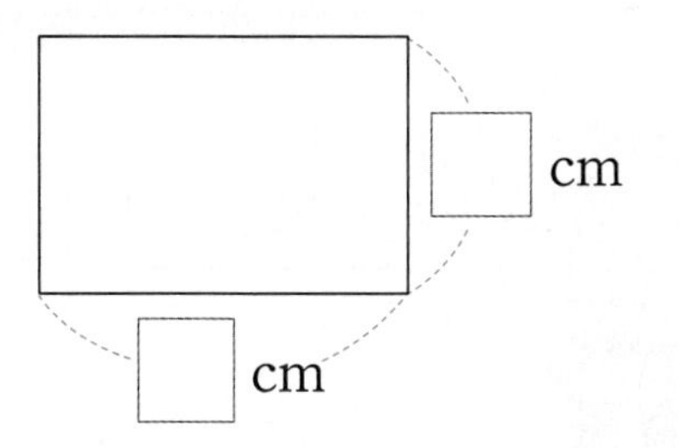

# 개념 파헤치기

## 개념 4 자로 길이 재기 (2) — 0이 아닌 눈금에서 시작

개념 동영상

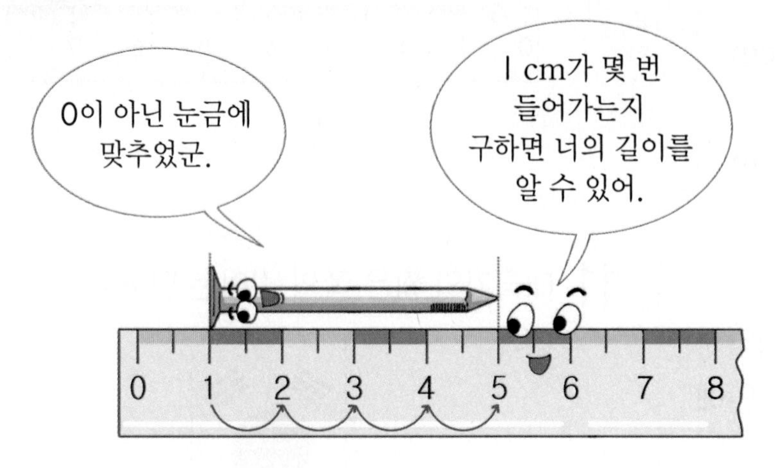


① 못의 한끝을 자의 한 눈금에 맞춥니다.

② 그 눈금에서 다른 끝까지 1 cm가 몇 번 들어가는지 셉니다.

⇨ 1 cm가 4번 들어가므로 못의 길이는 4 cm입니다.

1 cm가 ■번 들어가면 길이는 ■ cm야.

한끝이 ●, 다른 끝이 ▲이면 길이를 ▲−●로 구할 수도 있어.

### 개념 체크

❶ 자의 눈금에서 1 cm가 3번 들어가면 ☐ cm입니다.

❷ 클립의 한끝이 자의 눈금 1에 맞추어져 있고 다른 끝이 3을 가리키면 1 cm가 ☐번 들어갑니다.
따라서 클립의 길이는 ☐ cm입니다.

정답 ❶ 3 ❷ 2, 2

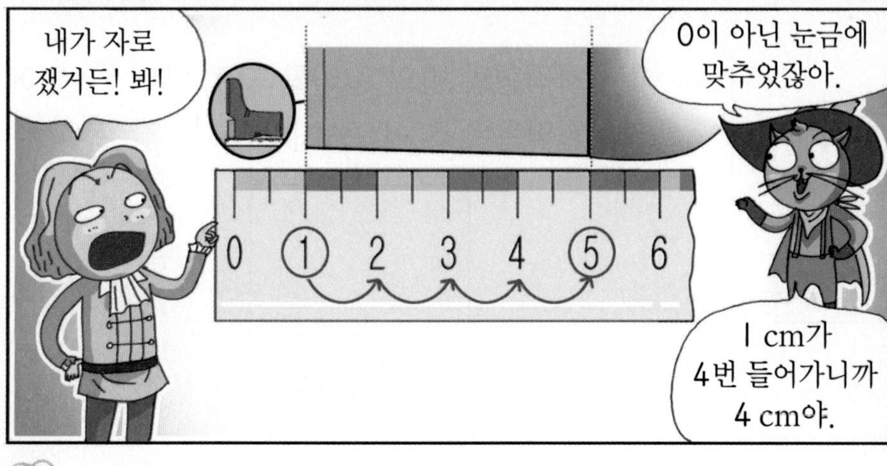

1-1 그림을 보고 맞으면 ○표, 틀리면 ×표 하시오.

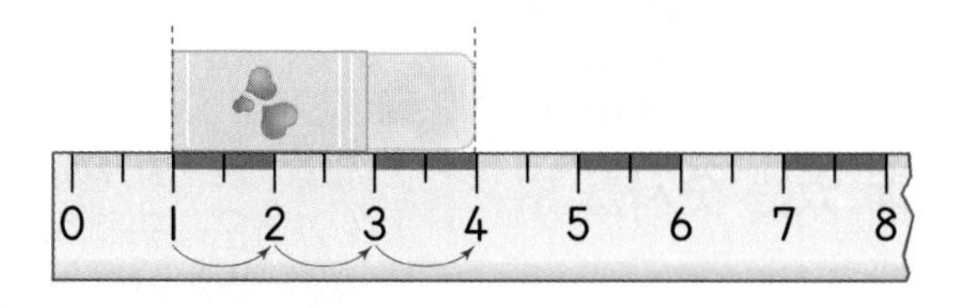

⇨ 지우개의 길이는 4 cm입니다.

(　　　　　　　　)

힌트 1 cm가 몇 번 들어가는지 알아봅니다.

1-2 그림을 보고 맞으면 ○표, 틀리면 ×표 하시오.

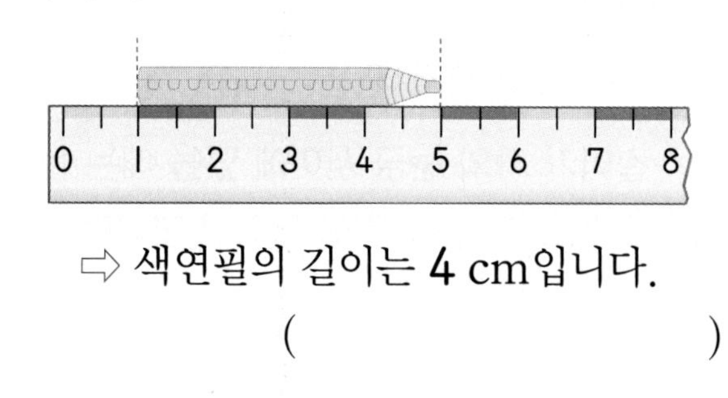

⇨ 색연필의 길이는 4 cm입니다.

(　　　　　　　　)

교과서 유형

2-1 도장의 길이는 몇 cm입니까?

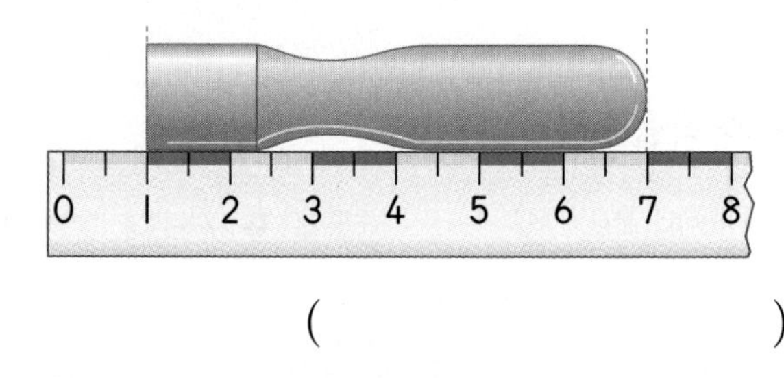

(　　　　　　　　)

힌트 1 cm가 ■번 들어가면 ■ cm입니다.

2-2 건전지의 길이는 몇 cm입니까?

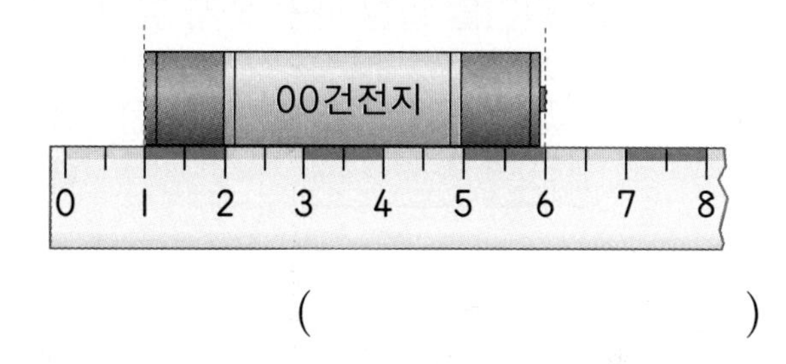


(　　　　　　　　)

익힘책 유형

3-1 길이가 4 cm인 과자의 기호를 쓰시오.

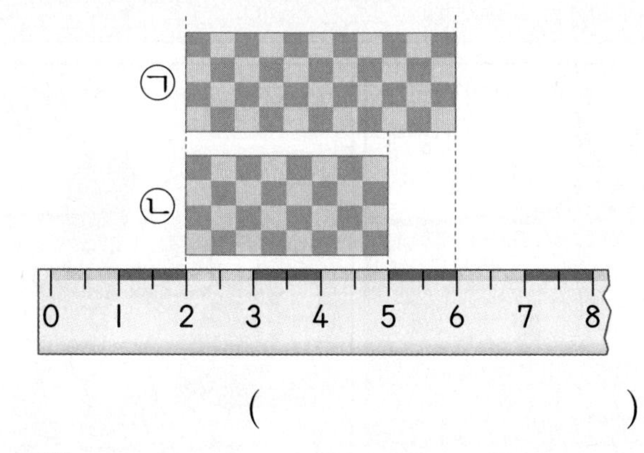


(　　　　　　　　)

힌트 ▲ cm: 1 cm가 ▲번

3-2 길이가 5 cm인 사탕의 기호를 쓰시오.

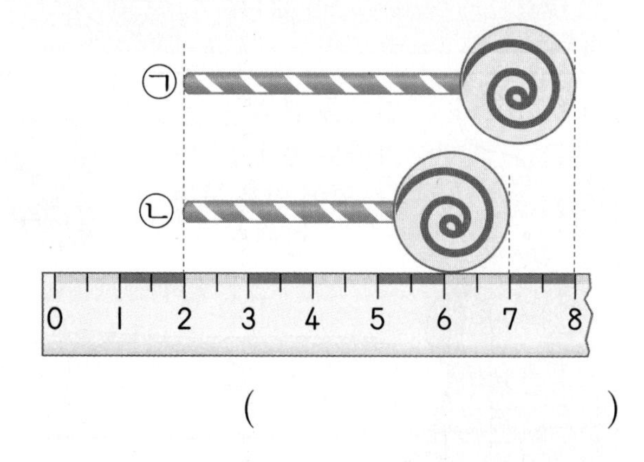


(　　　　　　　　)

# 1 STEP 개념 파헤치기

## 개념 5 자로 길이 재기 (3), 길이 어림하기 → '약'을 붙여 나타내기

개념 동영상

- **자로 길이 재기 (3)**

길이가 자의 눈금 사이에 있을 때는 **눈금과 가까운 쪽에 있는 숫자**를 읽으며, 숫자 앞에 약을 붙여 말합니다.

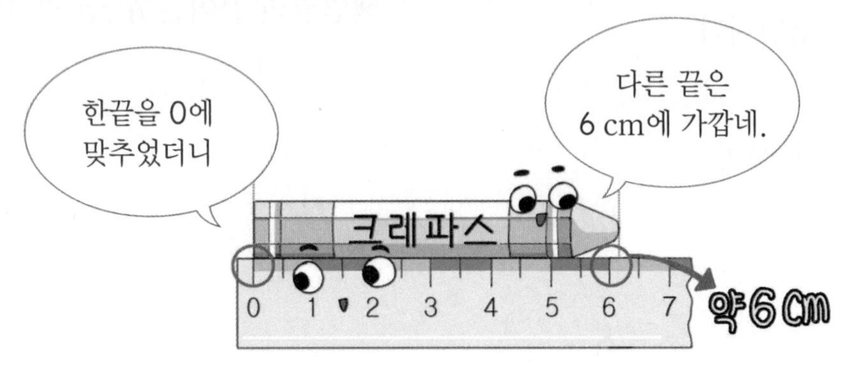


- **길이 어림하기**

어림한 길이를 말할 때는 숫자 앞에 약을 붙여서 말합니다.

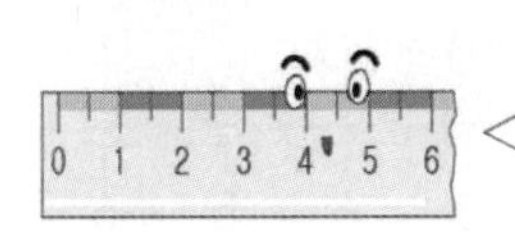


실제 길이와 어림한 길이의 **차가 작을수록** 더 가깝게 어림한 거야.
└→ 어림을 더 잘 했다고 할 수 있습니다.

### 개념 체크

❶ 길이가 자의 눈금 사이에 있을 때는 눈금과 ( 가까운 , 먼 ) 쪽에 있는 숫자 앞에 약을 붙여 말합니다.

❷ 어림한 길이를 말할 때는 숫자 앞에 ☐을 붙여서 말합니다.

정답 ❶ 가까운에 ○표 ❷ 약

기본 문제

쌍둥이 문제

정답은 23쪽

교과서 유형

**1-1** 열쇠의 길이는 약 몇 cm인지 □ 안에 알맞은 수를 써넣으시오.

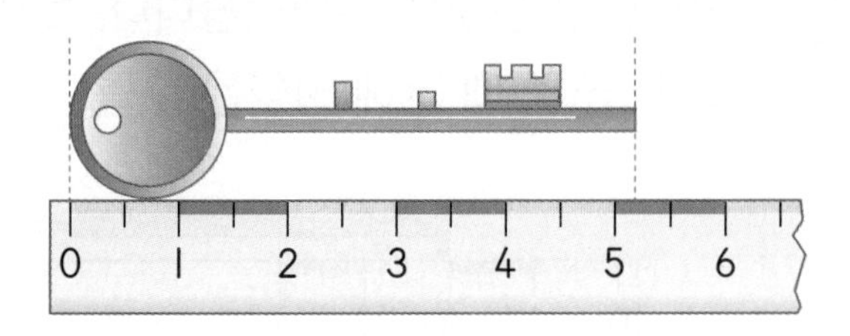


⇨ □cm에 가깝기 때문에 약 □cm입니다.

힌트 한끝이 0이고 다른 끝이 ■에 가까우면 약 ■ cm입니다.

**1-2** 자물쇠의 길이는 약 몇 cm인지 □ 안에 알맞은 수를 써넣으시오.

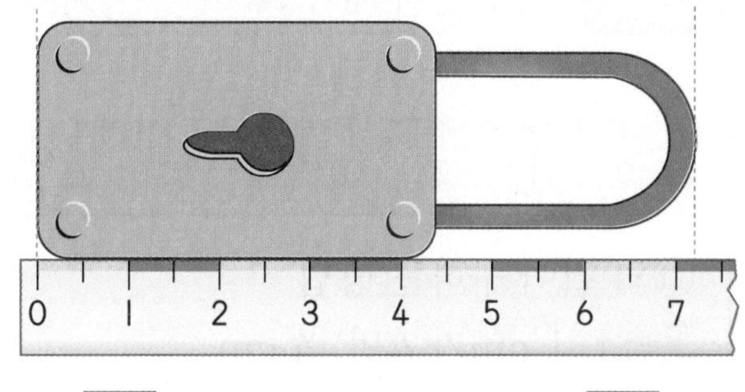


⇨ □cm에 가깝기 때문에 약 □cm입니다.

익힘책 유형

**2-1** 크레파스의 길이를 어림하고 자로 재어 보시오.

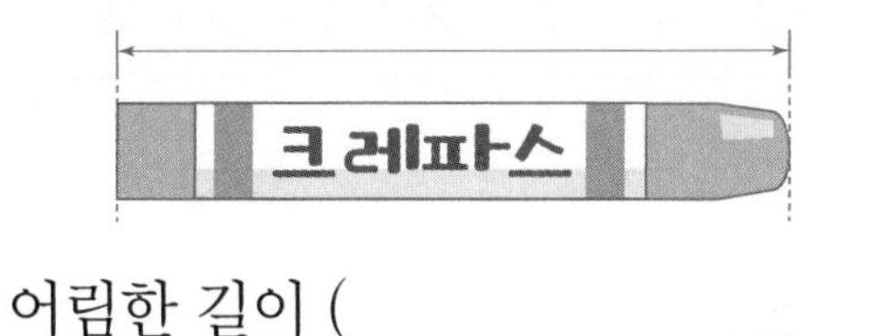


어림한 길이 (　　　　)

자로 잰 길이 (　　　　)

힌트 어림한 길이를 말할 때는 약 ■ cm라고 합니다.

**2-2** 연필의 길이를 어림하고 자로 재어 보시오.

어림한 길이 (　　　　)

자로 잰 길이 (　　　　)

**3-1** 은서와 준호가 숟가락의 길이를 어림한 후 실제 길이와 어림한 길이의 차를 구한 것입니다. 더 가깝게 어림한 사람은 누구입니까?

| | 은서 | 준호 |
|---|---|---|
| 실제 길이와 어림한 길이의 차 | 3 cm | 1 cm |

(　　　　)

힌트 실제 길이와 어림한 길이의 차가 작을수록 더 가깝게 어림한 것입니다.

**3-2** 수호와 주희가 젓가락의 길이를 어림한 후 실제 길이와 어림한 길이의 차를 구한 것입니다. 더 가깝게 어림한 사람은 누구입니까?

| | 수호 | 주희 |
|---|---|---|
| 실제 길이와 어림한 길이의 차 | 2 cm | 5 cm |

(　　　　)

**개념 4 자로 길이 재기 (2)** → 0이 아닌 눈금에서 시작

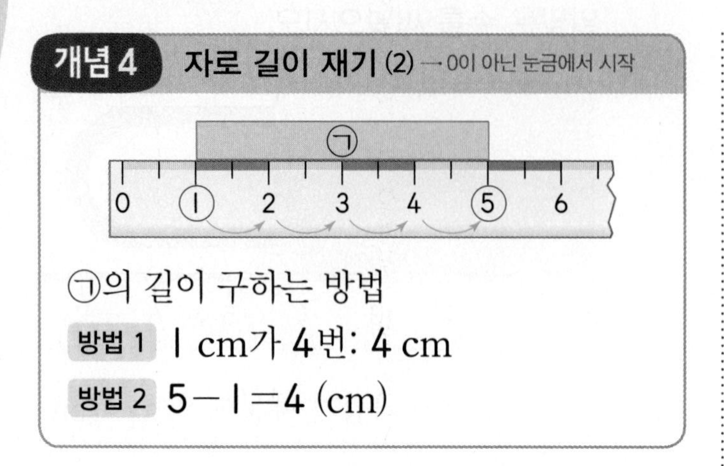


㉠의 길이 구하는 방법

방법 1 1 cm가 4번: 4 cm

방법 2 5－1＝4 (cm)

**1** □ 안에 알맞은 수를 써넣으시오.

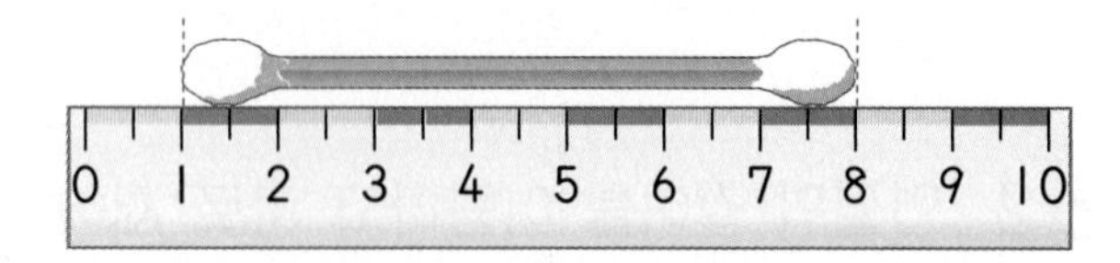

⇨ 면봉은 자의 눈금 1부터 8까지 1 cm가 □번 들어가므로 □cm입니다.

교과서 유형

**2** 초콜릿의 길이는 몇 cm입니까?

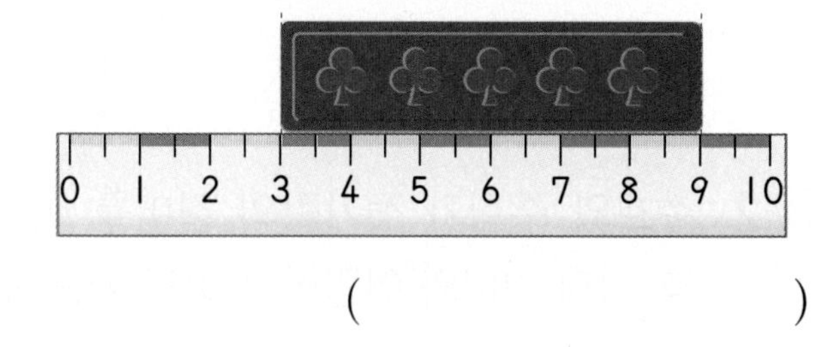

(                    )

익힘책 유형

**3** 길이가 더 짧은 바늘의 기호를 쓰시오.

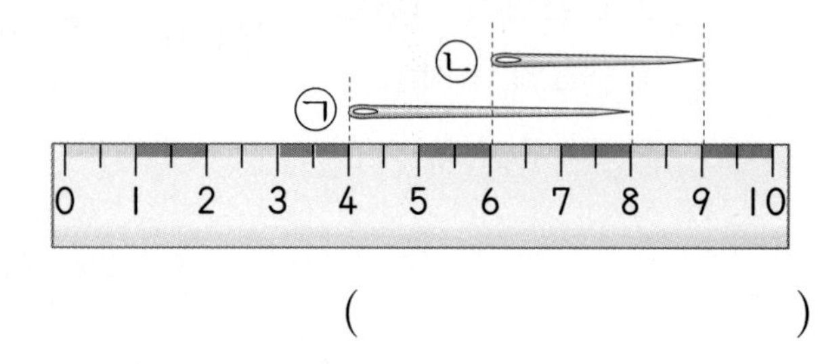


(                    )

**4** 자의 일부 눈금이 지워졌습니다. 못의 길이가 5 cm일 때 ㉠에 알맞은 수를 구하시오.

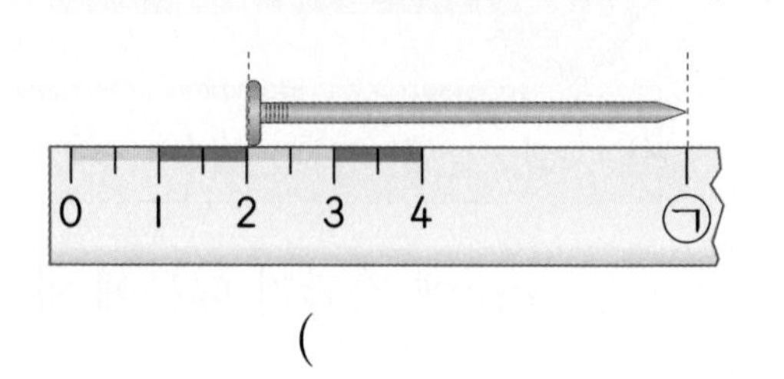


(                    )

**5** 색 테이프의 한끝을 1에 맞추고 길이를 재었더니 6 cm입니다. 길이에 맞도록 색 테이프의 나머지 부분을 완성하시오.

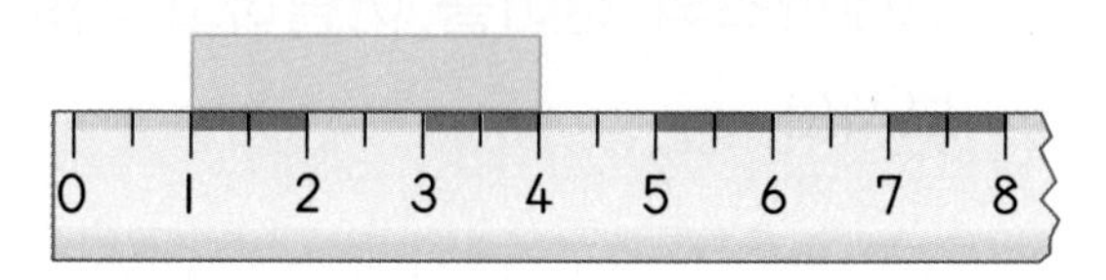

**개념 5-1 자로 길이 재기 (3)**

- 눈금 0에서 시작하는 경우
  다른 끝이 자의 눈금 사이에 있을 때 눈금과 가까운 쪽에 있는 숫자 앞에 약을 붙여 말합니다.
- 0이 아닌 눈금에서 시작하는 경우
  1 cm가 몇 번 정도 들어가는지 알아보고 그 앞에 약을 붙여 말합니다.

**6** 길이를 찾아 선으로 이으시오.

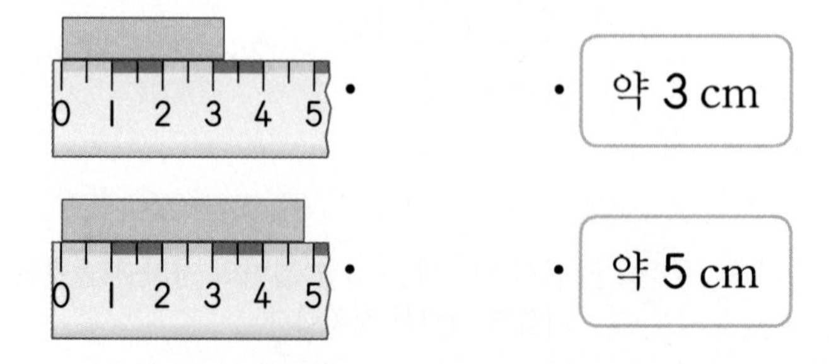

7 토끼와 거북 중에서 과자의 길이를 바르게 잰 동물에 ◯표 하시오.

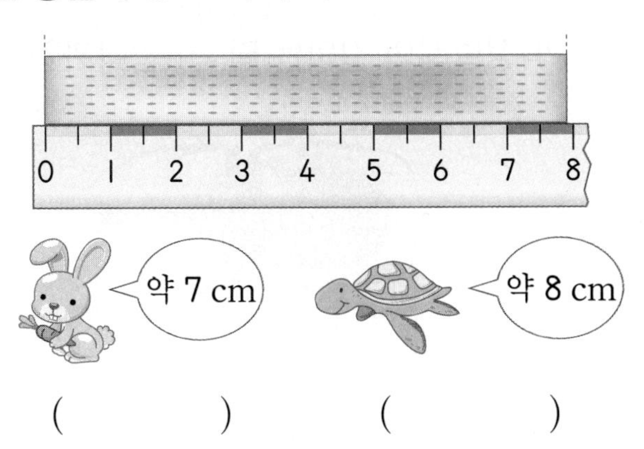


( ) ( )

8 막대 사탕의 길이를 자로 재어 보시오.

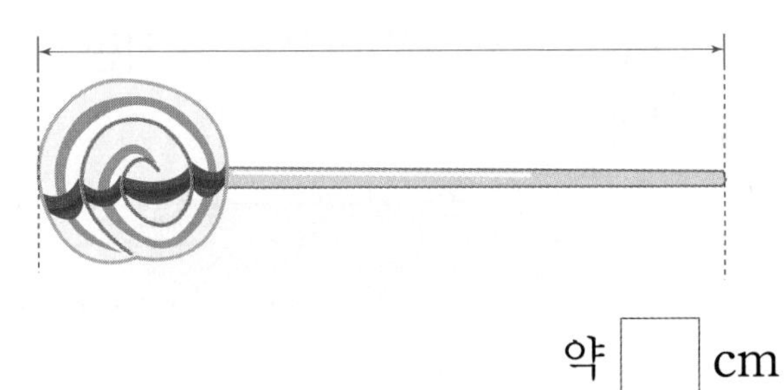

약 ☐ cm

9 나사의 길이는 약 몇 cm입니까?

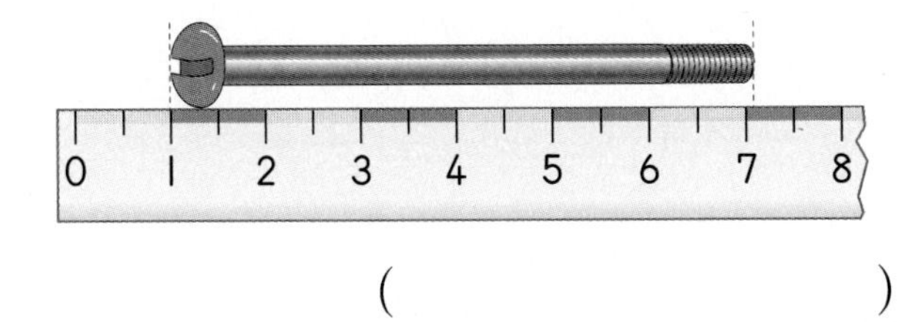


( )

**개념 5-2 길이 어림하기**

- 어림한 길이의 앞에 약을 붙입니다.
- 실제 길이: ■ cm, 어림한 길이: ▲ cm
  ⇨ ■와 ▲의 차가 작을수록 더 가깝게 어림한 것입니다.

익힘책 유형

10 막대의 길이를 어림하고 자로 재어 보시오.

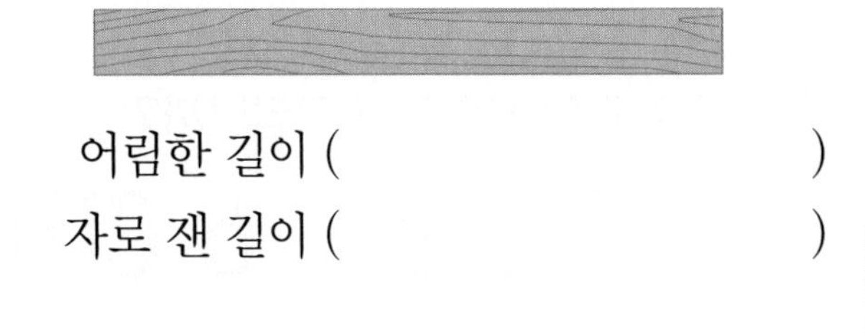

어림한 길이 ( )
자로 잰 길이 ( )

11 주어진 길이만큼 어림하여 선을 그어 보시오.

3 cm

교과서 유형

12 물건의 실제 길이에 가장 가까운 것을 찾아 선으로 이으시오.

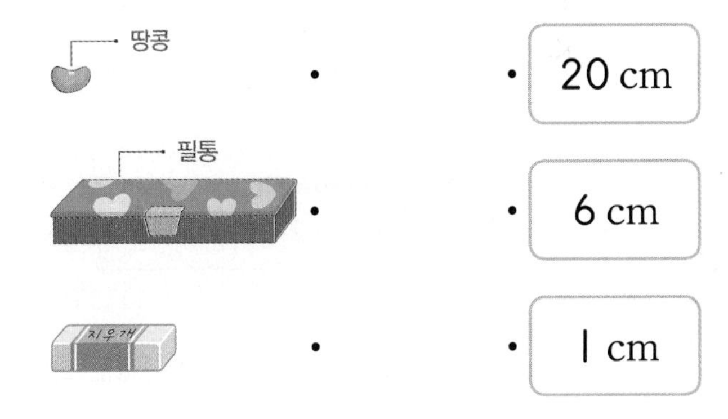


몸이 가늘고 길며 두 쌍의 날개는 얇고 투명한 잠자리는 여러 가지 해로운 벌레를 잡아 먹는 고마운 곤충입니다.

13 실제 길이가 7 cm인 잠자리의 길이를 진희는 약 6 cm, 정수는 약 9 cm라고 어림하였습니다. 누가 더 가깝게 어림하였습니까?

( )

4 길이 재기

# 3 STEP 단원 마무리 평가

4. 길이 재기

점수

1 바르게 쓴 사람은 누구입니까?

6 cm　　6 cm

형인　　영은

(　　　　　　)

2 빨대의 길이는 몇 뼘입니까?

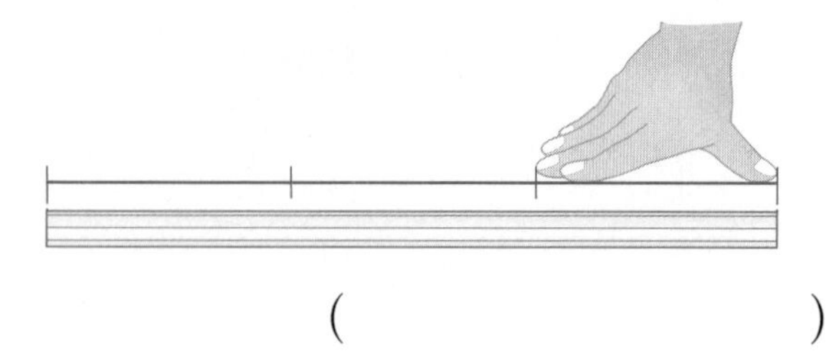

(　　　　　　)

3 클립의 길이를 재려고 합니다. 클립의 ㉠ 부분을 맞추어야 하는 곳의 번호를 쓰시오.

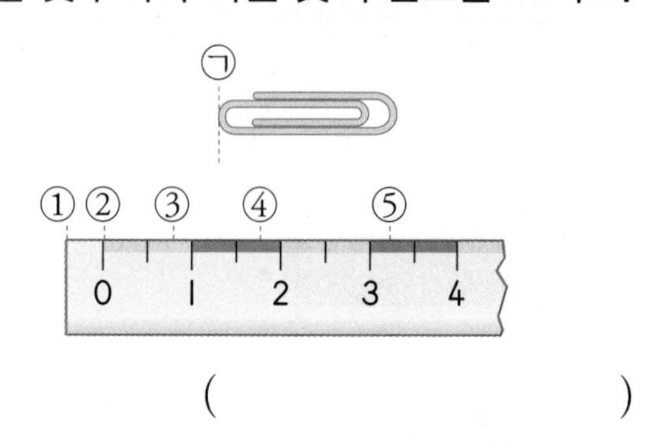


(　　　　　　)

4 •보기•에서 알맞은 길이를 골라 문장을 완성하시오.

보기
| cm　5 cm　20 cm　|30 cm

초등학교 2학년인 재영이의 키는 [　　　　] 입니다.

딱딱한 등껍질을 가지고 있는 곤충으로 우리나라에 약 300종류의 딱정벌레가 살고 있습니다.

5 딱정벌레의 길이는 몇 cm입니까?

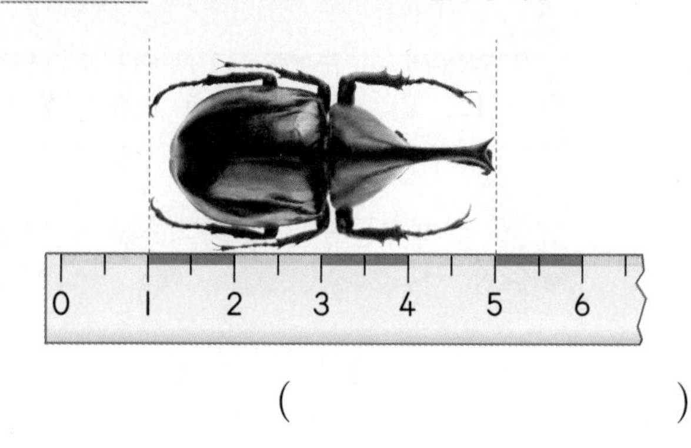


(　　　　　　)

6 나뭇잎의 길이를 바르게 잰 사람은 누구입니까?

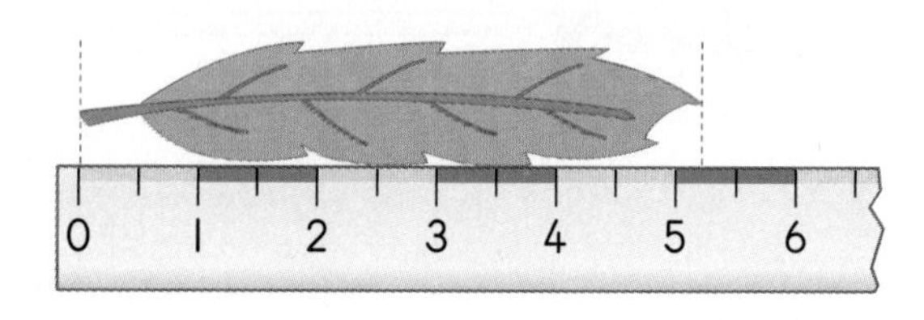


[창용] 나뭇잎의 길이는 약 5 cm야.
[정은] 나뭇잎의 길이는 약 6 cm야.

(　　　　　　)

7 놀이공원 지도를 보고 분수대에서 가장 멀리 있는 놀이기구를 찾아 쓰시오.

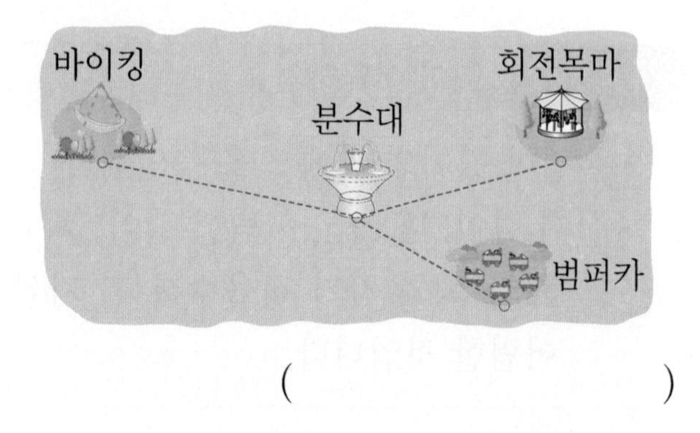


(　　　　　　)

**8** 지우개보다 길이가 짧은 것은 모두 몇 개입니까?

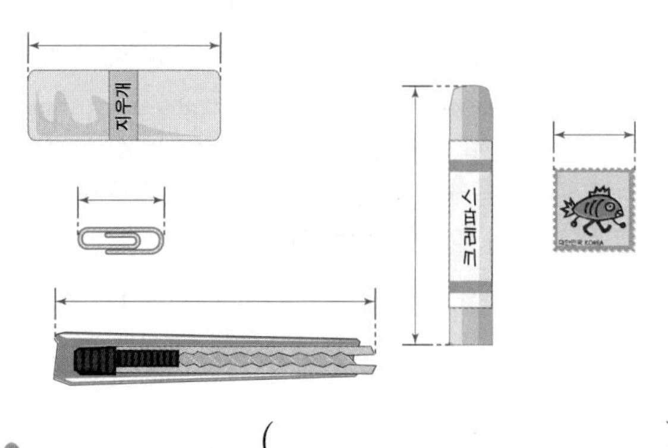


( )

**9** 나타내는 것이 다른 하나의 기호를 쓰시오.

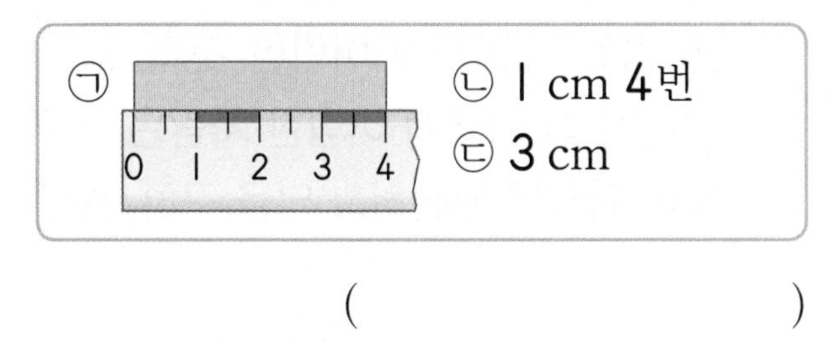


( )

**10** 자석의 길이를 어림하고 자로 재어 보시오.

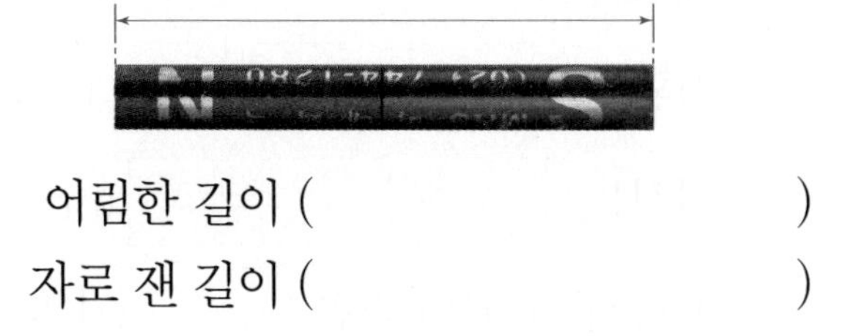

어림한 길이 ( )

자로 잰 길이 ( )

**11** 삼각형의 변의 길이를 자로 재어 □ 안에 알맞은 수를 써넣으시오.

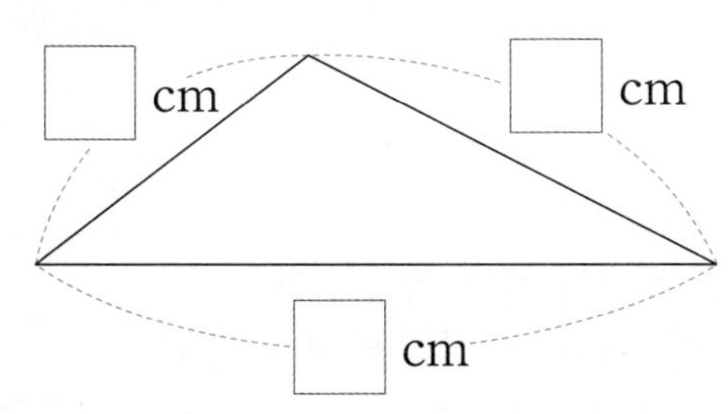


**12** 더 짧은 끈의 기호를 쓰시오.

- 끈 ㉠의 길이는 지우개로 5번입니다.
- 끈 ㉡의 길이는 리코더로 3번입니다.

( )

**13** 색연필의 길이를 자로 재어 같은 길이의 선을 그리시오.

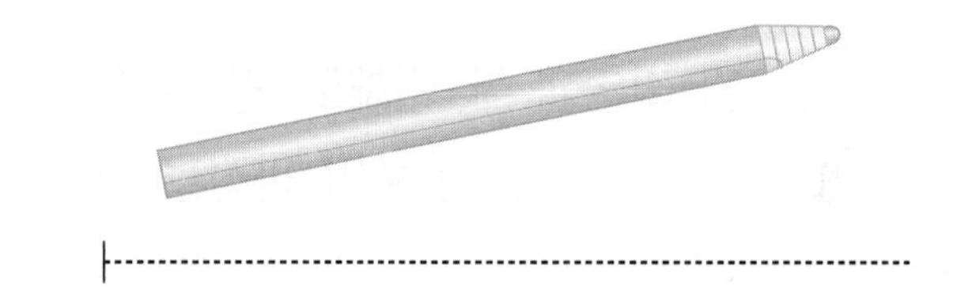

**14** 길이가 약 6 cm인 막대는 어느 것입니까? ( )

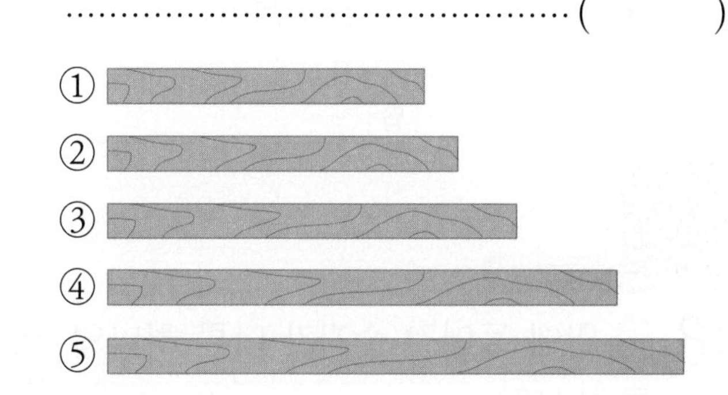

**15** 그림과 같이 부러진 자를 한 번 사용하여 몇 cm인 물건의 길이까지 잴 수 있습니까?

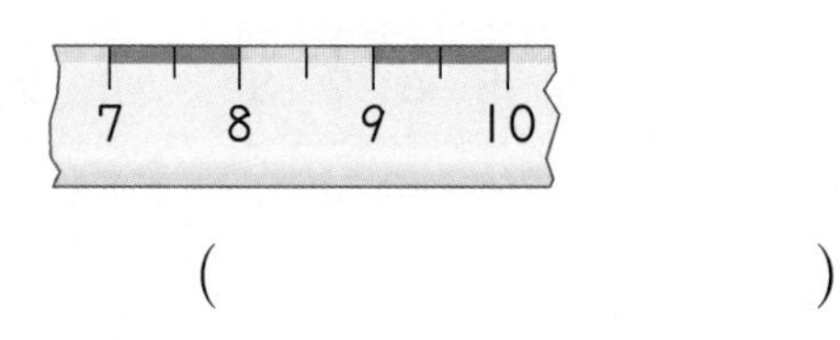


( )

정답은 24쪽

[16~17] 리본을 보고 물음에 답하시오.

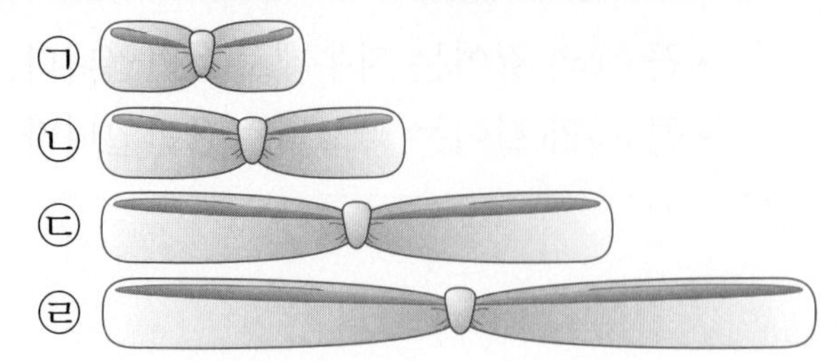


16 □ 안에 알맞은 기호나 수를 써넣으시오.

가장 짧은 리본은 □이고 □ cm입니다.

17 가장 긴 리본과 두 번째로 긴 리본의 길이의 차는 몇 cm인지 풀이 과정을 완성하고 답을 구하시오.

풀이 가장 긴 리본의 길이는 □ cm, 두 번째로 긴 리본의 길이는 □ cm입니다.
따라서 가장 긴 리본과 두 번째로 긴 리본의 길이의 차는 □ cm입니다.

답 □

18 □ 안에 들어갈 숫자가 다른 하나의 기호를 쓰시오.

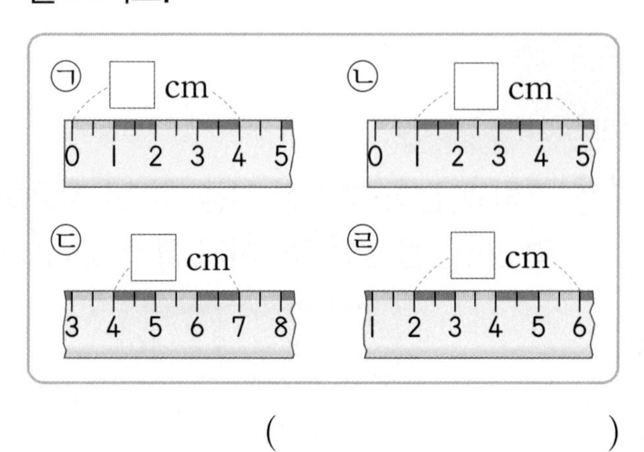


(                )

19 ㉠과 ㉡의 길이의 차는 몇 cm입니까?

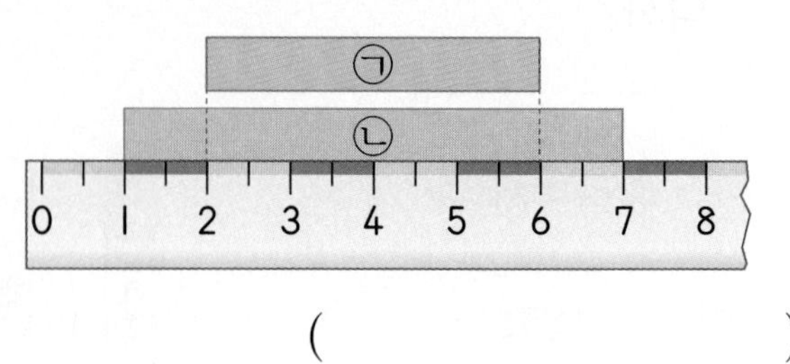


(                )

20 실제 길이가 30 cm인 실로폰 채의 길이를 경화와 민서가 어림한 것입니다. 실제 길이에 더 가깝게 어림한 사람은 누구인지 풀이 과정을 완성하고 답을 구하시오.

[경화] 약 25 cm야!
[민서] 약 31 cm야!

풀이 어림한 길이와 실제 길이의 차를 구해 보면
경화는 □ − □ = □ (cm),
민서는 □ − □ = □ (cm)입니다.
따라서 차가 더 작은 □가 더 가깝게 어림했습니다.

답 □

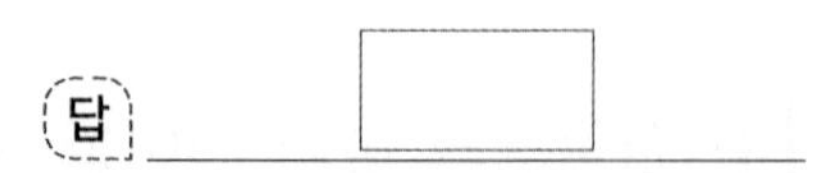

QR 코드를 찍어 게임을 해 보고
이번 단원을 확실히 익혀 보세요!

**1** l cm, 2 cm, 3 cm 색 테이프가 있습니다. 이 색 테이프를 여러 번 사용하여 9 cm를 나타내어 보시오.

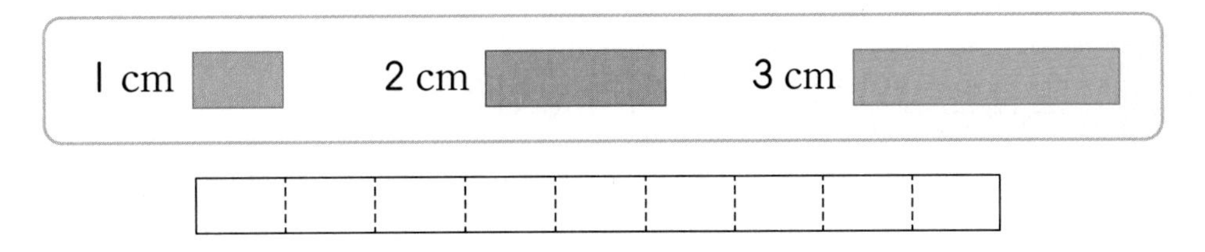


**[2~3] 선 긋기 게임에서 명령어는 다음과 같습니다. 물음에 답하시오.**

| 위쪽으로 ■ | 아래쪽으로 ▲ | 왼쪽으로 ★ | 오른쪽으로 ● |
|---|---|---|---|
| 위쪽으로(↑) ■cm 선 긋기 | 아래쪽으로(↓) ▲cm 선 긋기 | 왼쪽으로(←) ★cm 선 긋기 | 오른쪽으로(→) ●cm 선 긋기 |

**2** 명령어 순서대로 선을 그어 완성하시오.

① 위쪽으로 3
② 오른쪽으로 3
③ 아래쪽으로 2
④ 오른쪽으로 2
⑤ 아래쪽으로 l
⑥ 왼쪽으로 5

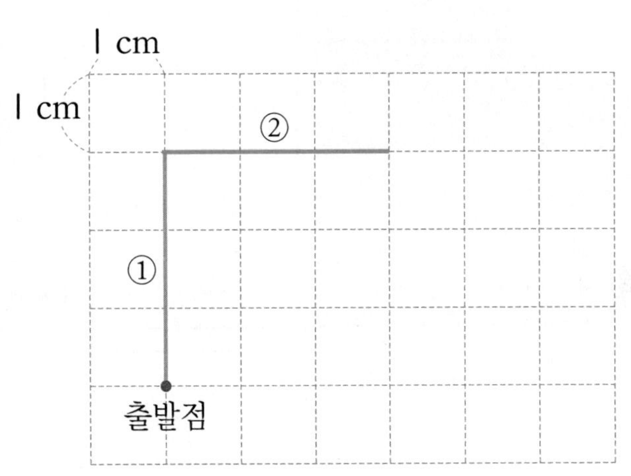


**3** 그림을 보고 명령어를 완성하시오.

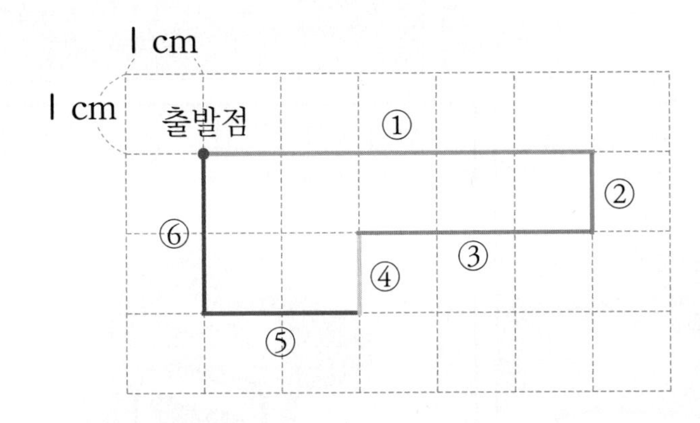


① 오른쪽으로 5
② 아래쪽으로 l
③ 왼쪽으로 3
④ 아래쪽으로 l

# 5 분류하기

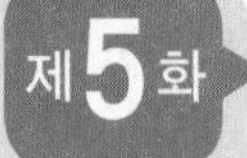

## 제5화 알뜰한 왕의 남은 과일 처리 방법은?

| 과일 | 딸기 | 사과 | 배 |
| --- | --- | --- | --- |
| 수 | 60 | 55 | 11 |

## 이미 배운 내용

[1-1 여러 가지 모양]

· 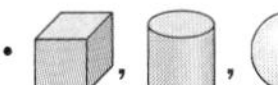 모양 찾기

[1-2 여러 가지 모양]

· □, △, ○ 모양 찾기

## 이번에 배울 내용

- 분류는 어떻게 할까요
- 기준에 따라 분류하기
- 분류한 결과를 세어 보기
- 분류한 결과를 말해 보기

## 앞으로 배울 내용

[2-2 표와 그래프]

- 자료를 보거나 조사하여 표로 나타내기
- 그래프로 나타내기
- 표와 그래프의 내용 알기

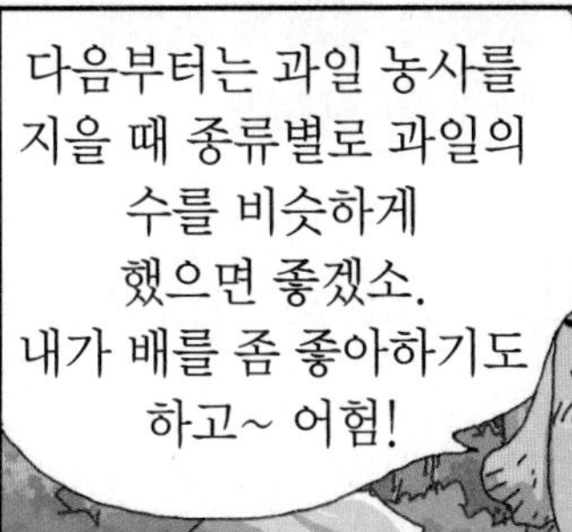

# 개념 파헤치기

기준에 따라 나누는 것

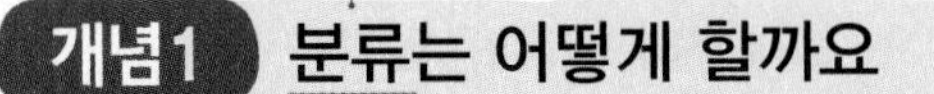

## 개념1 분류는 어떻게 할까요

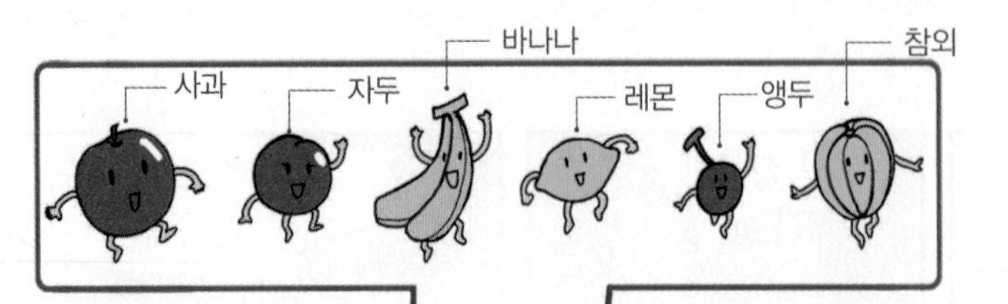


맛있는 과일과 맛없는 과일로 분류하기

색깔에 따라 분류하기

| 빨간색 과일 | 노란색 과일 |
| --- | --- |
| | |

기준이 분명하지 않아서 결과가 다르게 나올 수 있어요.

사람에 따라 맛있는 과일과 맛없는 과일이 다르겠지요? 그래서 정확하게 분류할 수가 없어요.

분류할 때는 분명한 기준을 정해서 누가 분류를 하더라도 같은 결과가 나올 수 있도록 해야 합니다.

### 개념 체크

❶ 분류할 때는 [ ] 기준을 정하는 것이 좋습니다.

❷ 기준이 분명하면 어느 누가 분류해도 결과는 ( 같습니다 , 다릅니다 ).

정답 ❶ 분명한 ❷ 같습니다에 ○표

## 기본 문제

## 쌍둥이 문제

정답은 26쪽

교과서 유형

1-1 신발을 분류하려고 합니다. 분명한 분류 기준을 말한 학생은 누구입니까?

[윤미] 신발을 색깔별로 분류해야지.
[세은] 예쁜 신발과 예쁘지 않은 신발로 분류할거야.

(　　　　　　　　)

힌트 색깔, 예쁜 것과 예쁘지 않은 것 중 신발을 분명하게 분류할 수 있는 기준을 알아봅니다.

1-2 우산을 분류하려고 합니다. 분명한 분류 기준을 말한 학생은 누구입니까?

[재희] 우산을 색깔별로 분류할거야.
[민경] 좋아하는 우산과 좋아하지 않는 우산으로 분류해야지.

(　　　　　　　　)

2-1 모양을 기준으로 분류할 수 있는 것에 ○표 하시오.

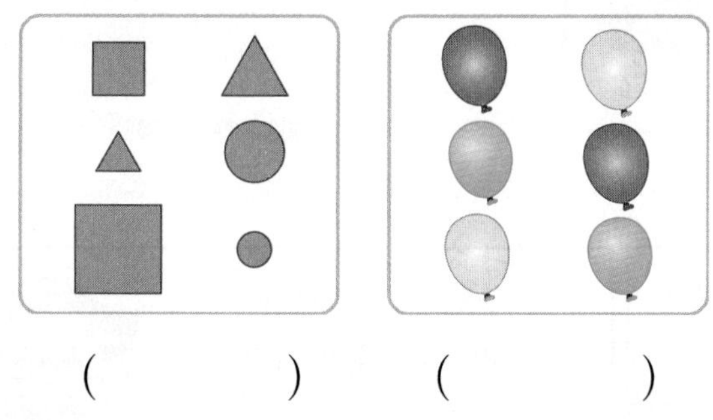

(　　　　) (　　　　)

힌트 색깔, 크기와 관계없이 모양에 따라 분류할 수 있는 것을 찾아봅니다.

2-2 색깔을 기준으로 분류할 수 있는 것에 ○표 하시오.

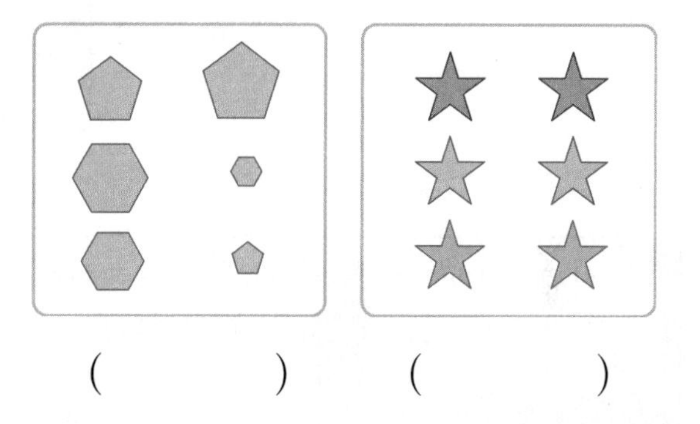

(　　　　) (　　　　)

3-1 여러 옷을 분류하려고 합니다. 모양과 색깔 중 분류 기준으로 알맞은 것을 쓰시오.

(　　　　　　　　)

힌트 옷을 모양과 색깔 중 어느 것으로 분명하게 분류할 수 있는지 알아봅니다.

3-2 여러 모자를 분류하려고 합니다. 모양과 색깔 중 분류 기준으로 알맞은 것을 쓰시오.

(　　　　　　　　)

## 개념2 기준에 따라 분류해 볼까요

개념 동영상

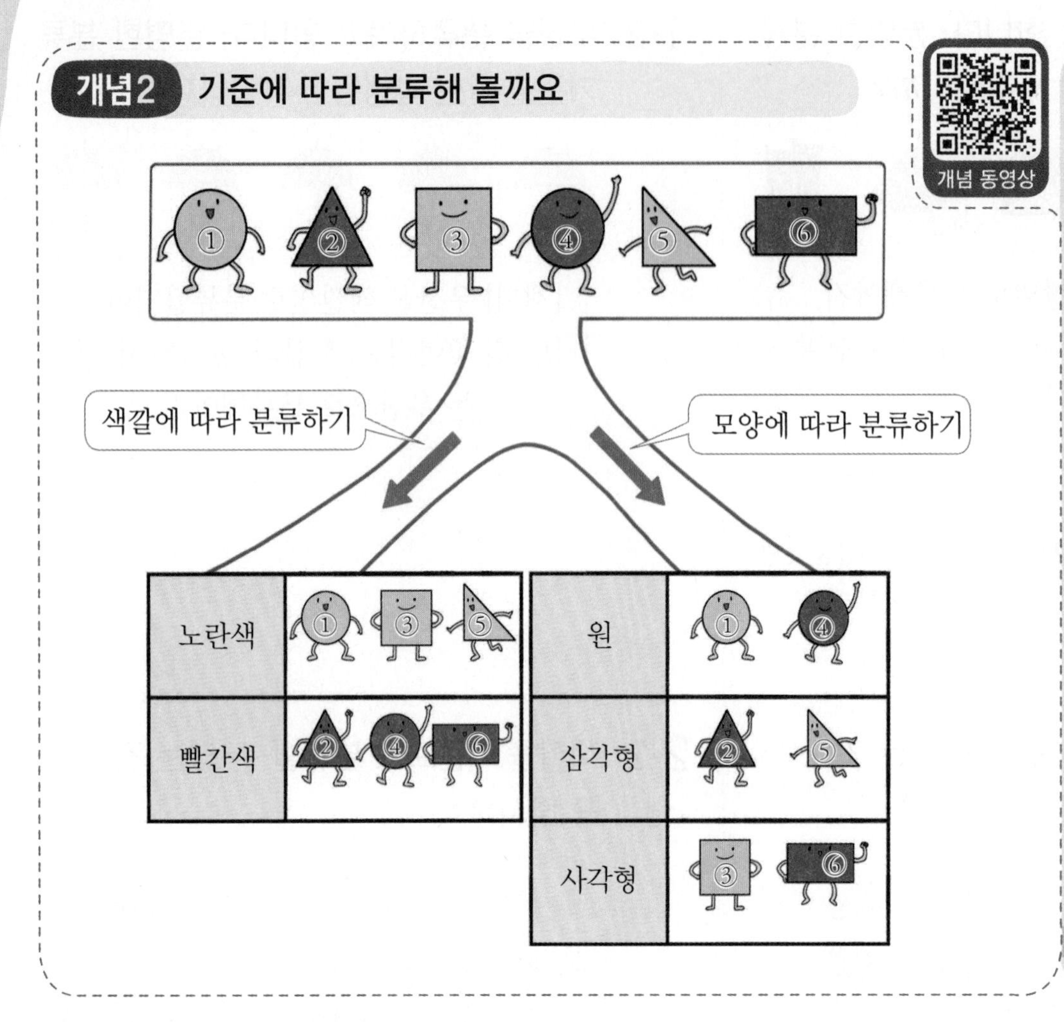


**개념 체크**

❶ 왼쪽 도형은 꼭짓점 수에 따라 없음, 3개, ☐개인 도형으로 분류할 수도 있습니다.

❷ 왼쪽 도형에서 꼭짓점이 3개인 도형은 ②, ☐입니다.

정답 ❶ 4 ❷ ⑤

익힘책 유형

**1-1** 다리의 수에 따라 분류하시오.

| 다리의 수 | 동물 |
|---|---|
| 2개 | 부엉이 , |
| 4개 | 개 , |

힌트 다리가 2개, 4개인 동물을 각각 찾아봅니다.

**1-2** 다리의 수에 따라 분류하시오.

| 다리의 수 | 동물 |
|---|---|
| 2개 | 독수리 , |
| 4개 | 사자 , |

교과서 유형

**[2-1~3-1] 물건을 보고 물음에 답하시오.**

**2-1** 모양에 따라 분류하시오.

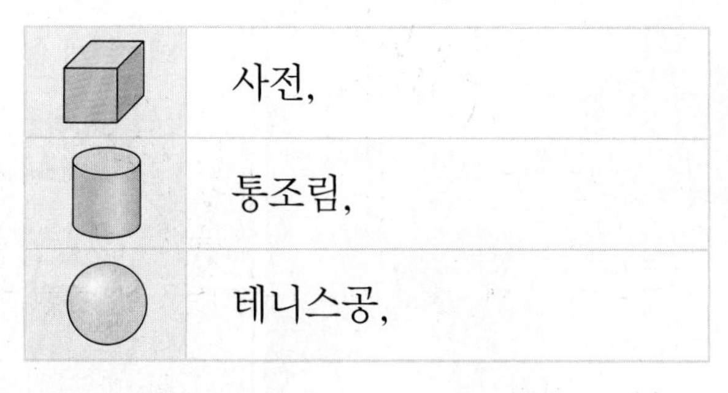

|  |  |
|---|---|
| (상자 모양) | 사전, |
| (원기둥 모양) | 통조림, |
| (공 모양) | 테니스공, |

힌트 (상자 모양), (원기둥 모양), (공 모양) 모양인 물건을 각각 찾아봅니다.

**3-1** 색깔에 따라 분류하시오.

| 빨간색 | |
|---|---|
| 노란색 | |
| 초록색 | |

힌트 빨간색, 노란색, 초록색인 물건을 찾아봅니다.

**[2-2~3-2] 물건을 보고 물음에 답하시오.**

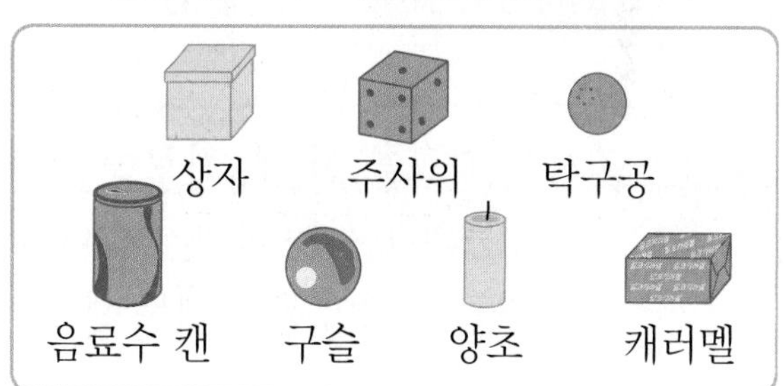


**2-2** 모양에 따라 분류하시오.

|  |  |
|---|---|
| (상자 모양) | 상자, |
| (원기둥 모양) | 음료수 캔, |
| (공 모양) | 탁구공, |

**3-2** 색깔에 따라 분류하시오.

| 노란색 | |
|---|---|
| 파란색 | |
| 주황색 | |

# 개념 파헤치기

## 개념3 분류하여 세어 볼까요

공이 모두 섞여 있네. 종류별로 분류하여 그 수를 세어 보자.

셀 때마다 표시를 하면 빠뜨리지 않고 모두 셀 수 있어.

분류하여 바르게 세었는지 마지막에 확인해 보자고.

| 종류 | 농구공 | 배구공 | 축구공 |
|---|---|---|---|
| 세면서 표시하기 | 𝍸 / | //// | /// |
| 공의 수(개) | 6 | 4 | 3 |

- 조사한 자료를 셀 때, 자료를 빼지 않고 모두 세기 위하여 ∨, /, ○, × 등의 표시를 하면 좋습니다.
- 모든 자료를 세어 본 후에는 센 결과가 바른지 확인하도록 합니다.

### 개념 체크

[❶~❷] 왼쪽 공을 분류하고 그 수를 세어 보려고 합니다. 물음에 답하시오.

❶ 축구를 할 때 사용하는 공은 모두 □개입니다.

❷ ☆ 모양이 있는 공은 모두 □개입니다.

정답 ❶ 3 ❷ 3

| 초록색 | 파란색 | 노란색 |
|---|---|---|
| /// | //// | 𝍸 / |
| 3 | 4 | 6 |

## 기본 문제

교과서 유형

**1-1** 꽃을 분류하고 그 수를 세어 보시오.

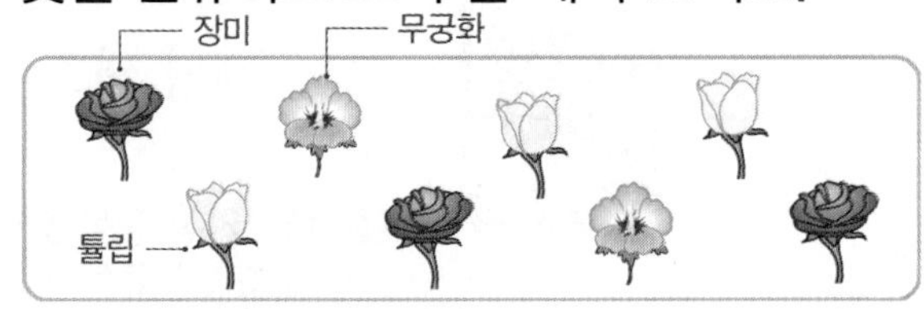


| 종류 | | | |
|---|---|---|---|
| 세면서 표시하기 | | | |
| 꽃의 수(송이) | 3 | | |

힌트 하나씩 셀 때마다 표시를 하고 수를 세어 봅니다.

**2-1** 색깔에 따라 분류하고 그 수를 세어 보시오.

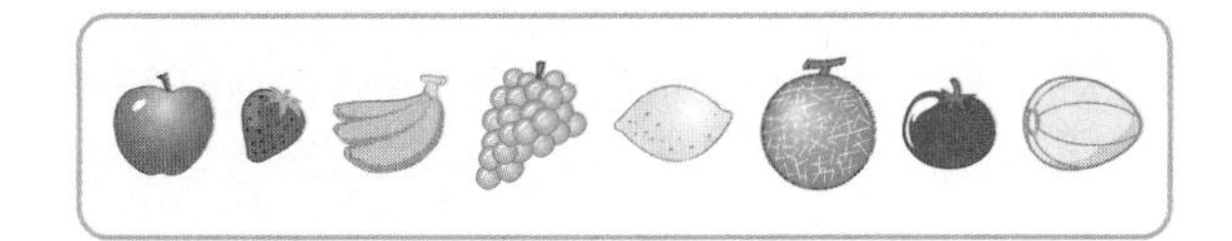

| 색깔 | 빨간색 | 노란색 | 초록색 |
|---|---|---|---|
| 과일 수(개) | 3 | | |

힌트 빨간색, 노란색, 초록색별로 빠뜨리지 않고 수를 세어 봅니다.

익힘책 유형

**3-1** 물건을 분류하고 그 수를 세어 보시오.

| 종류 | 연필 | 가위 | 지우개 |
|---|---|---|---|
| 물건 수(개) | | | |

힌트 연필, 가위, 지우개의 수를 각각 세어 봅니다.

## 쌍둥이 문제

정답은 26쪽

**1-2** 가방을 분류하고 그 수를 세어 보시오.

서류가방 신발가방 책가방

| 종류 | | | |
|---|---|---|---|
| 세면서 표시하기 | | | |
| 가방의 수(개) | 3 | | |

**2-2** 색깔에 따라 분류하고 그 수를 세어 보시오.

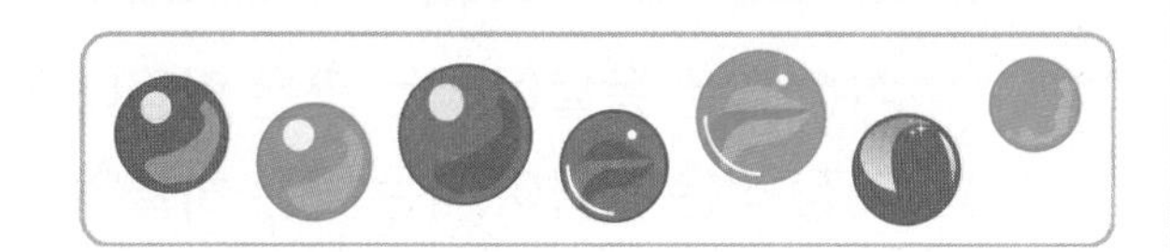

| 색깔 | 빨간색 | 파란색 | 초록색 |
|---|---|---|---|
| 구슬 수(개) | 2 | | |

**3-2** 물건을 분류하고 그 수를 세어 보시오.

| 종류 | 자동차 | 로봇 | 인형 |
|---|---|---|---|
| 물건 수(개) | | | |

## 개념 4 분류한 결과를 말해 볼까요

개념 동영상

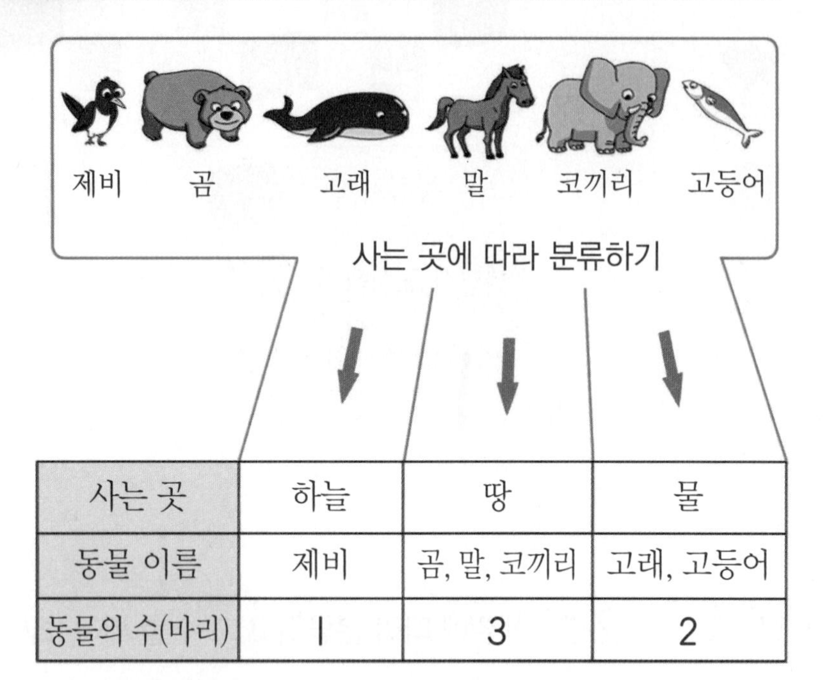


| 사는 곳 | 하늘 | 땅 | 물 |
|---|---|---|---|
| 동물 이름 | 제비 | 곰, 말, 코끼리 | 고래, 고등어 |
| 동물의 수(마리) | 1 | 3 | 2 |

⇨ 가장 많은 동물이 사는 곳은 땅입니다.
가장 적은 동물이 사는 곳은 하늘입니다.
많은 동물이 사는 곳부터 차례로 쓰면 땅, 물, 하늘입니다.

### 개념 체크

[❶~❷] 왼쪽 동물을 다리의 수에 따라 분류하여 가장 적은 것과 가장 많은 것을 알아본 것입니다. 물음에 답하시오.

❶ 다리가 2개인 동물은 [ ] 1마리로 가장 적습니다.

❷ 다리가 4개인 동물은 곰, 말, [ ] 3마리로 가장 많습니다.

정답 ❶ 제비 ❷ 코끼리

## 기본 문제

정답은 26쪽

[1-1~2-1] **우주네 반 학생들이 좋아하는 동화 주인공입니다. 물음에 답하시오.**

| 백설공주 | 피터팬 | 알라딘 | 알라딘 | 백설공주 |
|---|---|---|---|---|
| 피터팬 | 알라딘 | 알라딘 | 피터팬 | 알라딘 |

**1-1** 좋아하는 동화 주인공에 따라 분류하고 그 수를 세어 보시오.

| 동화 주인공 | 백설공주 | 피터팬 | 알라딘 |
|---|---|---|---|
| 학생 수(명) | 2 | | |

힌트 백설공주, 피터팬, 알라딘의 수를 세어 봅니다.

교과서 유형

**2-1** 선생님께서 학생들에게 좋아하는 주인공이 나오는 동화책을 선물하려고 합니다. 가장 많이 준비해야 하는 동화책에 나오는 주인공을 쓰시오.

( )

힌트 학생 수가 가장 많은 동화 주인공을 알아봅니다.

익힘책 유형

**3-1** 신발을 색깔에 따라 분류하고 그 수를 세어 가장 많은 신발의 색깔을 구하시오.

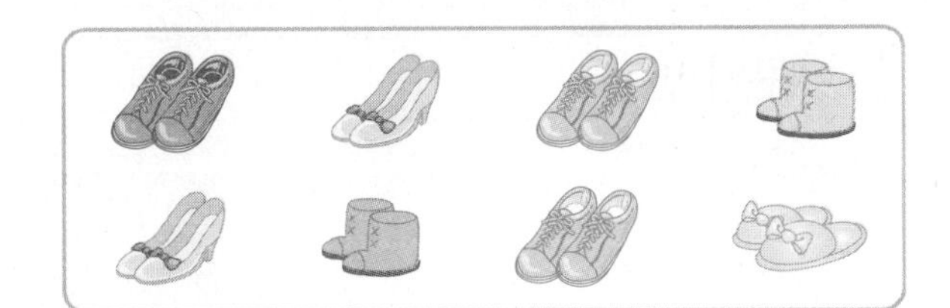

| 색깔 | 빨간색 | 노란색 | |
|---|---|---|---|
| 신발 수(켤레) | 1 | | |

( )

힌트 색깔별 신발의 수를 세어 크기를 비교합니다.

## 쌍둥이 문제

[1-2~2-2] **민희네 반 학생들이 존경하는 인물입니다. 물음에 답하시오.**

| 세종대왕 | 이순신 | 안중근 | 이순신 | 세종대왕 |
|---|---|---|---|---|
| 세종대왕 | 세종대왕 | 안중근 | 세종대왕 | 이순신 |

**1-2** 존경하는 인물에 따라 분류하고 그 수를 세어 보시오.

| 인물 | 세종대왕 | 이순신 | 안중근 |
|---|---|---|---|
| 학생 수(명) | | | 2 |

**2-2** 선생님께서 학생들에게 존경하는 인물이 나오는 위인전을 선물하려고 합니다. 가장 많이 준비해야 하는 위인전에 나오는 인물을 쓰시오.

( )

**3-2** 바지를 색깔에 따라 분류하고 그 수를 세어 가장 많은 바지의 색깔을 구하시오.

| 색깔 | 노란색 | 빨간색 | |
|---|---|---|---|
| 바지 수(벌) | 1 | | |

( )

# 2 STEP 개념 확인하기

**개념 1** 분류는 어떻게 할까요

[분명한 기준으로 분류하면 좋은 점]
① 어느 누가 분류해도 결과가 같습니다.
② 분류된 기준으로 물건을 찾을 때 정확하게 찾을 수 있습니다.

**[1~2] 알맞은 분류 기준에 ○표 하시오.**

1

( 모양 , 색깔 )

2

( 모양 , 색깔 )

익힘책 유형

3 동물을 분류하려고 합니다. 분류 기준으로 알맞은 것에 ○표 하시오.

무서운 것과 무섭지 않은 것 (　　　)

다리가 있는 것과 없는 것 (　　　)

**개념 2** 기준에 따라 분류해 볼까요

모양, 색깔, 크기……등 분명한 기준에 따라 분류해 봅니다.

교과서 유형

**[4~6] 쿠키를 보고 물음에 답하시오.**

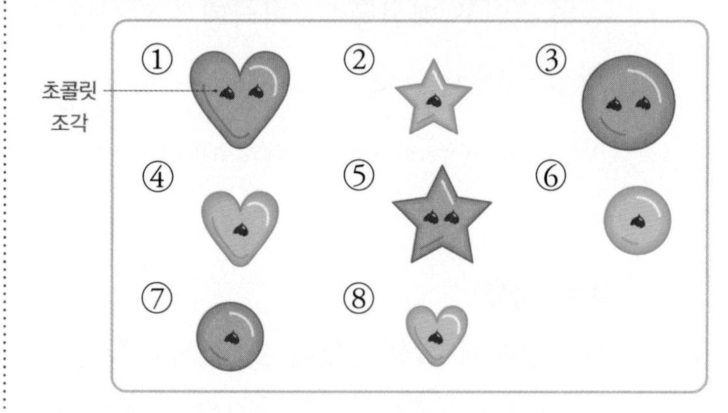


4 쿠키의 색깔에 따라 분류하시오.

| 색깔 | 빨간색 | 초록색 |
|---|---|---|
| 쿠키 번호 | | |

5 쿠키의 모양에 따라 분류하시오.

| 모양 | ♥ | ★ | ● |
|---|---|---|---|
| 쿠키 번호 | | | |

6 쿠키의 초콜릿 조각 수에 따라 분류하시오.

| 초콜릿 조각 수 | 1개 | 2개 |
|---|---|---|
| 쿠키 번호 | | |

## 개념 3 분류하여 세어 볼까요

자료를 빼지 않고 모두 세기 위하여 셀 때마다 표시를 해 봅니다.

## 7 종류에 따라 분류하고 그 수를 세어 보시오.

| 종류 | 지폐 | 동전 |
|---|---|---|
| 수(개) | | |

교과서 유형

**[8~9] 여러 가지 모양의 붙임 딱지가 있습니다. 물음에 답하시오.**

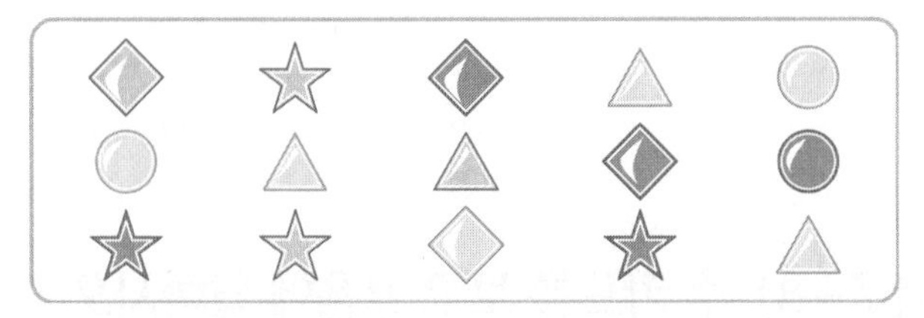

**8** 모양에 따라 분류하고 그 수를 세어 보시오.

| 모양 | ◇ | ☆ | △ | ○ |
|---|---|---|---|---|
| 붙임 딱지 수(개) | | | | |

**9** 색깔에 따라 분류하고 그 수를 세어 보시오.

| 색깔 | 파란색 | 빨간색 | 노란색 |
|---|---|---|---|
| 붙임 딱지 수(개) | | | |

## 개념 4 분류한 결과를 말해 볼까요

기준에 따라 분류하고 수를 세어 보면 가장 많은 것, 가장 적은 것……등을 알 수 있습니다. 따라서 자료를 비교하여 여러 가지 결과를 말할 수 있습니다.

**[10~11] 학생들이 좋아하는 과일을 조사하였습니다. 물음에 답하시오.**

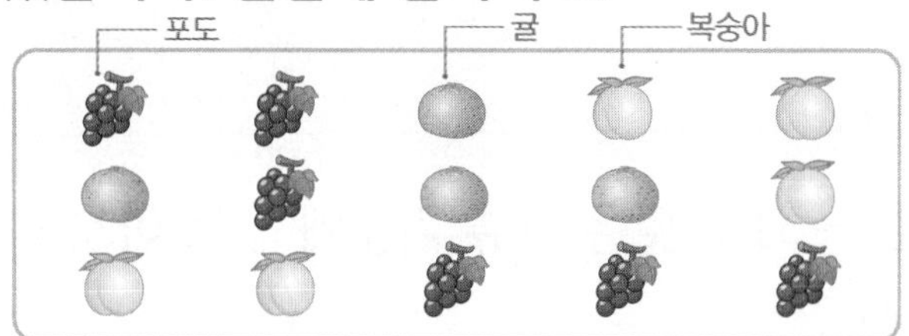


**10** 종류에 따라 분류하고 그 수를 세어 보시오.

| 종류 | 포도 | 귤 | 복숭아 |
|---|---|---|---|
| 학생 수(명) | | | |

**11** 잘못 말한 사람은 누구입니까?

[하늘] 포도를 좋아하는 학생이 가장 적어요.
[대현] 귤을 좋아하는 학생이 복숭아를 좋아하는 학생보다 적어요.

( )

익힘책 유형

**12** 학급 문고에 있는 책을 종류별로 조사하였습니다. □ 안에 알맞은 책을 써넣으시오.

| 종류 | 동화책 | 소설책 | 위인전 | 백과사전 |
|---|---|---|---|---|
| 책 수(권) | 20 | 21 | 10 | 22 |

⇨ 책 수가 종류별로 비슷하려면 다른 책보다 수가 적은 □을 사는 것이 좋을 것 같습니다.

# 3 STEP 단원 마무리 평가

## 5. 분류하기

점수

**1** 크기를 기준으로 분류할 수 있는 것에 ○표 하시오.

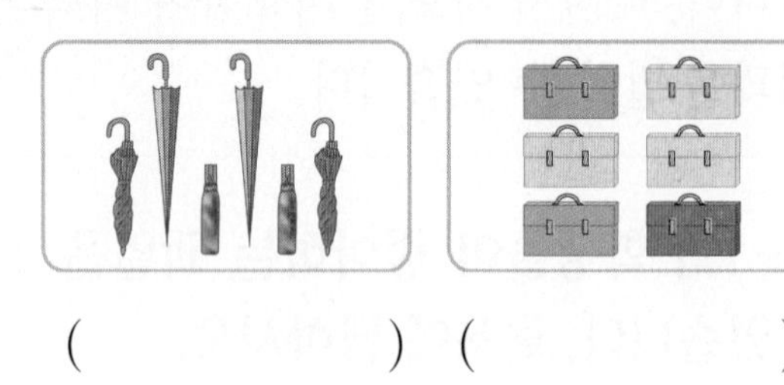

(　　　　　　) (　　　　　　)

**[2~3] 알맞은 분류 기준에 ○표 하시오.**

**2**

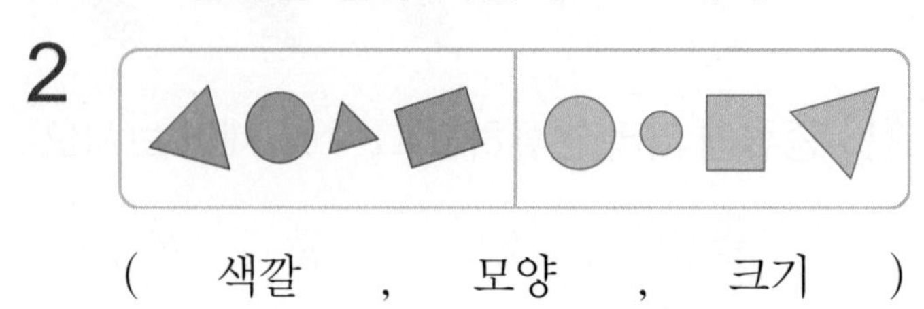

( 색깔 , 모양 , 크기 )

**3**

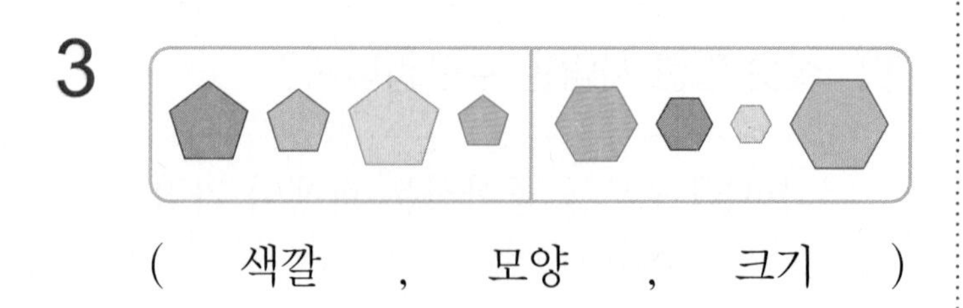

( 색깔 , 모양 , 크기 )

**4** 6명의 친구들을 다음과 같이 2모둠으로 나눈 기준을 찾아 기호를 쓰시오.

㉠ 여자와 남자
㉡ 키가 큰 사람과 작은 사람
㉢ 용감한 사람과 용감하지 않은 사람

(　　　　　　　　　　)

**5** 붙임 딱지를 모양에 따라 분류하시오.

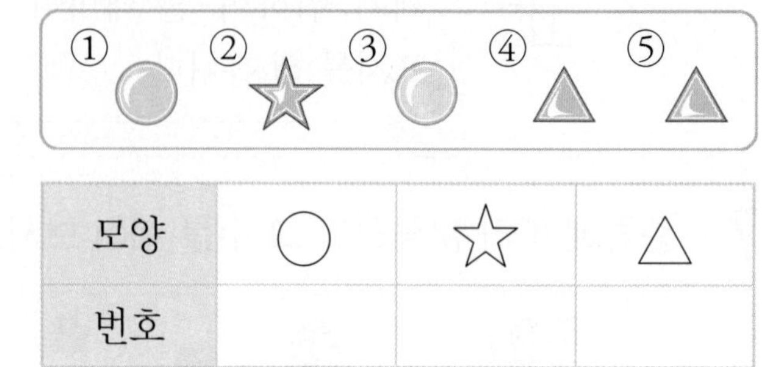


| 모양 | ○ | ☆ | △ |
|---|---|---|---|
| 번호 | | | |

**6** 글자를 종류에 따라 분류하시오.

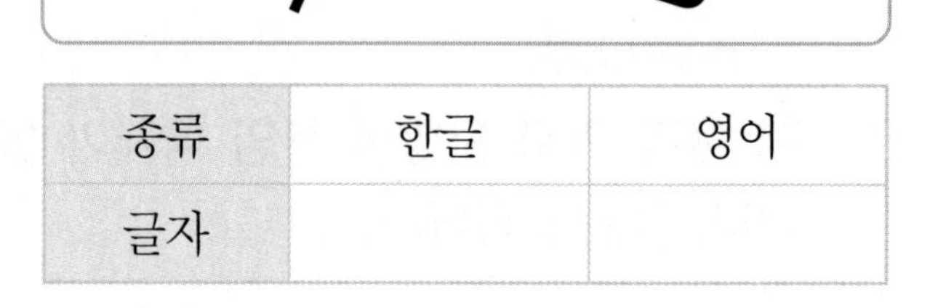


| 종류 | 한글 | 영어 |
|---|---|---|
| 글자 | | |

**[7~8] 수 카드를 보고 물음에 답하시오.**

15　3　29　7　100　624

**7** 자릿수에 따라 분류하시오.

| 자릿수 | 한 자리 수 | 두 자리 수 | 세 자리 수 |
|---|---|---|---|
| 수 카드의 수 | | | |

**8** 위의 7과 다른 분류 기준을 하나만 쓰시오.

(　　　　　　　　　　)

정답은 27쪽

9 탈것을 바퀴의 수에 따라 분류하고 그 수를 세어 보시오.

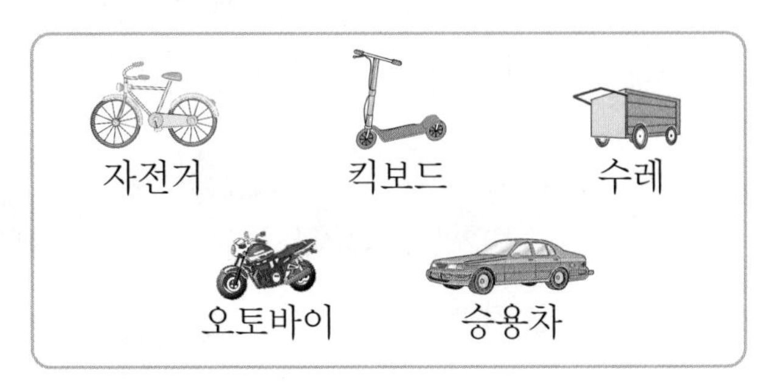


| 바퀴의 수 | 2개 | 4개 |
|---|---|---|
| 탈것 수(대) | | |

**[10~11] 단추를 보고 물음에 답하시오.**

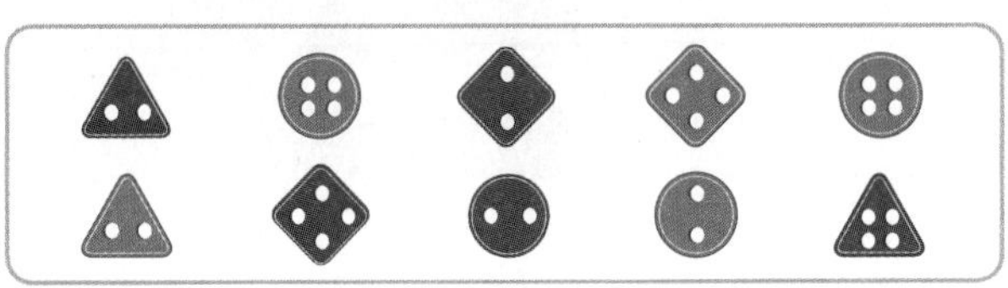

10 구멍의 수에 따라 분류하고 그 수를 세어 보시오.

| 구멍의 수 | 2개 | 4개 |
|---|---|---|
| 단추 수(개) | | |

11 색깔에 따라 분류하고 그 수를 세어 보시오.

| 색깔 | 검은색 | 파란색 |
|---|---|---|
| 단추 수(개) | | |

**[12~13] 도형을 보고 물음에 답하시오.**

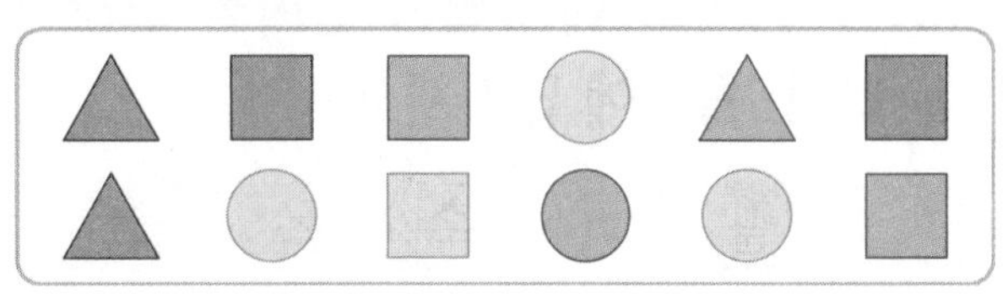

12 모양에 따라 분류하고 그 수를 세어 보시오.

| 모양 | △ | □ | ○ |
|---|---|---|---|
| 도형 수(개) | | | |

13 색깔에 따라 분류하고 그 수를 세어 보시오.

| 색깔 | 빨간색 | 파란색 | 노란색 |
|---|---|---|---|
| 도형 수(개) | | | |

**[14~15] 색연필을 보고 물음에 답하시오.**

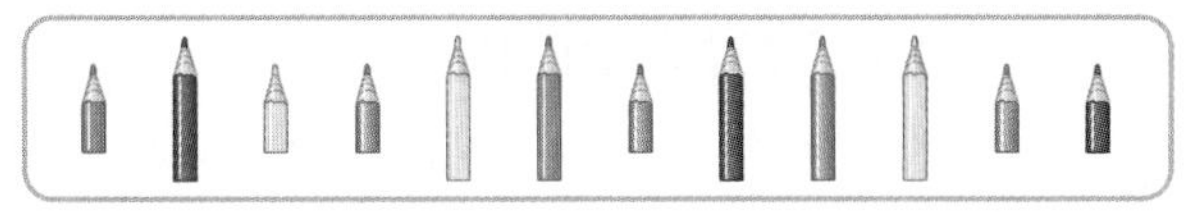

14 색깔에 따라 분류하고 그 수를 세어 보시오.

| 색깔 | | | | |
|---|---|---|---|---|
| 색연필 수(자루) | | | | |

15 설명이 잘못된 것을 찾아 기호를 쓰시오.

㉠ 빨간 색연필이 가장 적습니다.
㉡ 파란 색연필이 가장 많습니다.
㉢ 노란 색연필은 검은 색연필보다 많습니다.

(　　　　　　　　)

# 3 STEP 단원 마무리 평가

정답은 27쪽

[16~17] 어느 해 6월의 날씨를 조사하였습니다. 물음에 답하시오.

| 일 | 월 | 화 | 수 | 목 | 금 | 토 |
|---|---|---|---|---|---|---|
| | | | 1 | 2 | 3 | 4 |
| 5 | 6 | 7 | 8 | 9 | 10 | 11 |
| 12 | 13 | 14 | 15 | 16 | 17 | 18 |
| 19 | 20 | 21 | 22 | 23 | 24 | 25 |
| 26 | 27 | 28 | 29 | 30 | | |

: 맑은 날　: 흐린 날　: 비 온 날

**16** 날씨에 따라 분류하고 그 수를 세어 보시오.

| 날씨 | | | |
|---|---|---|---|
| 날수(일) | | | |

**17** 맑은 날은 비 온 날보다 며칠 더 많은지 식을 쓰고 답을 구하시오.

식 ______________________

답 ______________________

**18** 칠교판의 조각 7개를 모양에 따라 분류하고 그 수를 세어 빈칸에 알맞은 수를 써넣으시오.

| 모양 | 삼각형 | 사각형 |
|---|---|---|
| 조각 수(개) | | |

⇨ 삼각형 모양 조각은 사각형 모양 조각보다 ☐개 더 많습니다.

**19** 돈을 지폐와 동전으로 나누어 각각 돼지 저금통에 저금하였습니다. 빨간 돼지 저금통에 저금한 돈은 모두 얼마입니까?

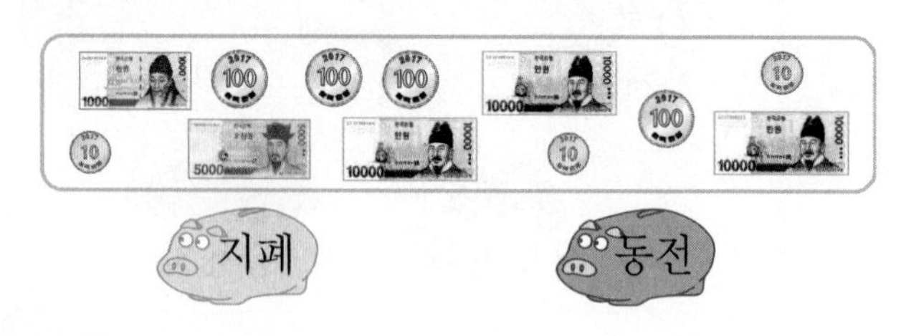


(　　　　　　　　　　)

**20** 스케치북에 그린 도형을 분류한 것입니다. 찢어진 부분에 있는 도형은 무엇인지 풀이 과정을 완성하고 답을 구하시오.

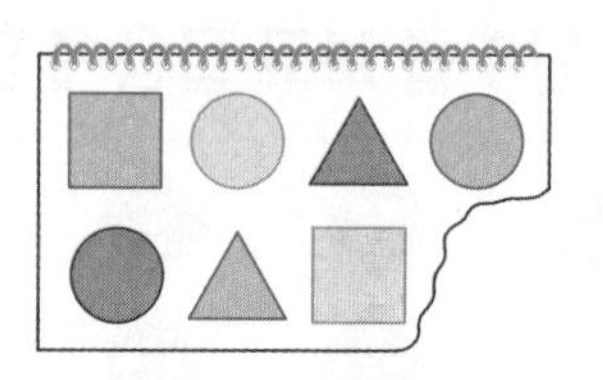

| 모양 | 삼각형 | 사각형 | 원 |
|---|---|---|---|
| 도형 수(개) | 2 | 2 | 4 |

풀이 스케치북에 남아 있는 도형의 수를 세어 보면 삼각형은 ☐개, 사각형은 ☐개, 원은 ☐개입니다.
따라서 찢어진 부분에 있는 도형은 ☐입니다.

답 ______________________

QR 코드를 찍어 게임을 해 보고 이번 단원을 확실히 익혀 보세요!

정답은 27쪽

1 혜교는 옷과 양말을 서랍장 안에 분류하여 정리했습니다. □ 안에 알맞은 기호와 수를 써넣어 혜교의 말을 완성하시오.

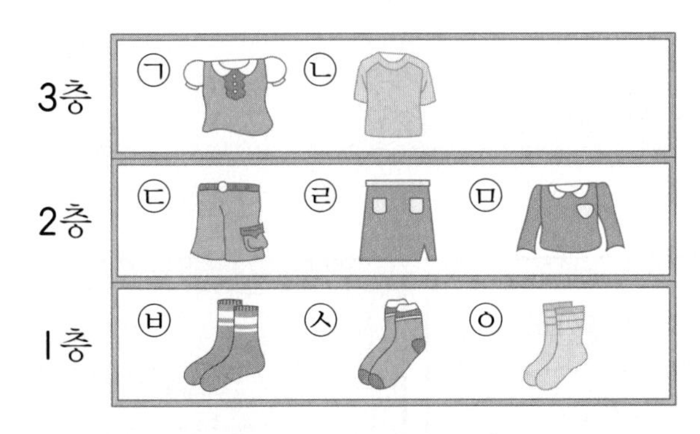


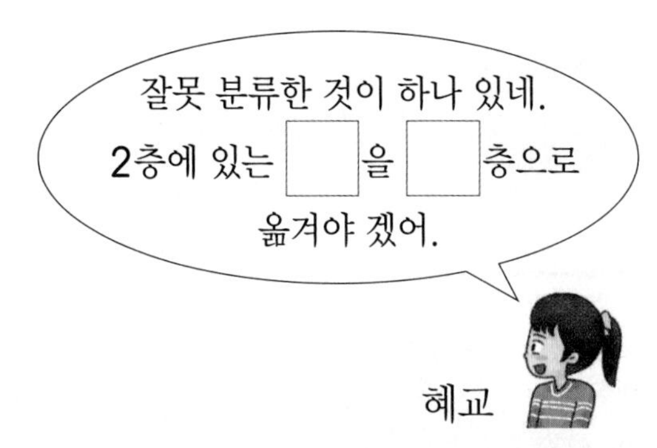


2 민호와 수지는 카드 뒤집기 게임을 하였습니다. 민호는 빨간색 면이 나오도록 뒤집었고, 수지는 파란색 면이 나오도록 뒤집었습니다. 누가 이겼습니까?

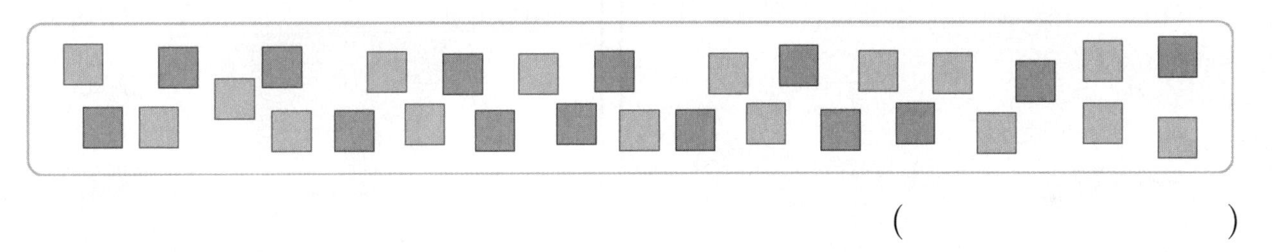

( )

3 물건을 살 수 있는 가게에 따라 분류하고 그 수를 세어 보시오.

| 가게 | 약국 | 분식집 | 문구점 |
| --- | --- | --- | --- |
| 물건 수(개) | | | |

# 6 곱셈

제6화 용감하고 똑똑한 고양이의 대답은?

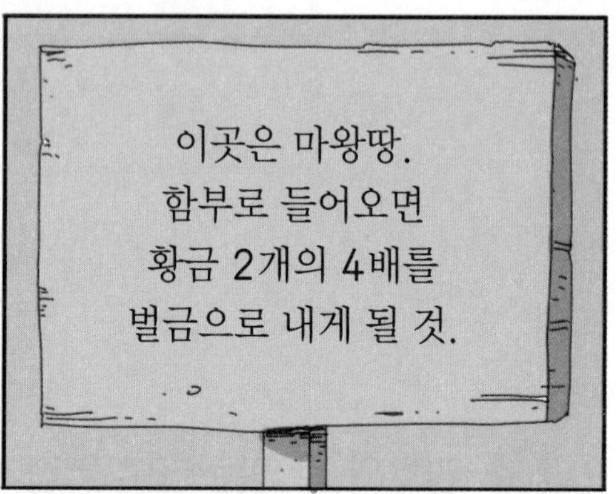

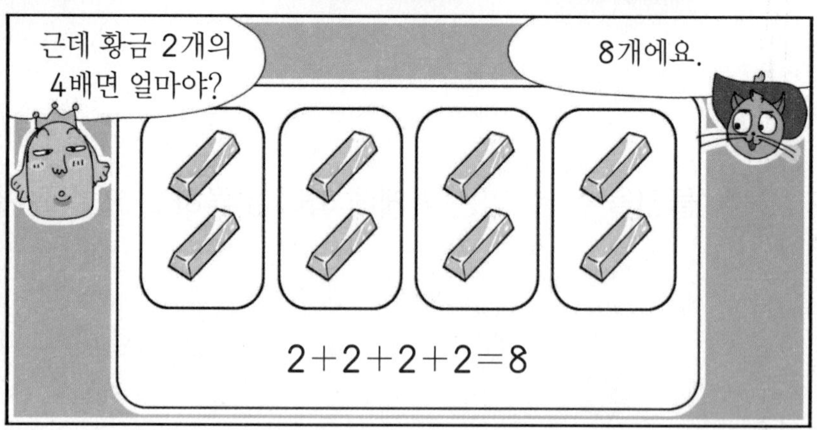

| 이미 배운 내용 | 이번에 배울 내용 | 앞으로 배울 내용 |
|---|---|---|
| [1-2 100까지의 수]<br>• 10개씩 묶어 세기<br>[2-1 덧셈과 뺄셈]<br>• 받아올림이 있는<br>(두 자리 수)+(한 자리 수)<br>(두 자리 수)+(두 자리 수) | • 하나씩 세기, 뛰어 세기<br>• 묶어 세기<br>• 몇의 몇 배 알아보기<br>• 곱셈식 알아보기<br>• 곱셈 활용하기 | [2-2 곱셈구구]<br>• 1~9의 단 곱셈구구<br>• 0의 곱<br>[3-1 나눗셈]<br>• 곱셈과 나눗셈의 관계 |

# 개념 파헤치기

## 개념1 여러 가지 방법으로 세어 볼까요

• 하나씩 세기

열둘. 휴~! 하나씩 세어 보면 모두 12개야.

• 뛰어 세기

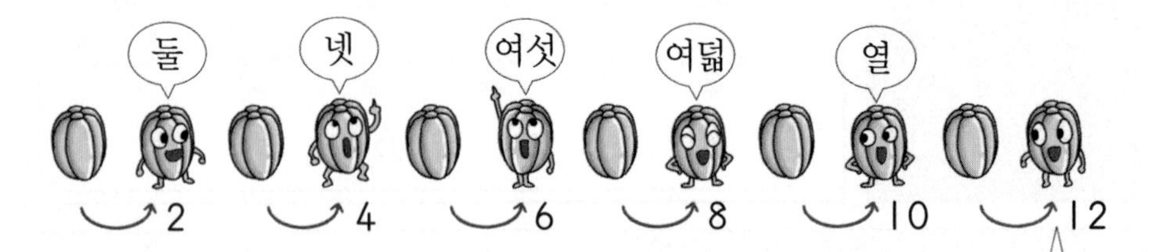


열둘. 2씩 뛰어 세어 보면 모두 12개야.

물건의 수를 셀 때 하나씩 세면 시간이 오래 걸리고, 빠뜨리거나 중복될 수 있으므로 주의합니다.

### 개념 체크

❶ 하나씩 셀 때 1, 2, 3, 4, 5, ☐, 7…… 순으로 빠뜨리지 않고 셉니다.

❷ 2씩 뛰어 셀 때 2, 4, 6, 8, 10, 12, ☐, 16 …… 순으로 빠뜨리지 않고 셉니다.

정답 ❶ 6 ❷ 14

## 기본 문제

**1-1** 고구마는 모두 몇 개인지 하나씩 세어 보시오.

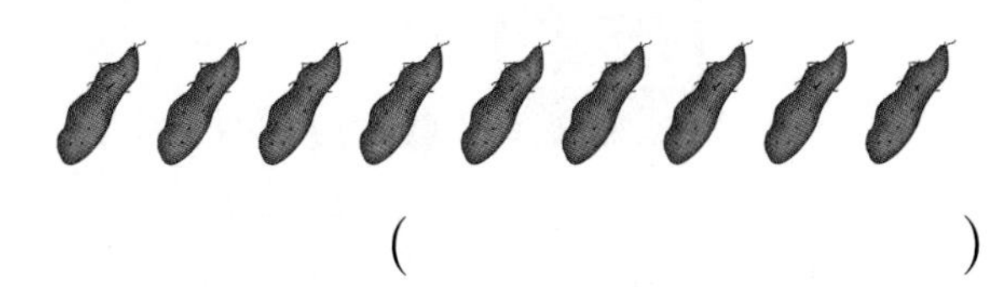

(　　　　　　　　　)

힌트 빠뜨리거나 중복되지 않게 하나씩 차례로 세어 봅니다.

교과서 유형

**2-1** 토끼는 모두 몇 마리인지 2씩 뛰어 세어 보시오.

(　　　　　　　　　)

힌트 오른쪽으로 2마리씩 뛰어 세어 봅니다.

익힘책 유형

**3-1** 지우개는 모두 몇 개인지 4씩 뛰어 세어 보시오.

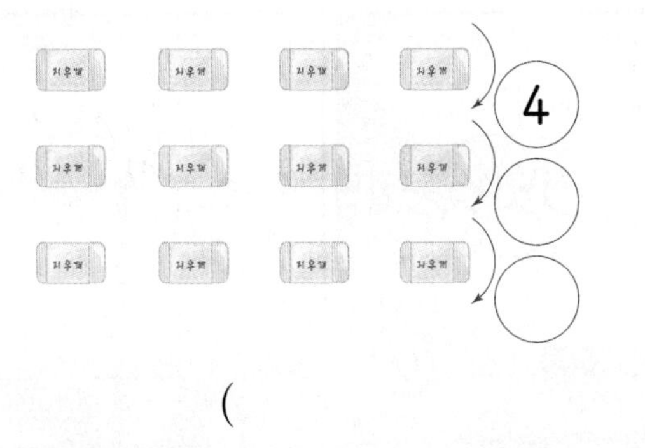


(　　　　　　　　　)

힌트 아래쪽으로 4개씩 뛰어 세어 봅니다.

## 쌍둥이 문제

**1-2** 감자는 모두 몇 개인지 하나씩 세어 보시오.

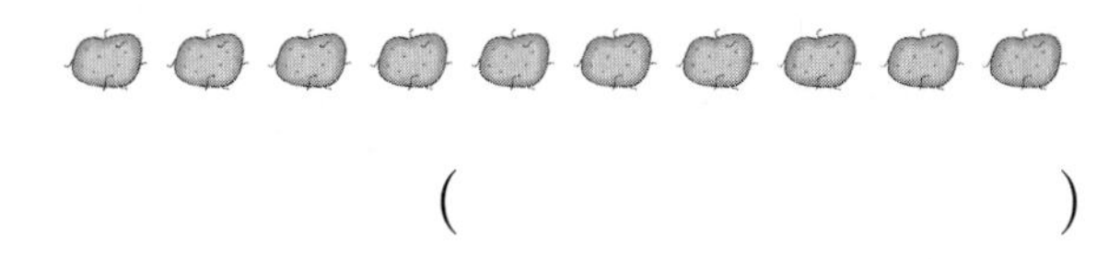

(　　　　　　　　　)

**2-2** 호랑이는 모두 몇 마리인지 3씩 뛰어 세어 보시오.

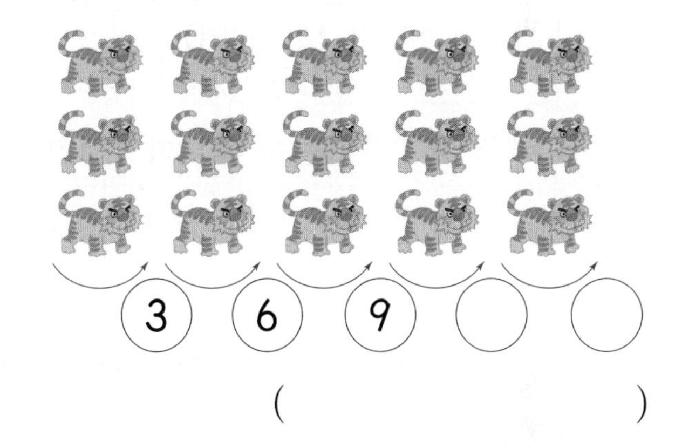


(　　　　　　　　　)

**3-2** 구슬은 모두 몇 개인지 5씩 뛰어 세어 보시오.

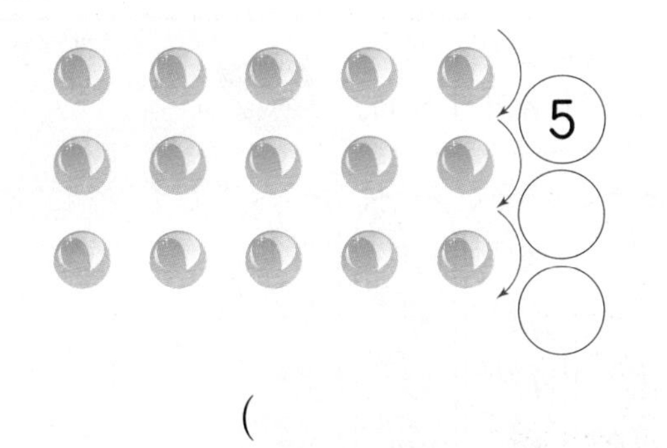


(　　　　　　　　　)

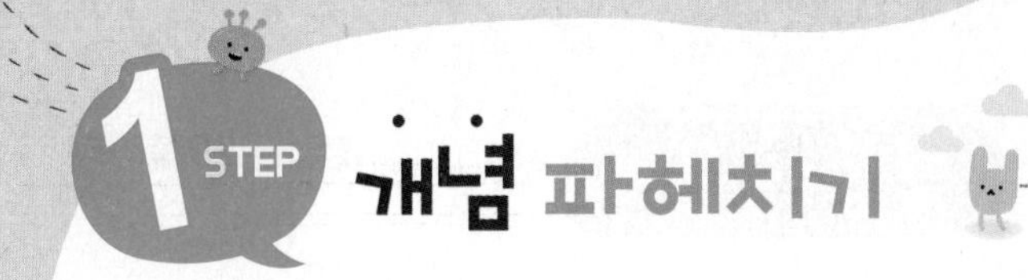


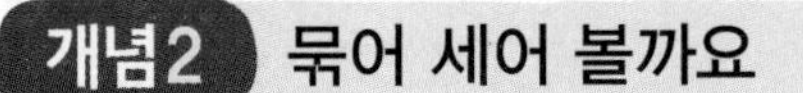

## 개념2 묶어 세어 볼까요

• 4씩 묶어 세기

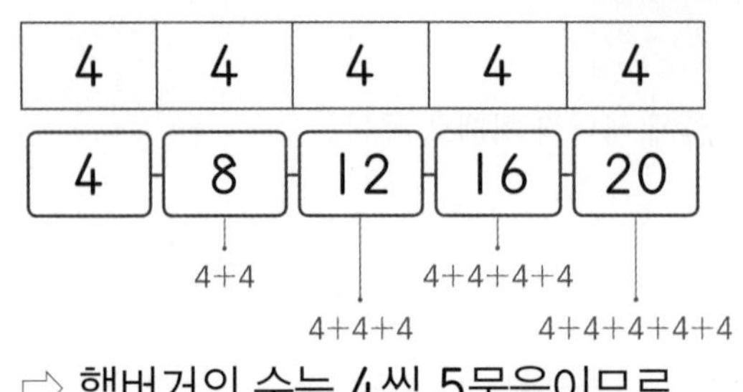


⇨ 햄버거의 수는 4씩 5묶음이므로 모두 20개입니다.

• 5씩 묶어 세기

| 5 | 5 | 5 | 5 |
|---|---|---|---|
| 5 | 10 | 15 | 20 |

5+5　5+5+5　5+5+5+5

⇨ 햄버거의 수는 5씩 4묶음이므로 모두 20개입니다.

★씩 묶어 세기는 ★씩 더하면서 세는 것입니다.

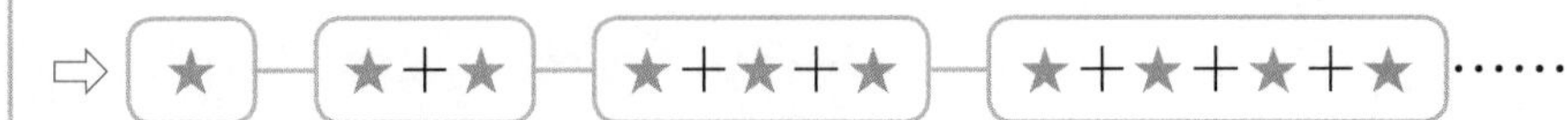


### 개념 체크

❶ 4씩 묶어 세면 4, 8, 12, 16, 20, 24……이므로 4씩 6묶음은 ☐ 입니다.

❷ 5씩 묶어 세면 5, 10, 15, 20, 25……이므로 5씩 5묶음은 ☐ 입니다.

정답 ❶ 24 ❷ 25

익힘책 유형

**1-1** 꽃을 2씩 묶어 세어 보시오.

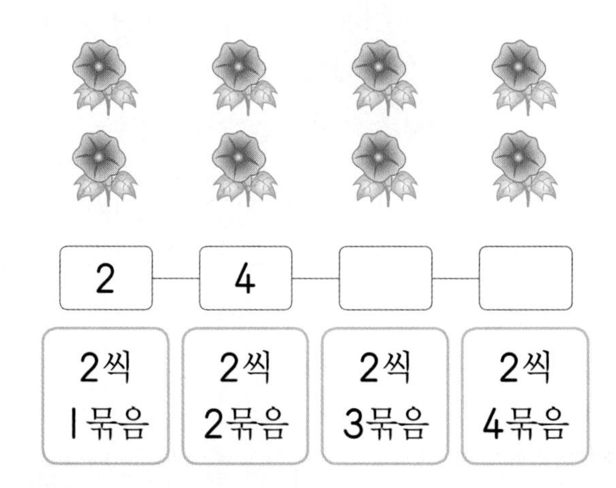


힌트 2씩 묶어 세기는 2씩 더하면서 세는 것입니다.

**1-2** 지우개를 3씩 묶어 세어 보시오.

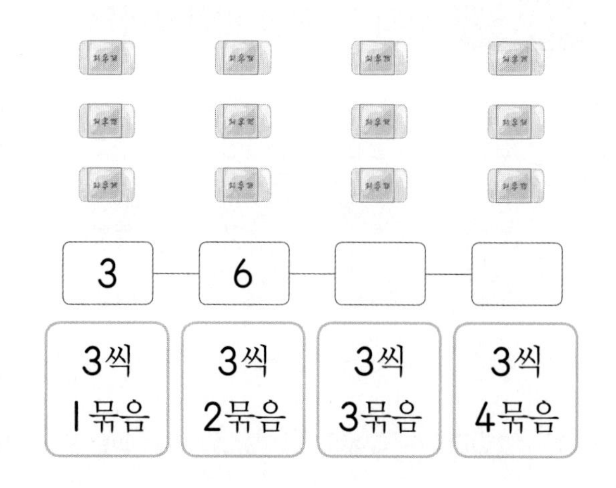


**2-1** 곰 인형의 수를 알아보려고 합니다. □ 안에 알맞은 수를 써넣으시오.

2씩 □ 묶음은 □ 입니다.

힌트 곰 인형을 2씩 묶어 세어 봅니다.

**2-2** 강아지 인형의 수를 알아보려고 합니다. □ 안에 알맞은 수를 써넣으시오.

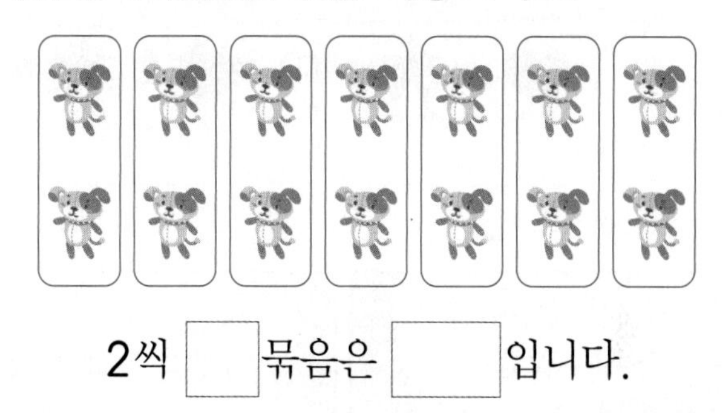

2씩 □ 묶음은 □ 입니다.

교과서 유형

**3-1** ☆은 모두 몇 개인지 묶어 세어 보시오.

3씩 □ 묶음이므로 모두 □ 개입니다.

힌트 ☆을 3씩 묶어 세어 봅니다.

**3-2** ♡은 모두 몇 개인지 묶어 세어 보시오.

4씩 □ 묶음이므로 모두 □ 개입니다.

# 1 STEP 개념 파헤치기

## 개념3 몇의 몇 배를 알아볼까요

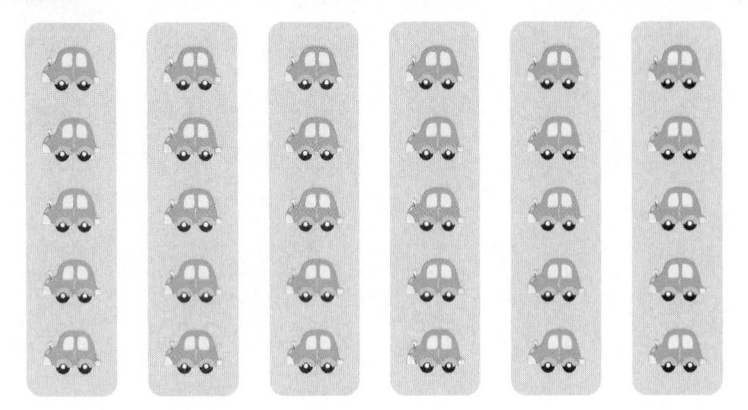

⇨ 5씩 6묶음은 30입니다.
5씩 6묶음은 5의 6배입니다.
5의 6배는 30입니다.
5의 6배는 5+5+5+5+5+5=30입니다.
(5를 6번 더하기)

### 개념 체크

❶ 2씩 7묶음은
2의 7☐입니다.

❷ 2의 3배는
2+☐+☐=6
입니다.

정답 ❶ 배 ❷ 2, 2

## 기본 문제

## 쌍둥이 문제

정답은 29쪽

교과서 유형

**1-1** 그림을 보고 □ 안에 알맞은 수를 써넣으시오.

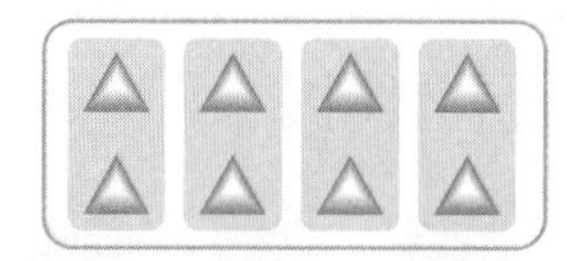

⇨ 8은 2씩 □ 묶음입니다.
8은 2의 □ 배입니다.

힌트 ■씩 ▲묶음은 ■의 ▲배입니다.

**1-2** 그림을 보고 □ 안에 알맞은 수를 써넣으시오.

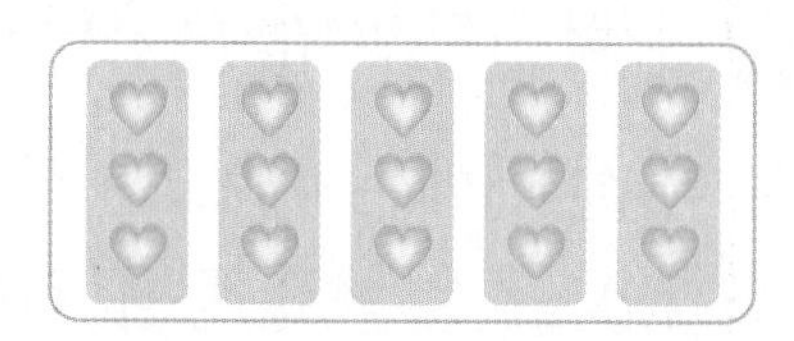

⇨ 15는 3씩 □ 묶음입니다.
15는 3의 □ 배입니다.

익힘책 유형

**2-1** 그림을 보고 □ 안에 알맞은 수를 써넣으시오.

7씩 4묶음은 7의 □ 배이고

□+□+□+□=□ 입니다.

힌트 ■씩 ▲묶음 ⇨ ■의 ▲배 ⇨ ■를 ▲번 더하기

**2-2** 그림을 보고 □ 안에 알맞은 수를 써넣으시오.

8씩 3묶음은 8의 □ 배이고

□+□+□=□ 입니다.

**3-1** 책은 모두 몇 권인지 구하려고 합니다. □ 안에 알맞은 수를 써넣으시오.

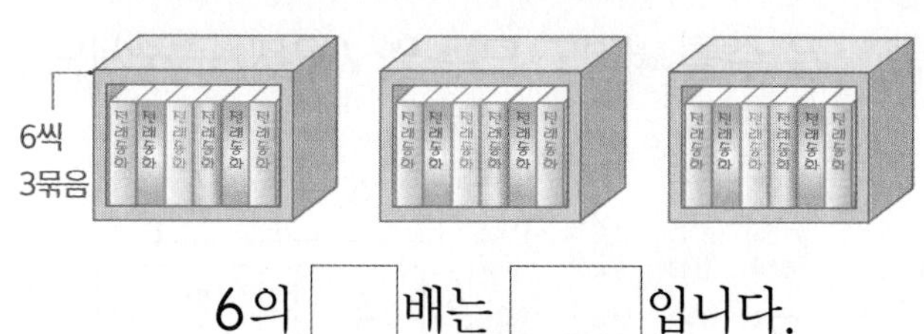


6의 □ 배는 □ 입니다.

힌트 책은 6권씩 몇 묶음인지 알아봅니다.

**3-2** 멜론은 모두 몇 개인지 구하려고 합니다. □ 안에 알맞은 수를 써넣으시오.

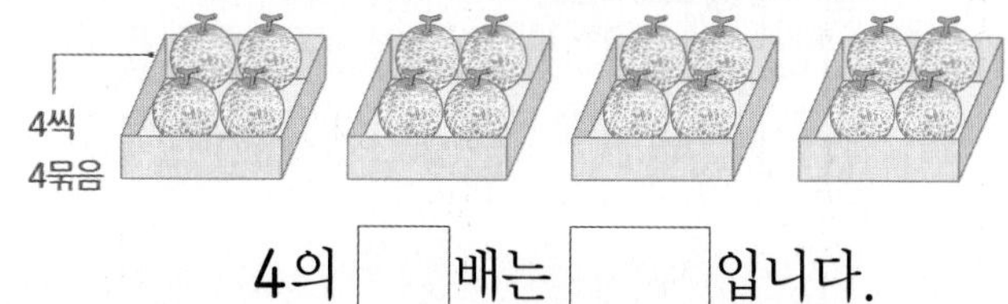


4의 □ 배는 □ 입니다.

6 곱셈

# 2 STEP 개념 확인하기

## 개념 1 여러 가지 방법으로 세어 볼까요

- 하나씩 셀 때에는 빠뜨리거나 중복되지 않도록 ∨, ○, ×표 등을 하여 하나씩 세도록 합니다.
- ■씩 뛰어 세면 ■씩 커집니다.

교과서 유형

**1** 오이는 모두 몇 개인지 하나씩 세어 보시오.

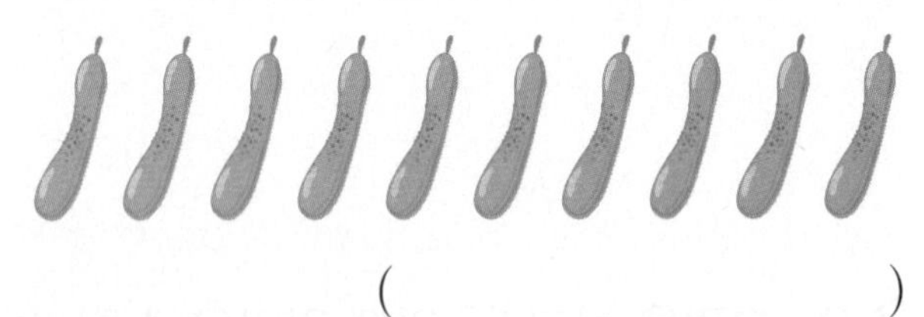

( )

**2** 그림을 보고 □ 안에 알맞은 수를 써넣으시오.

화분을 3, 6, 9, □, □로 뛰어 세어 보면 화분은 모두 □개입니다.

**3** 4씩 뛰어 세려고 합니다. □ 안에 알맞은 수를 써넣으시오.

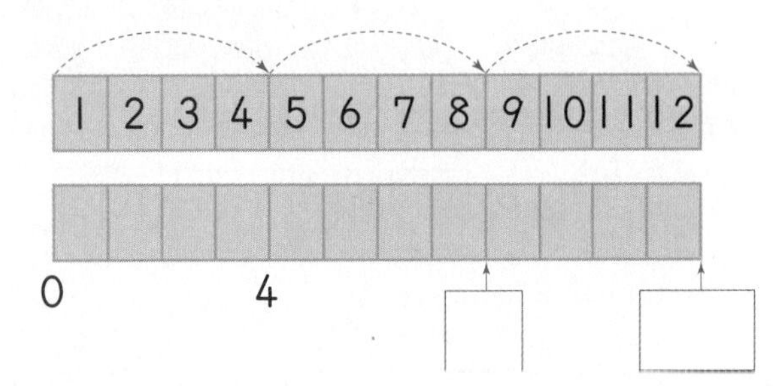


**4** 농구공의 수를 2씩 뛰어 센 것입니다. 잘못된 이유를 쓰시오.

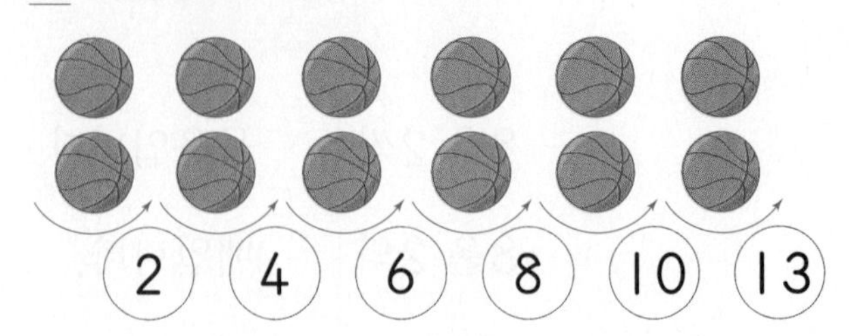


이유 10에서 □를 뛰어 세면 □인데 13으로 잘못 뛰어 세었습니다.

## 개념 2 묶어 세어 볼까요

- ★씩 묶어 세면 ★씩 커집니다.
- 수를 셀 때 묶어 세면 시간이 적게 걸리고 편리합니다.

**5** 맞으면 ○표, 틀리면 ×표 하시오.

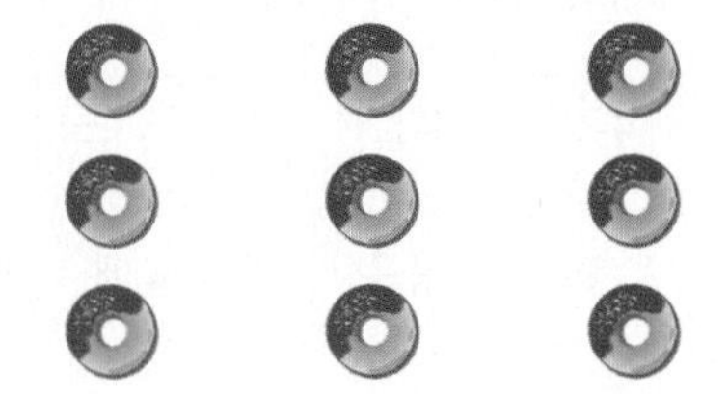

⇨ 도넛을 3씩 묶어 세면 3 - 6 - 9 이므로 도넛은 모두 9개입니다.

( )

익힘책 유형

**6** 귤을 4씩 묶어 세려고 합니다. 빈 곳에 알맞은 수를 써넣고 모두 몇 개인지 구하시오.

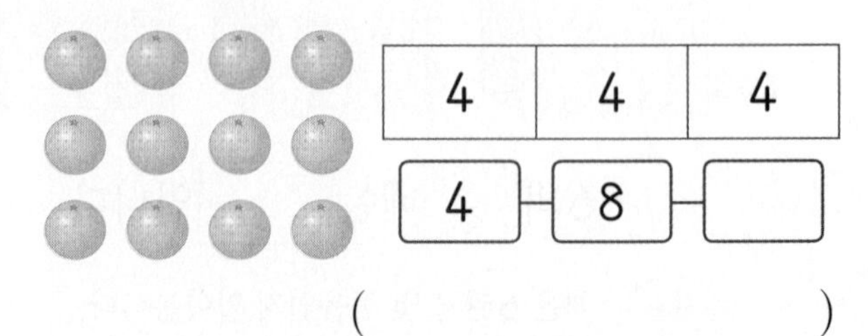


( )

**7** 당근의 수를 알아보려고 합니다. □ 안에 알맞은 수를 써넣으시오.

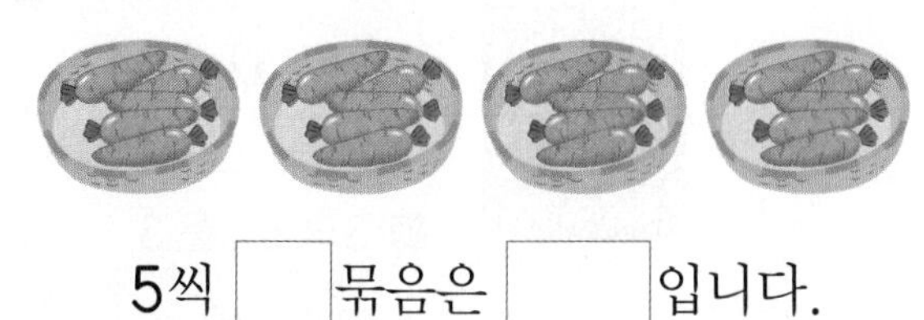

5씩 □ 묶음은 □ 입니다.

교과서 유형

**8** 그림을 보고 □ 안에 알맞은 수를 써넣으시오.

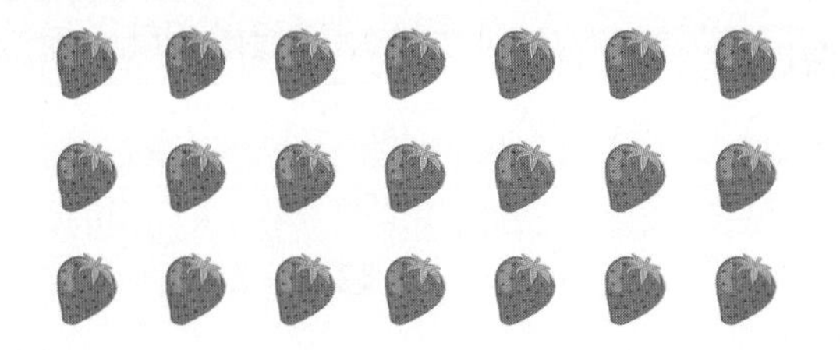

딸기의 수는 7씩 □ 묶음이므로 딸기는 모두 □ 개입니다.

**개념 3** 몇의 몇 배를 알아볼까요

3씩 4묶음은 12입니다.
3씩 4묶음은 3의 4배입니다.
3의 4배는 12입니다.

**9** 그림을 보고 □ 안에 알맞은 수를 써넣으시오.

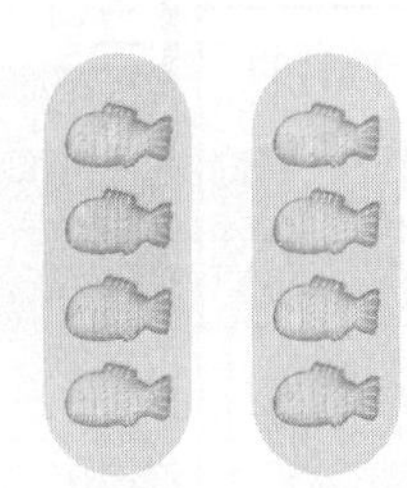

⇨ 4씩 □ 묶음은 8입니다.
4의 □ 배는 8입니다.

**10** 배의 수는 사과의 수의 몇 배입니까?

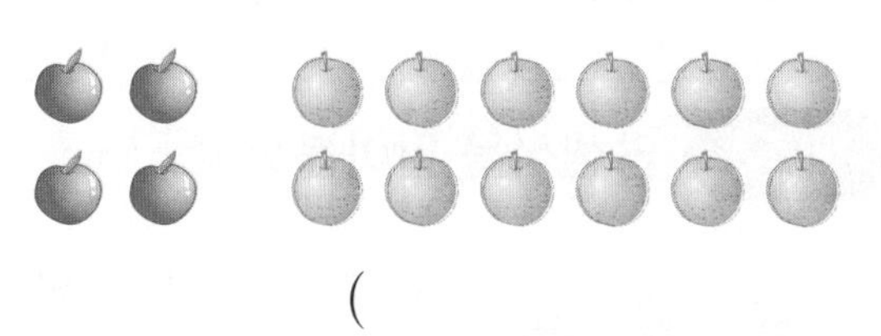

(　　　　　　　)

**11** 세희와 은서는 투호 놀이를 하고 있습니다. 은서가 항아리에 넣은 화살 수는 세희가 항아리에 넣은 화살 수의 몇 배입니까?

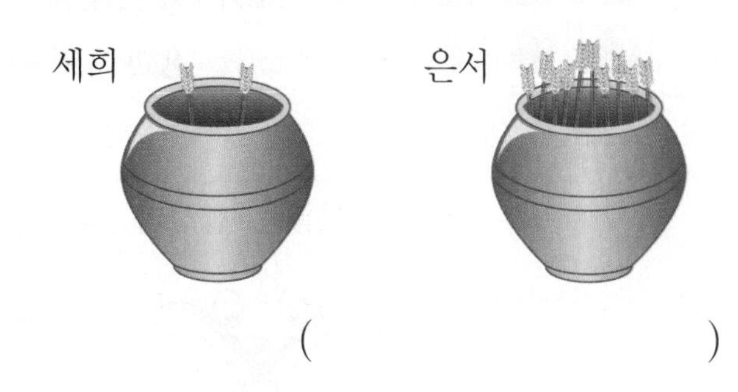


(　　　　　　　)

익힘책 유형

**12** 쌓기나무 한 개의 높이는 2 cm입니다. 쌓기나무 4개의 높이는 몇 cm입니까?

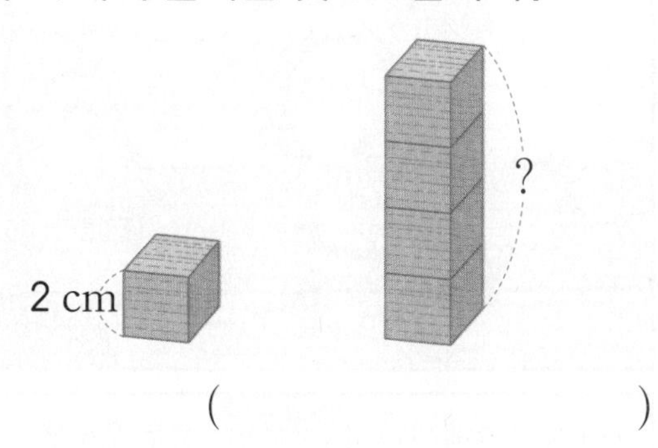


(　　　　　　　)

**13** 크기를 비교하여 ○ 안에 >, =, <를 알맞게 써넣으시오.

6씩 2묶음 ○ 5의 3배

6 곱셈

# 개념 파헤치기

## 개념4 곱셈식을 알아볼까요

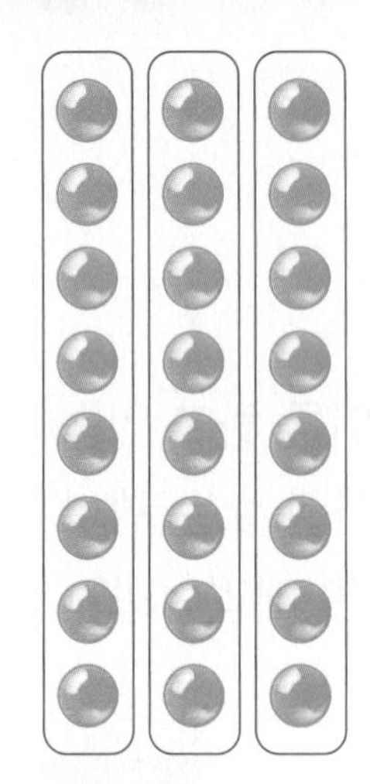

- 구슬의 수는 8씩 3묶음입니다.
- 구슬의 수는 8의 3배입니다.
- 8의 3배를 $8\times3$이라고 씁니다.
- $8\times3$은 8 곱하기 3이라고 읽습니다.

⇨ [덧셈식] $8+8+8=24$
[곱셈식] $8\times3=24$

$8+8+8=8\times3$ (8을 3번 더함)

읽기 8 곱하기 3은 24와 같습니다.
8과 3의 곱은 24입니다.

나의 이름은 『곱하기』. 다음과 같이 쓸 수 있지.

### 개념 체크

❶ 3의 6배를 3 □ 6이라고 씁니다.

❷ $2\times4$는 2 □ 4라고 읽습니다.

❸ $4+4+4=12$
⇨ $4\times$ □ $=12$

정답 ❶ × ❷ 곱하기 ❸ 3

## 기본 문제

교과서 유형

**[1-1~2-1] 야구공의 수는 5씩 5묶음입니다. 물음에 답하시오.**

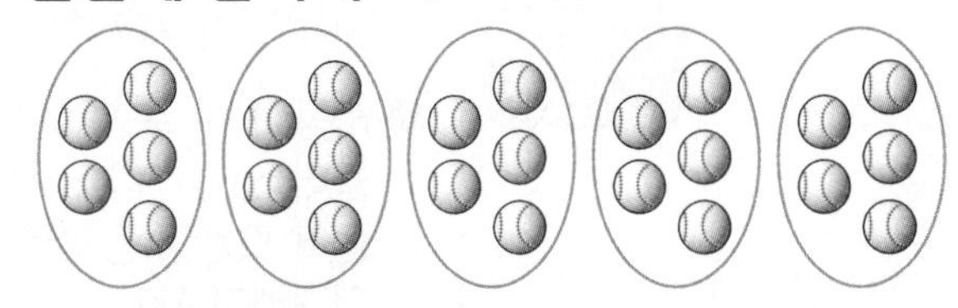

**1-1** 야구공의 수를 덧셈식으로 나타내시오.

5+□+□+□+□=□

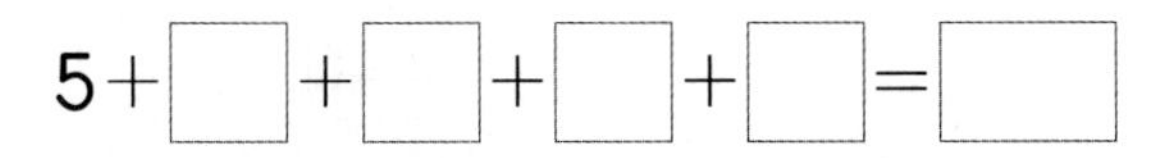

(힌트) ■씩 ▲묶음 ⇨ ■를 ▲번 더합니다.

**2-1** 야구공의 수를 곱셈식으로 나타내시오.

5×□=□

(힌트) ■씩 ▲묶음 ⇨ ■의 ▲배 ⇨ ■×▲

**3-1** 덧셈식을 보고 곱셈식으로 나타내시오.

2+2+2+2+2+2+2=14

⇨ □×□=□

(힌트) ■+■……■+■=■×▲ (▲번)

익힘책 유형

**4-1** 빈칸에 알맞은 곱셈식으로 나타내시오.

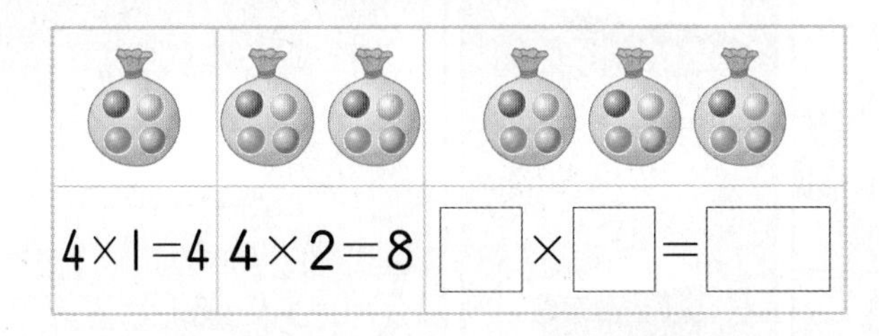

| 4×1=4 | 4×2=8 | □×□=□ |
|---|---|---|

(힌트) 구슬이 한 묶음에 4개씩 몇 묶음인지 알아봅니다.

## 쌍둥이 문제

정답은 30쪽

**[1-2~2-2] 축구공의 수는 3씩 4묶음입니다. 물음에 답하시오.**

**1-2** 축구공의 수를 덧셈식으로 나타내시오.

3+□+□+□=□

**2-2** 축구공의 수를 곱셈식으로 나타내시오.

3×□=□

**3-2** 덧셈식을 보고 곱셈식으로 나타내시오.

4+4+4+4+4+4=24

⇨ □×□=□

**4-2** 빈칸에 알맞은 곱셈식으로 나타내시오.

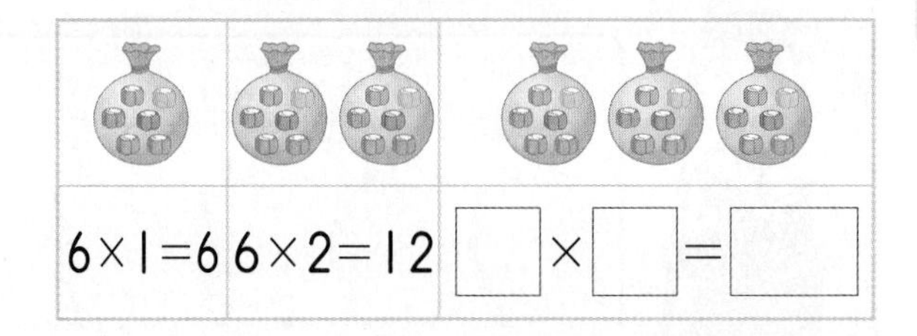

| 6×1=6 | 6×2=12 | □×□=□ |
|---|---|---|

6 곱셈

# 개념 파헤치기

## 개념5 곱셈식으로 나타내어 볼까요

개념 동영상

⇨ 꽃병 한 개에 꽃이 6송이씩 꽂혀 있으므로

꽃병 4개에 꽂혀 있는 꽃의 수는 6의 4배입니다.

[덧셈식] $6+6+6+6=24$

[곱셈식] $6\times4=24$

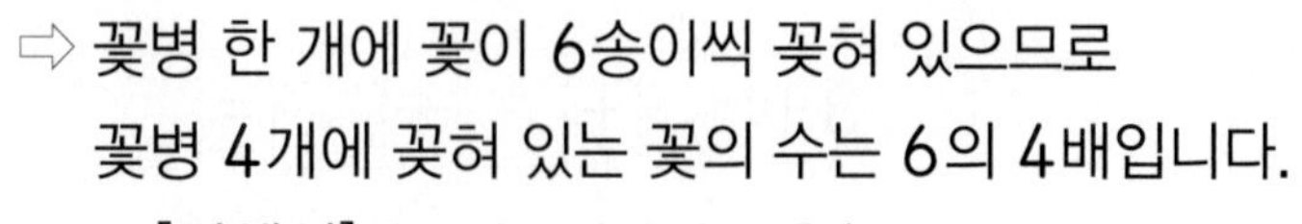

예 2씩 3묶음, 2의 3배, 2 곱하기 3 ⇨ $2\times3$

### 개념 체크

❶ 사탕이 한 봉지에 5개씩 들어 있습니다. 3봉지에 들어 있는 사탕의 수는 5의 3배이므로

$5+5+\square=\square$

입니다.

❷ 수박이 한 상자에 2통씩 들어 있습니다. 4상자에 들어 있는 수박의 수는 2의 4배이므로

$2\times\square=\square$ 입니다.

정답 ❶ 5, 15 ❷ 4, 8

## 기본 문제

## 쌍둥이 문제

정답은 30쪽

**1-1** 그림을 보고 맞으면 ○표, 틀리면 ×표 하시오.

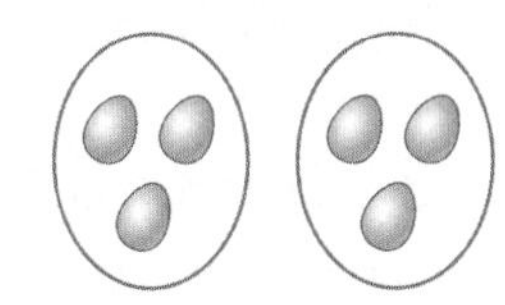

⇨ 달걀의 수를 곱셈식으로 나타내면 $3 \times 2 = 6$입니다.

(　　　　　　　　　)

힌트 달걀이 3개씩 몇 묶음인지 알아봅니다.

**1-2** 그림을 보고 맞으면 ○표, 틀리면 ×표 하시오.

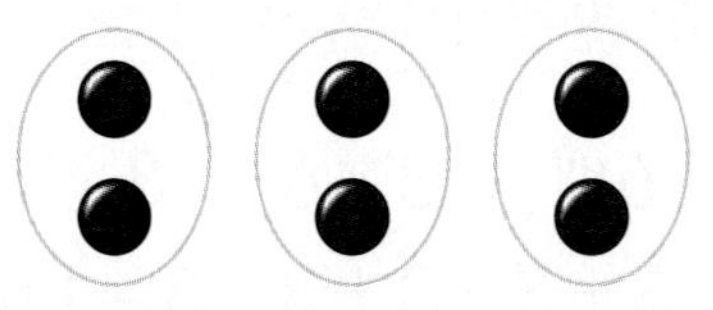

⇨ 바둑돌의 수를 곱셈식으로 나타내면 $2 \times 3 = 6$입니다.

(　　　　　　　　　)

교과서 유형

**2-1** 케이크의 수를 덧셈식과 곱셈식으로 나타내시오.

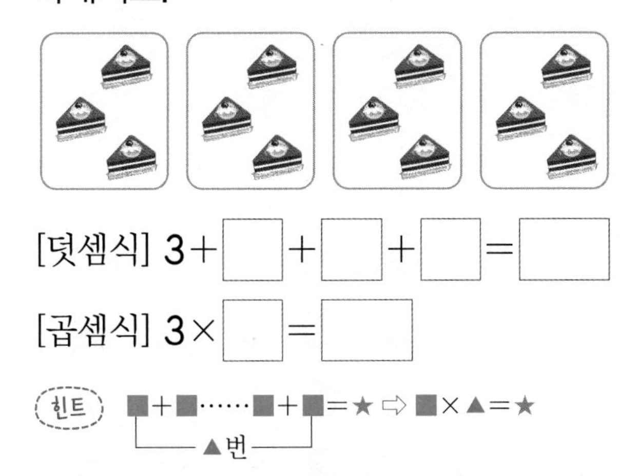

[덧셈식] $3 + \square + \square + \square = \square$

[곱셈식] $3 \times \square = \square$

힌트 ■+■……■+■=★ ⇨ ■×▲=★ (▲번)

**2-2** 음료수 캔의 수를 덧셈식과 곱셈식으로 나타내시오.

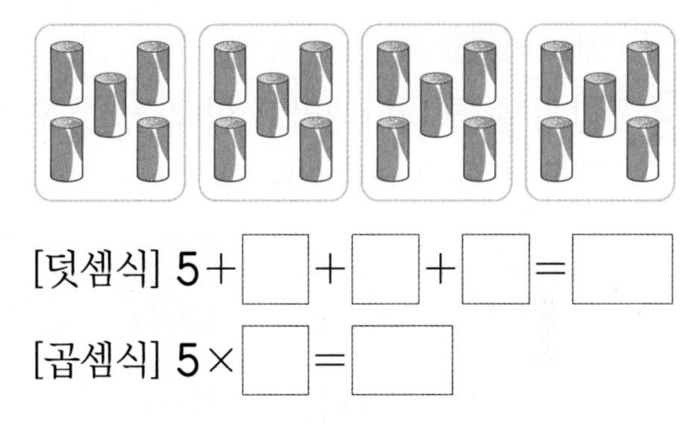

[덧셈식] $5 + \square + \square + \square = \square$

[곱셈식] $5 \times \square = \square$

익힘책 유형

**3-1** 놀이터에 그림과 같은 자전거가 6대 있습니다. 놀이터에 있는 자전거의 바퀴 수를 곱셈식으로 나타내시오.

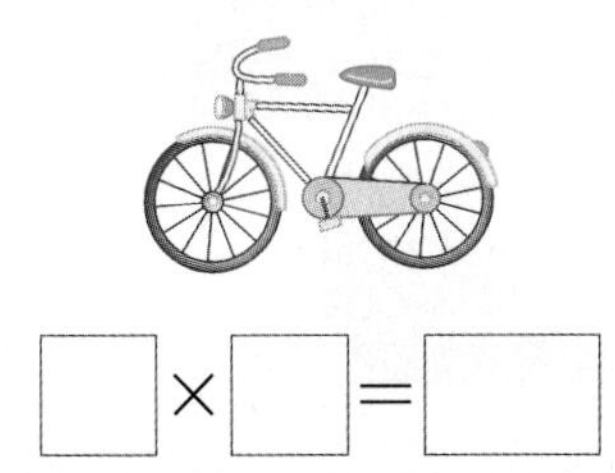

$\square \times \square = \square$

힌트 두발자전거 한 대의 바퀴는 2개입니다.

**3-2** 공원에 그림과 같은 자전거가 5대 있습니다. 공원에 있는 자전거의 바퀴 수를 곱셈식으로 나타내시오.

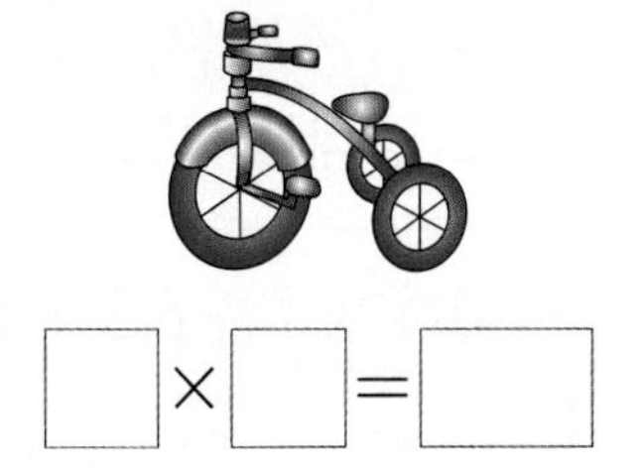

$\square \times \square = \square$

# 개념 확인하기

**개념 4** 곱셈식을 알아볼까요

- 3의 6배 ⇨ 3×6 ⇨ 3 곱하기 6
- 3+3+3+3+3+3=18
  ⇨ 3×6=18
  ⇨ 3 곱하기 6은 18과 같습니다.
  3과 6의 곱은 18입니다.

**1** □ 안에 알맞은 수와 기호를 써넣으시오.

2의 5배를 □ □ □ 라고 씁니다.

교과서 유형

**2** 밤의 수를 나타내려고 합니다. □ 안에 알맞은 수를 써넣으시오.

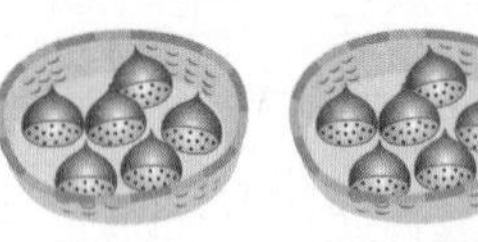

⇨
- 6씩 □ 묶음
- □의 □배
- □×□
- □ 곱하기 □

**3** 곱셈식으로 나타내시오.

9 곱하기 7은 63과 같습니다.

[곱셈식] ______________

**4** 덧셈식을 보고 곱셈식으로 나타내시오.

3+3+3+3+3+3+3+3+3=27

[곱셈식] ______________

익힘책 유형

**5** 그림을 보고 □ 안에 알맞은 수를 써넣으시오.

8씩 6번 뛰어 세기

0 5 10 15 20 25 30 35 40 45

8×□=□

**6** 우유의 수를 곱셈식으로 나타내시오.

7×□=□

**7** 빈칸에 알맞은 곱셈식으로 나타내시오.

| | |
|---|---|
| | |
| 5×2=□ | □×□=□ |

게임을 즐겁게 할 수 있어요.
QR 코드를 찍어 보세요.

정답은 30쪽

## 개념 5 곱셈식으로 나타내어 볼까요

■씩 ▲묶음
■의 ▲배
■ 곱하기 ▲
⇨ ■×▲

**[8~9] 물고기는 모두 몇 마리인지 알아보려고 합니다. 물음에 답하시오.**

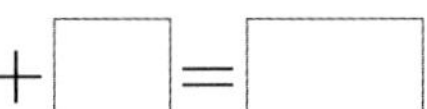

**8** □ 안에 알맞은 수를 써넣으시오.

물고기의 수는 4의 □배이므로 덧셈식으로 나타내면

□+□+□+□+□=□

입니다.

**9** □ 안에 알맞은 수를 써넣으시오.

물고기의 수는 5의 □배이므로 곱셈식으로 나타내면 □×□=□입니다.

교과서 유형

**10** 수영이는 한 묶음에 5개인 요구르트를 5묶음 샀습니다. 수영이가 산 요구르트의 수를 곱셈식으로 나타내시오.

□×□=□

익힘책 유형

**[11~12] 주차장에 바퀴가 4개인 자동차가 6대 있습니다. 자동차 1대에는 2명씩 타고 있습니다. 물음에 답하시오.**

**11** 자동차 바퀴의 수를 구하려고 합니다. □ 안에 알맞은 수를 써넣으시오.

4의 □배 ⇨ □×□=□

**12** 자동차에 타고 있는 사람의 수를 구하려고 합니다. □ 안에 알맞은 수를 써넣으시오.

2의 □배 ⇨ □×□=□

**13** 식탁 위에 있는 사탕의 수를 구하려고 합니다. □ 안에 알맞은 수를 써넣으시오.

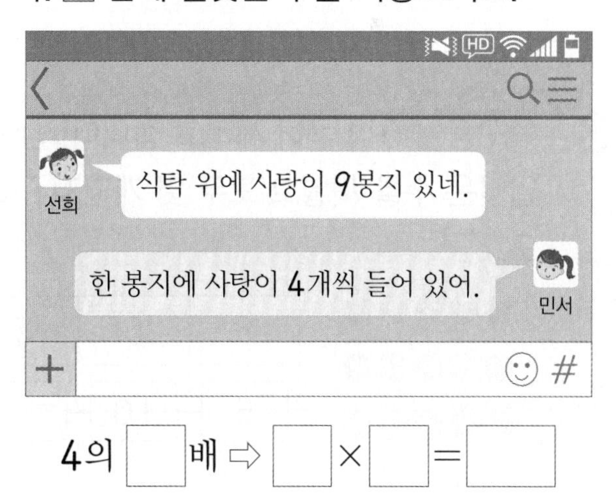


4의 □배 ⇨ □×□=□

**14** 구슬의 수를 곱셈식으로 나타내시오.

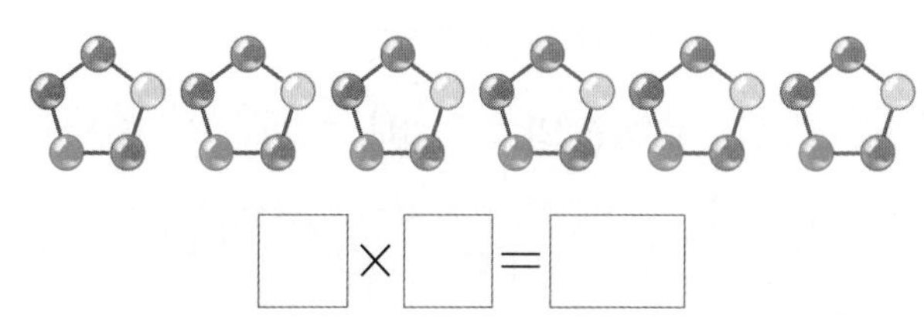

□×□=□

# 3 STEP 단원 마무리 평가

## 6. 곱셈

점수

**1** 빵은 모두 몇 개인지 하나씩 세어 보시오.

(　　　　　　　　)

**2** 사탕의 수를 곱셈으로 바르게 나타낸 것은 어느 것입니까? ·························· (　　　)

① $2\times5$　② $4\times3$　③ $4\times2$
④ $3\times4$　⑤ $6\times2$

**3** 탁구공을 5씩 묶어 세려고 합니다. 빈 곳에 알맞은 수를 써넣고 모두 몇 개인지 구하시오.

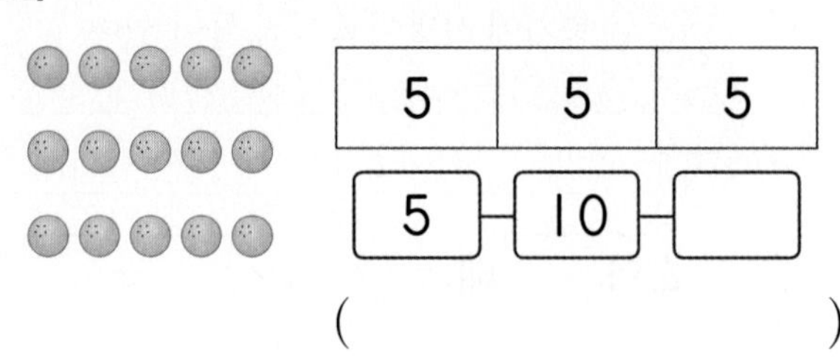

(　　　　　　　　)

**4** □ 안에 알맞은 수를 써넣으시오.

6씩 4묶음
⇨ 6의 □배
⇨ □+□+□+□

**5** 구슬의 수를 덧셈식과 곱셈식으로 나타내시오.

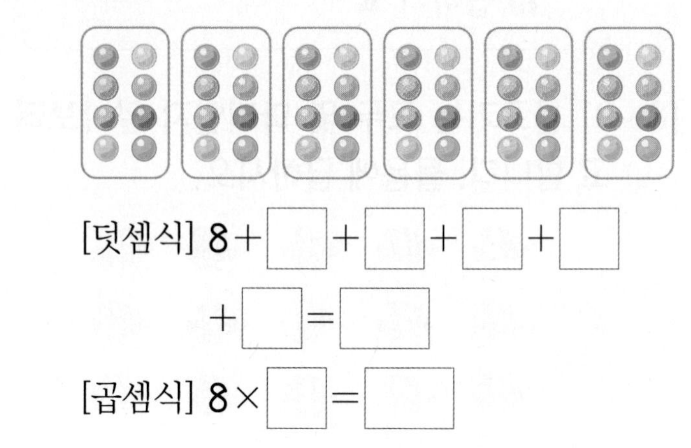

[덧셈식] 8+□+□+□+□+□=□

[곱셈식] 8×□=□

**6** 나타내는 수가 다른 하나는 어느 것입니까? ··········································· (　　　)

① 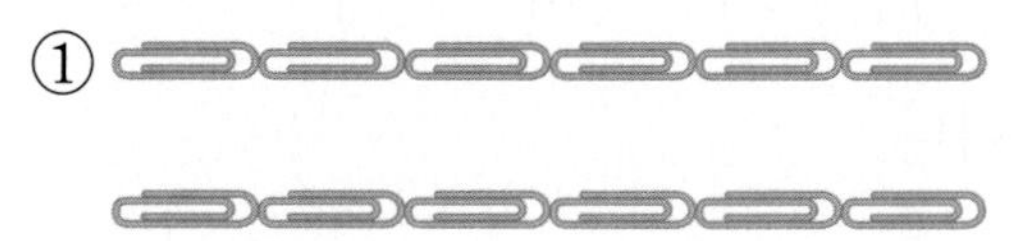

② 6씩 2묶음
③ 4의 3배
④ $4+4+4+4$
⑤ $3\times4$

**7** 계산 결과를 비교하여 ○ 안에 >, =, <를 알맞게 써넣으시오.

$3+3+3+3$ 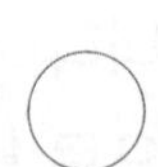 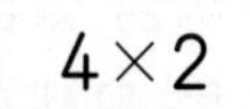

**8** 빈칸에 알맞은 곱셈식을 쓰시오.

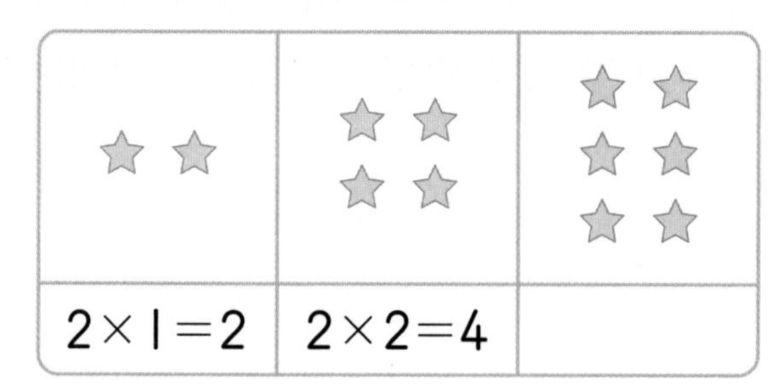

| | | |
|---|---|---|
| $2\times1=2$ | $2\times2=4$ | |

**9** 홍관이가 쌓은 모형의 수는 성수가 쌓은 모형의 수의 몇 배입니까?

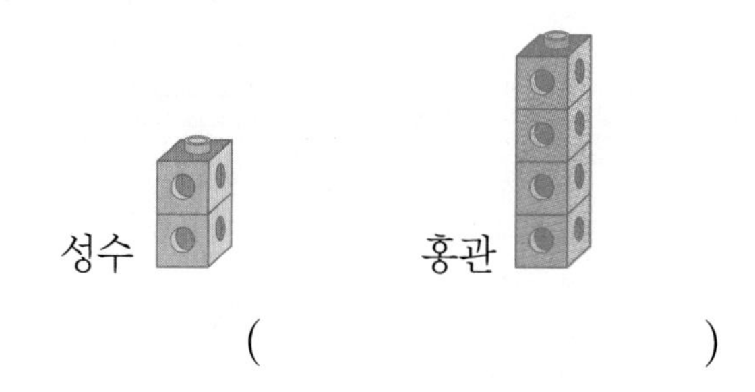


(　　　　　　　　　　)

**10** 관계있는 것끼리 선으로 이으시오.

| | | |
|---|---|---|
| 2의 5배 • | | • 9 |
| 3씩 3묶음 • | | • 10 |
| | | • 12 |

**11** 딸기의 수는 참외의 수의 몇 배입니까?

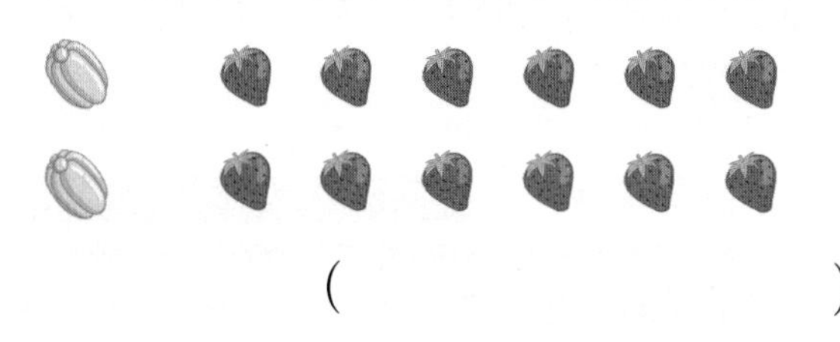

(　　　　　　　　　　)

**12** □ 안에 알맞은 수를 써넣으시오.

24는 8의 □배입니다.

**13** 우리나라를 대표하는 꽃인 무궁화가 피었습니다. 무궁화 6송이의 꽃잎은 모두 몇 장입니까?

(　　　　　　　　　　)

**14** 하늘이는 연필 6자루를 가지고 있고, 강희는 하늘이가 가진 연필 수의 3배를 가지고 있습니다. 강희가 가진 연필은 모두 몇 자루인지 덧셈식을 쓰고 답을 구하시오.

식 ______________________

답 ______________________

6 곱셈

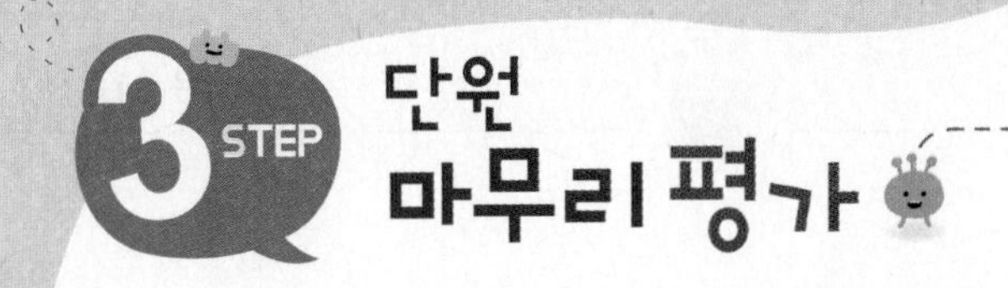


정답은 31쪽

15 색연필의 길이는 못의 길이의 몇 배입니까?

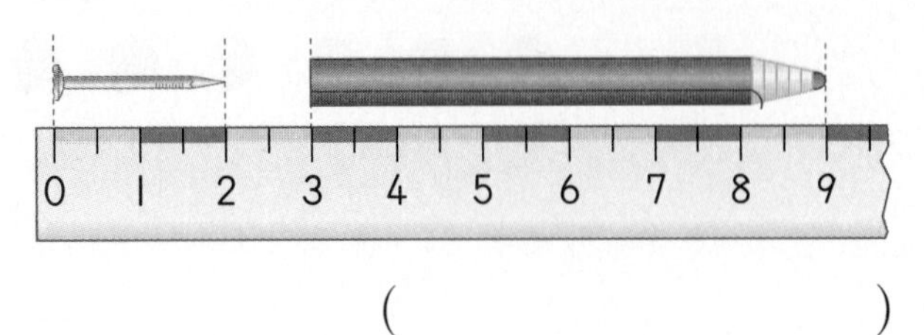


( )

[16~17] **장난감 가게에 있는 인형, 로봇, 자동차를 나타낸 것입니다. 물음에 답하시오.**

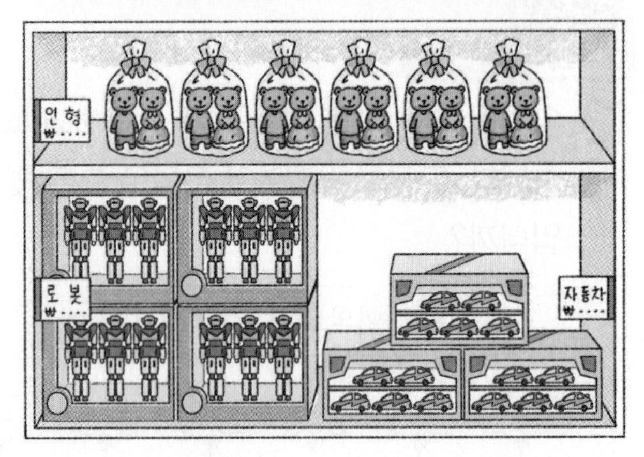


16 장난감 가게에 있는 자동차의 수를 곱셈식으로 나타내시오.

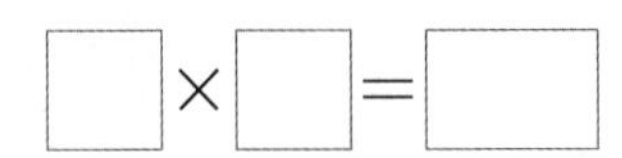

17 장난감 가게에 있는 인형의 수를 곱셈식으로 나타내시오.

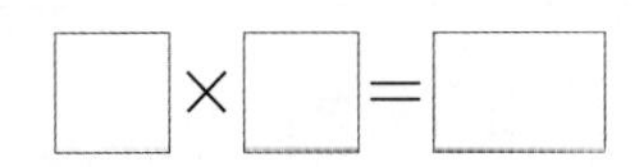

18 수지의 나이는 9살이고 삼촌의 나이는 수지 나이의 4배입니다. 삼촌의 나이는 몇 살입니까?

( )

19 다음과 같이 삼각형을 6개 만들려고 합니다. 필요한 면봉의 수를 곱셈식으로 나타내시오.

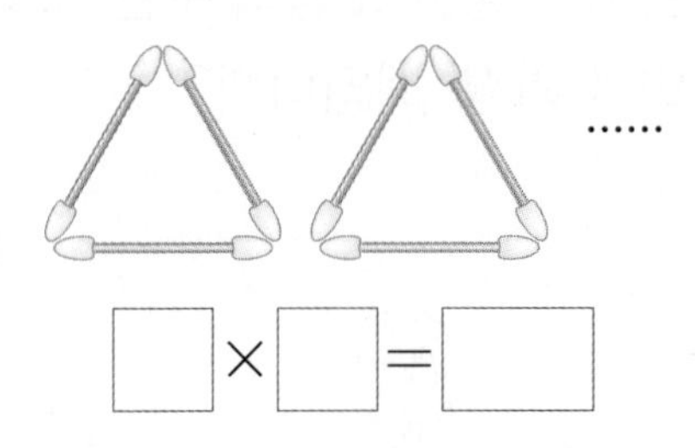

20 은호네 모둠 학생 5명이 가위바위보를 합니다. 모두 가위를 냈을 때, 펼친 손가락은 모두 몇 개인지 곱셈식을 쓰고 답을 구하시오.

식 ______________________

답 ______________________

QR 코드를 찍어 게임을 해 보고
이번 단원을 확실히 익혀 보세요!

정답은 31쪽

**1** 그림을 보고 문제를 완성하여 답을 구하려고 합니다. □ 안에 알맞은 수를 써넣으시오.

문제 한 학생이 풍선을 □개씩 가지고 있습니다. 8명의 학생이 가지고 있는 풍선은 모두 몇 개입니까?

⇨ □×8=□(개)

**2** 동물 5마리를 다리의 수에 따라 분류한 것입니다. 동물 5마리의 다리는 모두 몇 개입니까?

| 다리의 수 | 2개 | 4개 |
|---|---|---|
| 동물 | | |

(　　　　　　)

**3** 곱셈을 이용하여 주어진 값을 만들 수 있는 두 수를 찾아 모두 묶으시오.

16

| 7 | 6 | 2 | 3 |
|---|---|---|---|
| 3 | 1 | 8 | 6 |
| 5 | 4 | 1 | 2 |
| 6 | 4 | 4 | 9 |

# 수 퍼즐을 풀어 볼까요

가로와 세로의 조건을 보고 빈칸에 알맞은 수를 써넣으시오.

| 가로 ➡ | 세로 ⬇ |
|---|---|
| ① 90보다 10 큰 수 | ① 1 cm가 12번 ⇨ ☐ cm |
| ④ 오각형과 육각형의 꼭짓점 수의 합 | ② 4의 5배 |
| ⑤ 74+7 | ③ 삼백십칠 |
| ⑦ 91−28 | ⑥ 68+78 |

| | | | | | |
|---|---|---|---|---|---|
| | | ② | | | ③ |
| ① | | | | ④ | |
| | | | | | |
| | | ⑤ | ⑥ | | |
| | | | | | |
| | | | ⑦ | | |

정답

| | | | | | |
|---|---|---|---|---|---|
| | | ②2 | | | ③3 |
| ①1 | 0 | 0 | | ④1 | 1 |
| 2 | | | | | 7 |
| | | ⑤8 | ⑥1 | | |
| | | | 4 | | |
| | | | ⑦6 | 3 | |

나는 그 누구보다도 실수를 많이 한다.
그리고 그 실수들 대부분에서
특허를 받아낸다.

I make more mistakes than anybody
and get a patent from those mistakes.

**토마스 에디슨**

실수는 '이제 난 안돼, 끝났어'라는 의미가 아니에요.
성공에 한 발자국 가까이 다가갔으니, 더 도전해보면 성공할 수 있다는
메시지랍니다. 그러니 실수를 두려워하지 마세요.

모든 개념을
다 보는
해결의 법칙

개념 해결의 법칙

# 꼼꼼 풀이집

수학 2·1

천재교육

# 개념 해결의 법칙

## 꼼꼼 풀이집

# 2-1

1~2학년군 수학③

# 꼼꼼 풀이집

## 1 세 자리 수

**1 STEP 개념 파헤치기** 8~15쪽

**9 쪽**

| | | | |
|---|---|---|---|
| **1-1** | 100 | **1-2** | 100 |
| **2-1** | 10, 0 ; 100 | **2-2** | 1, 0, 0 ; 100 |
| **3-1** | 100 ; 100 | **3-2** | 100 ; 100 |

**11 쪽**

| | | | |
|---|---|---|---|
| **1-1** | 오백 | **1-2** | 팔백 |
| **2-1** | 200 | **2-2** | 700 |
| **3-1** | 200 | **3-2** | 300 |
| **4-1** | × | **4-2** | ○ |

**13 쪽**

| | | | |
|---|---|---|---|
| **1-1** | 삼백팔십오 | **1-2** | 육백일 |
| **2-1** | 527 | **2-2** | 440 |
| **3-1** | 4, 5 ; 145 | **3-2** | 2, 7 ; 237 |
| **4-1** | 7, 3, 2 | **4-2** | 846 |

**15 쪽**

| | | | |
|---|---|---|---|
| **1-1** | 100, 30, 6 | **1-2** | 100, 50, 2 |
| **2-1** | 50, 6 ; 50, 6 | **2-2** | 700, 9 ; 700, 9 |
| **3-1** | 9, 2, 7 | **3-2** | 1, 8, 5 |

**9 쪽**

**1-2** 사탕은 한 봉지에 10개씩 들어 있고 모두 열 봉지입니다. 따라서 사탕의 수는 100입니다.

**2-1** 십 모형은 10개, 일 모형은 없으므로 0개이고 십 모형 10개는 100을 나타냅니다.

**2-2** 백 모형은 1개, 십 모형은 없으므로 0개, 일 모형은 없으므로 0개이고 백 모형 1개는 100을 나타냅니다.

**3-1** 99보다 1 큰 수는 100입니다.

**3-2** 90보다 10 큰 수는 100입니다.
참고 60보다 10 큰 수는 70, 70보다 10 큰 수는 80, 80보다 10 큰 수는 90입니다.

**11 쪽**

**1-1** 500은 **오백**이라고 읽습니다.

**1-2** 800은 **팔백**이라고 읽습니다.

**2-1** 이백은 **200**이라고 씁니다.

**2-2** 칠백은 **700**이라고 씁니다.

**3-1** 백 모형이 2개이면 **200**입니다.

**3-2** 백 모형이 3개이면 **300**입니다.

**4-1** 100이 4개이면 400입니다.

**4-2** 생각 열기 ■00은 100이 ■개인 수입니다.
700은 100이 7개인 수입니다.

**13 쪽**

**1-1** 385는 **삼백팔십오**라고 읽습니다.
주의 385를 삼팔오라고 읽지 않습니다.

**1-2** 601은 **육백일**이라고 읽습니다.
주의 601을 육영일 또는 육백영십일이라고 읽지 않습니다.

**2-1** 오백 이십 칠 ⇨ **527**
500 20 7

**2-2** 사백 사십 ⇨ **440**
400 40

**3-1** 생각 열기 수 모형 각각의 수를 먼저 세어 봅니다.
백 모형 1개, 십 모형 4개, 일 모형 5개

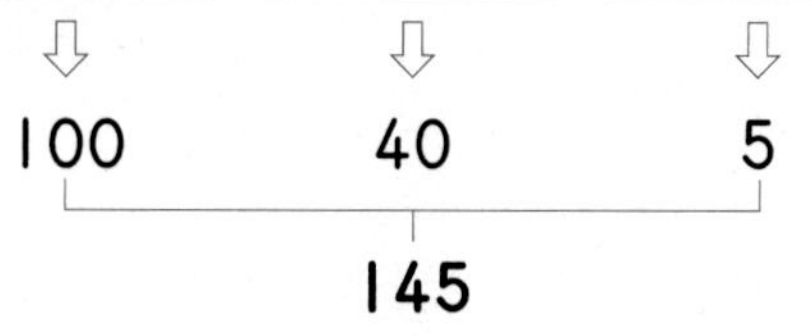


**3-2** 백 모형 2개, 십 모형 3개, 일 모형 7개

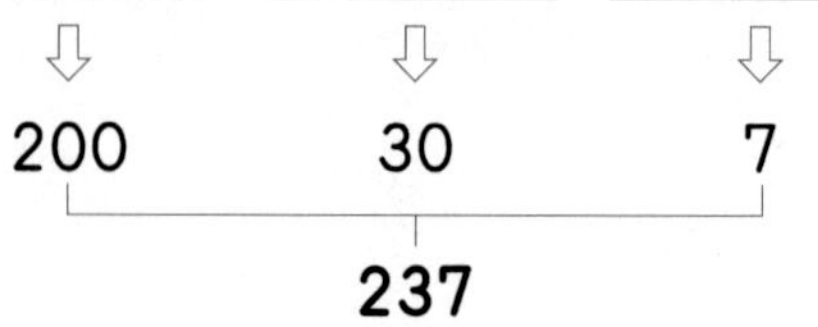


**4-1** 732는 100이 **7**개, 10이 **3**개, 1이 **2**개인 수입니다.

**4-2** 100이 8개, 10이 4개, 1이 6개인 수는 **846**입니다.

**15 쪽**

**1-1** 136에서 1은 **100**을, 3은 **30**을, 6은 **6**을 나타냅니다.

**1-1** 136에서 1은 100을, 3은 30을, 6은 6을 나타냅니다.

**1-2** 152에서 1은 100을, 5는 50을, 2는 2를 나타냅니다.

**2-1** 856=800+50+6

**2-2** 719=700+10+9

**3-1** 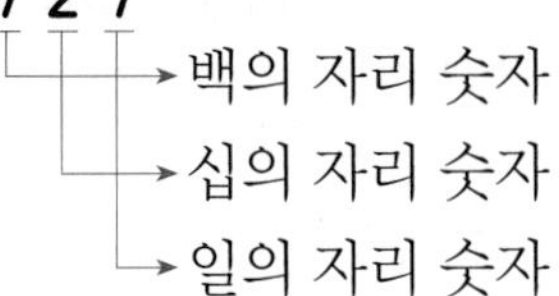


참고 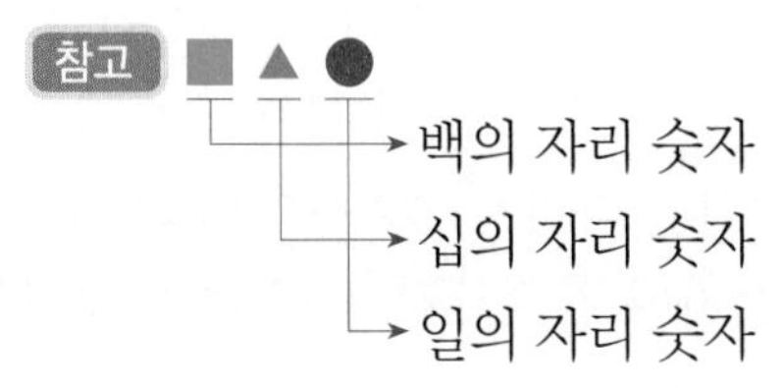


**3-2** 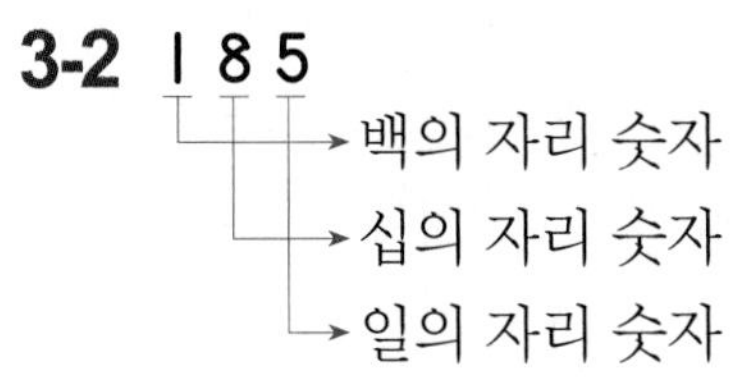


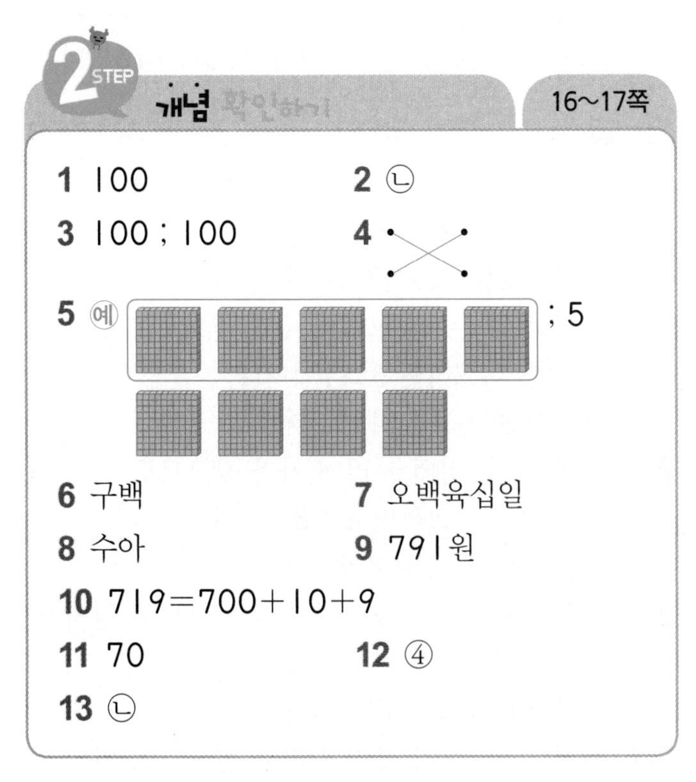


**1** 90보다 10 큰 수는 100입니다.

**2** ㉡ 100은 90보다 10 큰 수입니다.

**3** 80보다 20 큰 수는 100입니다.

참고 20보다 20 큰 수는 40, 40보다 20 큰 수는 60, 60보다 20 큰 수는 80입니다.

**4** 생각 열기 ■00은 ■백이라고 읽습니다.
600은 육백, 300은 삼백이라고 읽습니다.

**5** 500은 백 모형 5개로 나타낼 수 있습니다.
참고 500만큼 묶는 방법은 여러 가지입니다.

예 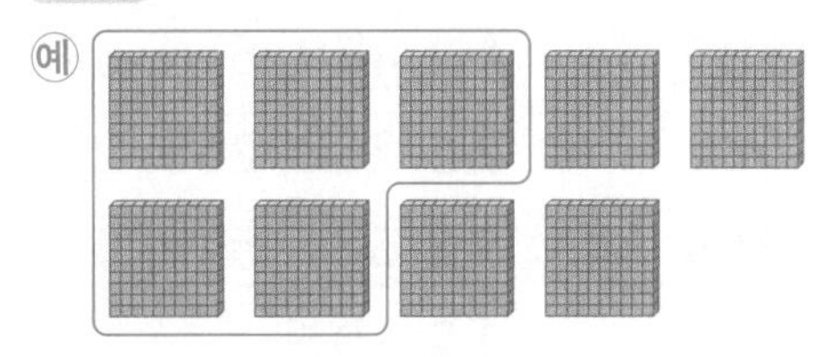

**6** 생각 열기 호영이는 수원으로 가는 버스를 탑니다.
수원으로 가는 버스의 번호는 900입니다.
900은 **구백**이라고 읽습니다.

**7** 5 6 1 ⇨ **오백육십일**
오백 육십 일

**8** 백 모형이 2개, 십 모형이 3개, 일 모형이 6개이므로 수 모형으로 나타낸 수는 236입니다. 236을 숫자 부채로 바르게 나타낸 사람은 **수아**입니다.
주의 승준이는 숫자 부채로 263을 나타낸 것입니다.

**9** 생각 열기 1원짜리 동전 10개는 10원짜리 동전 1개와 같습니다.
1원짜리 동전 11개는 10원짜리 동전 1개, 1원짜리 동전 1개와 같습니다.
따라서 100원짜리 동전 7개, 10원짜리 동전 8+1=9(개), 1원짜리 동전 1개와 같으므로 동전은 모두 **791원**입니다.

**10** 719는 100이 7개, 10이 1개, 1이 9개인 수입니다. ⇨ **719=700+10+9**

**11** 877에서 밑줄 친 7은 십의 자리 숫자이므로 **70**을 나타냅니다.

**12** 생각 열기 세 자리 수에서 백의 자리 숫자는 왼쪽에서 첫째 숫자입니다.
백의 자리 숫자를 각각 알아보면
① 513 ⇨ 5 ② 734 ⇨ 7 ③ 103 ⇨ 1
④ 329 ⇨ 3 ⑤ 638 ⇨ 6

**13** 숫자 2가 나타내는 수를 각각 알아보면
㉠ 258 → 백의 자리 숫자, 200
㉡ 102 → 일의 자리 숫자, 2
㉢ 829 → 십의 자리 숫자, 20

## 1 STEP 개념 파헤치기 18~25쪽

**19 쪽**

**1-1** 800, 900 **1-2** 470, 570, 670
**2-1** 450, 480 **2-2** 250, 260, 270
**3-1** 346, 348, 349 **3-2** 569, 570, 572
**4-1** 1씩 **4-2** 10씩

**21 쪽**

**1-1** < **1-2** >
**2-1** 8, 3, 7 ; < **2-2** 4, 9, 0 ; >
**3-1** > ; > **3-2** < ; <

**23 쪽**

**1-1** > **1-2** <
**2-1** 6, 9, 2 ; < **2-2** 7, 3, 8 ; <
**3-1** > ; > **3-2** < ; <

**25 쪽**

**1-1** < **1-2** >
**2-1** 5, 6, 8 ; < **2-2** 8, 5, 7 ; >
**3-1** > ; > **3-2** > ; >

**19 쪽**

**1-1** 400−500−600−700−**800**−**900**
**1-2** 270−370−**470**−**570**−**670**−770
**2-1** 440−**450**−460−470−**480**−490
**2-2** 220−230−240−**250**−**260**−**270**
**3-1** 344−345−**346**−347−**348**−**349**
**3-2** 567−568−**569**−**570**−571−**572**
**4-1** 613 − 614 − 615 − 616 − 617
+1 +1 +1 +1
일의 자리 숫자가 1씩 커지므로 **1씩** 뛰어서 센 것입니다.
**4-2** 324 − 334 − 344 − 354 − 364
+1 +1 +1 +1
십의 자리 숫자가 1씩 커지므로 **10씩** 뛰어서 센 것입니다.

**21 쪽**

**1-2** 백 모형의 수를 비교하면 3>1이므로 341>197입니다.
**2-1** 백의 자리 숫자가 5<8이므로 537<837입니다.
**2-2** 백의 자리 숫자가 6>4이므로 662>490입니다.
**3-1** 백의 자리 숫자가 9>8이므로 938>805입니다.
**3-2** 백의 자리 숫자가 3<5이므로 345<548입니다.

**23 쪽**

**1-1** 백 모형의 수가 같으므로 십 모형의 수를 비교하면 3>2입니다. 따라서 231>225입니다.
**1-2** 백 모형의 수가 같으므로 십 모형의 수를 비교하면 2<4입니다. 따라서 323<344입니다.
**2-1** 백의 자리 숫자가 같으므로 십의 자리 숫자를 비교하면 4<9입니다. 따라서 643<692입니다.
**2-2** 백의 자리 숫자가 같으므로 십의 자리 숫자를 비교하면 0<3입니다. 따라서 708<738입니다.
**3-1** 백의 자리 숫자가 같으므로 십의 자리 숫자를 비교하면 7>6입니다. 따라서 872>869입니다.
**3-2** 백의 자리 숫자가 같으므로 십의 자리 숫자를 비교하면 3<4입니다. 따라서 935<945입니다.

**25 쪽**

**1-1** 백 모형의 수, 십 모형의 수가 같으므로 일 모형의 수를 비교하면 4<7입니다.
따라서 254<257입니다.
**1-2** 백 모형의 수, 십 모형의 수가 같으므로 일 모형의 수를 비교하면 6>1입니다.
따라서 316>311입니다.
**2-1** 백의 자리, 십의 자리 숫자가 같으므로 일의 자리 숫자를 비교하면 4<8입니다.
따라서 564<568입니다.
**2-2** 백의 자리, 십의 자리 숫자가 같으므로 일의 자리 숫자를 비교하면 8>7입니다.
따라서 858>857입니다.
**3-1** 백의 자리, 십의 자리 숫자가 같으므로 일의 자리 숫자를 비교하면 5>3입니다.
따라서 675>673입니다.
**3-2** 백의 자리, 십의 자리 숫자가 같으므로 일의 자리 숫자를 비교하면 7>4입니다.
따라서 107>104입니다.

## 2STEP 개념 확인하기 26~27쪽

1 1000 ; 1000
2 772, 782, 792 ; 10
3 410, 310, 210, 110
4 (1) > (2) <
5 8, 3, 1 ; 4, 2, 0 ; 831
6 위인전 7 ㉡
8 132 9 253, 273, 293
10 (1) < (2) > 11 ㉡
12 391

1 999보다 1 큰 수는 **1000**입니다.

2
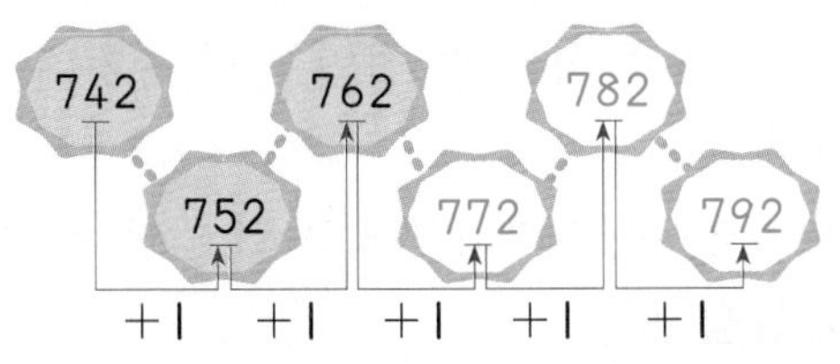


십의 자리 숫자가 1씩 커지고 있으므로 **10**씩 뛰어서 센 것입니다.

3 100씩 거꾸로 뛰어서 세면 백의 자리 숫자가 1씩 작아집니다.

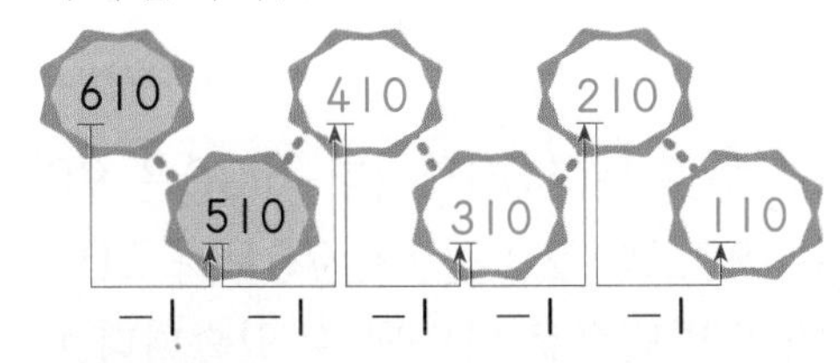


4 생각 열기 세 자리 수는 백의 자리 숫자가 클수록 더 큰 수입니다.
(1) 768 > 297 (7>2) (2) 592 < 803 (5<8)

5 백의 자리 숫자를 비교하면 8>5>4이므로 가장 큰 수는 **831**입니다.

6 324>264이므로 더 많은 책은 **위인전**입니다.

7 ㉠ 136 < 141 (3<4) ㉡ 159 < 160 (5<6)
⇨ 두 수의 크기를 바르게 비교한 것은 ㉡입니다.

8 백 모형의 수가 같으므로 십 모형의 수를 비교하면 3>2>1입니다. 따라서 132>125>111이므로 **132**가 가장 큽니다.

9 백의 자리 숫자가 같으므로 십의 자리 숫자를 비교하면 5<7<9입니다.
따라서 **253**<**273**<**293**입니다.

10 생각 열기 백의 자리, 십의 자리 숫자가 같을 때는 일의 자리 숫자를 비교합니다.
(1) 962 < 963 (2<3) (2) 789 > 786 (9>6)

11 ㉠ 100이 4개, 10이 5개, 1이 8개인 수는 458입니다.
백의 자리, 십의 자리 숫자가 같으므로 일의 자리 숫자를 비교하면 8>7입니다.
따라서 458>457이므로 ㉠>**㉡**입니다.

12 백의 자리, 십의 자리 숫자가 같으므로 일의 자리 숫자를 비교하면 8>1입니다.
따라서 398>391이므로 **391**을 들고 있는 사람이 먼저 살 수 있습니다.

## 3STEP 단원 마무리 평가 28~31쪽

1 537 2 (1) 700 (2) 9
3 사백칠십팔 4 (1) 300 (2) 547
5 431, 531, 631, 731
6 680, 681, 683 7 496
8 216, 이백십육
9 (위부터) 1, 2, 4 ; 1, 1, 14
10 (1) 400 (2) 90 11 (1) < (2) >
12 (위부터) 146, 147, 150, 151, 154, 156, 159
13 345개 14 십, 50 ; 50
15 100 16 ⑤
17 백, 십, 6, 5, 362, 350, 색종이 ; 색종이
18 940, 930, 920, 910
19 864 20 798

창의·융합 문제

1 예 90, 10 2 600원
3 살 수 있습니다. 4 동화책

**1** 100이 ■개, 10이 ▲개, 1이 ●개이면 ■▲● 입니다.

**2** 100이 ★개이면 ★00입니다.

**3** 4 7 8 ⇨ **사백칠십팔**

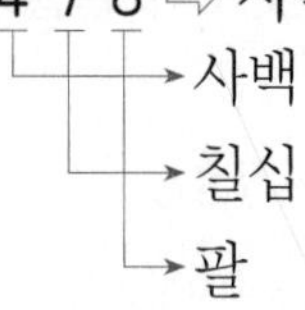


**4** (1) ■백은 ■00이라 씁니다.
(2) ■백▲십●는 ■▲●라 씁니다.

**5** 100씩 뛰어서 세면 백의 자리 숫자가 1씩 커집니다.

**6** 1씩 뛰어서 세면 일의 자리 숫자가 1씩 커집니다.

**7** 백의 자리 숫자가 ■, 십의 자리 숫자가 ▲, 일의 자리 숫자가 ●인 세 자리 수는 ■▲●입니다.

**8** 생각 열기 수 모형 각각의 수를 먼저 세어 봅니다.

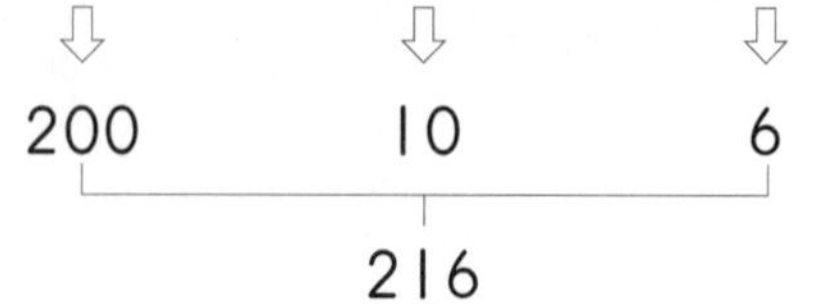


⇨ **216**은 **이백십육**이라고 읽습니다.

주의 216을 이일육 또는 이백일십육이라고 읽지 않습니다.

**9** 124는 100이 1개, 10이 2개, 1이 4개인 수 / 100이 1개, 10이 1개, 1이 14개인 수 등 다양하게 나타낼 수 있습니다.

**10** (1) 444에서 밑줄 친 4는 백의 자리 숫자이므로 **400**을 나타냅니다.
(2) 596에서 밑줄 친 9는 십의 자리 숫자이므로 **90**을 나타냅니다.

**11** 생각 열기 백의 자리, 십의 자리, 일의 자리 숫자를 차례로 비교합니다.

(1) 327 < 474 (3<4)　　(2) 225 > 224 (5>4)

**12** 오른쪽으로는 1씩, 아래쪽으로는 7씩 커집니다.

**13** 오이의 수

■■■●●●●▲▲▲▲▲

3개　4개　5개

■가 3개 ⇨ 100이 3개
●가 4개 ⇨ 10이 4개
▲가 5개 ⇨ 1이 5개
⇨ 345

**14** 서술형 가이드 풀이 과정에 들어 있는 □ 안을 모두 알맞게 채웠는지 확인합니다.

| 채점 기준 | | |
|---|---|---|
| | □ 안을 모두 채우고 답을 바르게 구함. | 상 |
| | □ 안을 모두 채우지 못했지만 답을 바르게 구함. | 중 |
| | □ 안을 모두 채우지 못하고 답을 잘못 구함. | 하 |

**15** 생각 열기 15씩 커지고 있습니다.
85보다 15 큰 수는 **100**입니다.

**16** ① 100이 6개이면 600입니다.
② 300은 100이 3개입니다.
③ 621=600+20+1
④ 487에서 십의 자리 숫자는 8입니다.

**17** 서술형 가이드 풀이 과정에 들어 있는 □ 안을 모두 알맞게 채웠는지 확인합니다.

| 채점 기준 | | |
|---|---|---|
| | □ 안을 모두 채우고 답을 바르게 구함. | 상 |
| | □ 안을 모두 채우지 못했지만 답을 바르게 구함. | 중 |
| | □ 안을 모두 채우지 못하고 답을 잘못 구함. | 하 |

**18** 10씩 거꾸로 뛰어서 세면 십의 자리 숫자가 1씩 작아집니다.

**19** 생각 열기 가장 큰 수부터 백의 자리, 십의 자리, 일의 자리에 놓습니다.
8>6>4 ⇨ 만들 수 있는 가장 큰 수: **864**

**20** 민희는 키가 가장 작으므로 가장 작은 수를 골랐습니다. 798<804<817이므로 민희가 고른 수는 **798**입니다.

창의·융합 문제

**1** 99보다 1 큰 수는 100입니다. 100은 90보다 10 큰 수, 80보다 20 큰 수, 70보다 30 큰 수 등 여러 가지 방법으로 나타낼 수 있습니다.

**2** 100원짜리 동전 5개, 10원짜리 동전 10개이고 10원짜리 동전 10개는 100원짜리 동전 1개와 같습니다. 따라서 서우가 가지고 있는 용돈은 100원짜리 동전 5+1=6(개)와 같으므로 모두 **600원**입니다.

**3** 서우가 가지고 있는 용돈은 600원이고 크레파스는 400원이므로 400<600입니다. 크레파스(400원)는 서우가 가지고 있는 용돈(600원)보다 싸므로 **살 수 있습니다.**

**4** 서우가 가지고 있는 용돈은 600원이므로 600원보다 비싼 물건은 살 수 없습니다.
600<800, 600>300, 600>500이므로 **동화책**은 살 수 없습니다.

# 2 여러 가지 도형

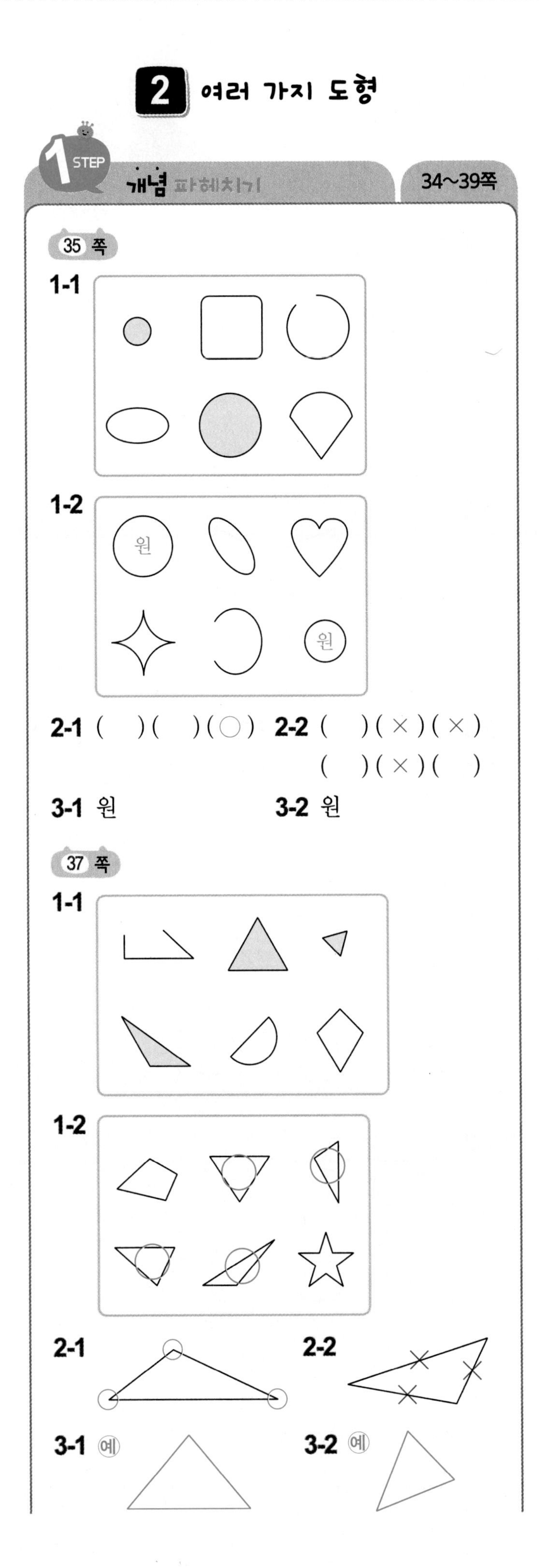


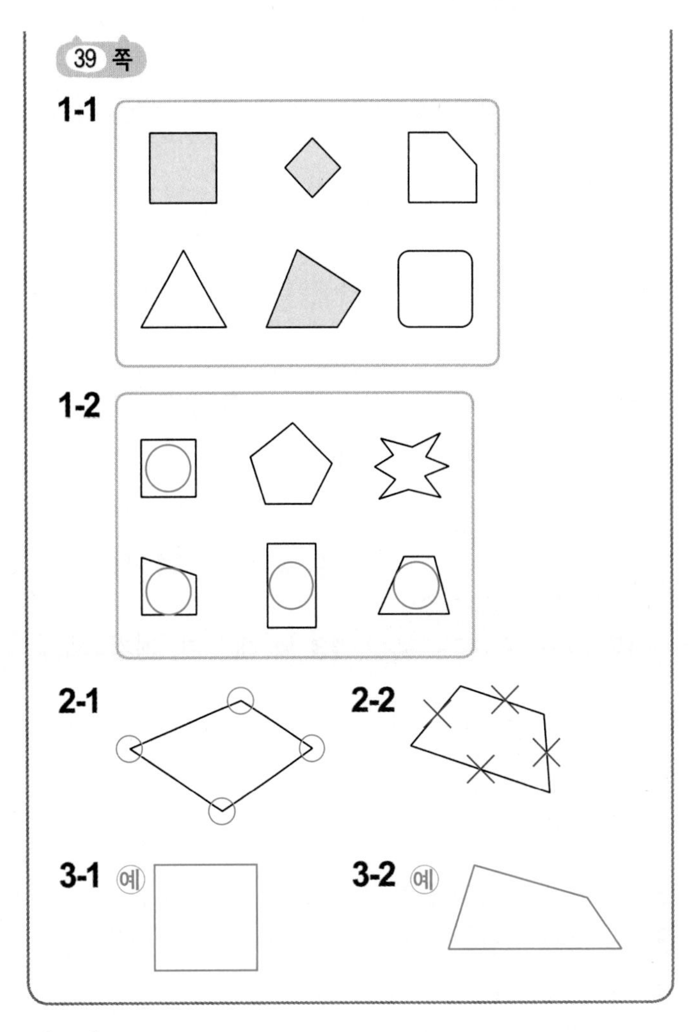


35 쪽

**1-1~1-2** 길쭉하거나 찌그러진 곳 없이 어느 쪽에서 보아도 똑같이 동그란 모양의 도형을 찾습니다.

**2-1** 동그란 모양의 물건은 동전입니다.

**2-2** 동그란 모양이 아닌 물건은 액자, 표지판, 휴대전화입니다.

**3-1~3-2** 동그란 모양의 물건을 대고 테두리를 따라 그리면 **원**이 그려집니다.

37 쪽

**1-1~1-2** 변과 꼭짓점이 3개인 도형을 찾습니다.

**2-1** 두 곧은 선이 만나는 점에 ○표 합니다.

**2-2** 곧은 선에 모두 ×표 합니다.

**3-1~3-2** 변이 3개, 꼭짓점이 3개인 곧은 선으로 둘러싸인 삼각형을 그립니다.

39 쪽

**3-1~3-2** 변이 4개, 꼭짓점이 4개인 곧은 선으로 둘러싸인 사각형을 그립니다.

## 2STEP 개념 확인하기 40~41쪽

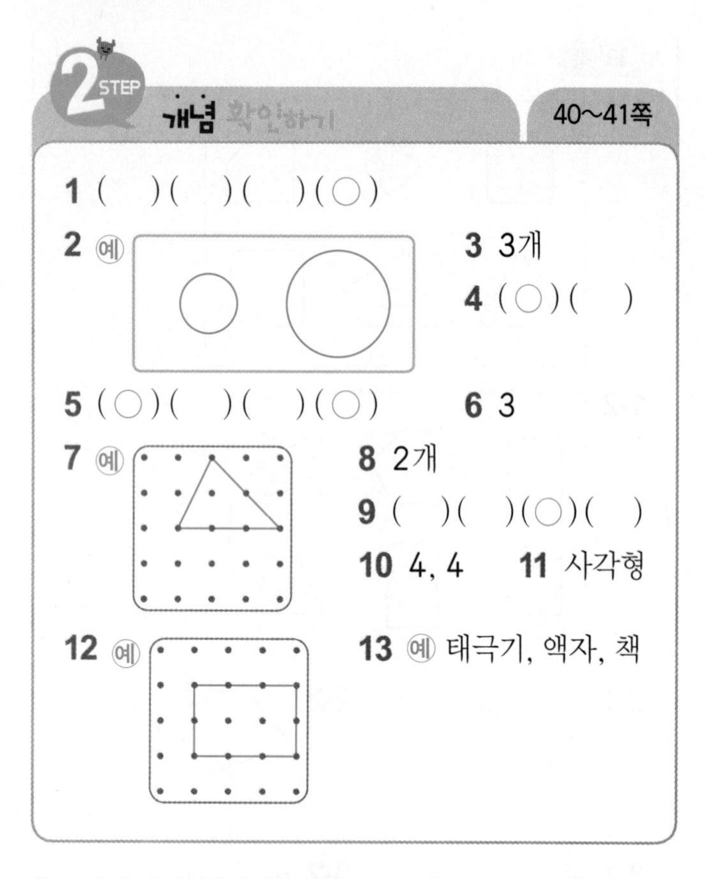

1 ( )( )( )(○)
2 예
3 3개
4 (○)( )
5 (○)( )( )(○)
6 3
7 예
8 2개
9 ( )( )(○)( )
10 4, 4
11 사각형
12 예
13 예 태극기, 액자, 책

**2** 연필과 물체의 끝을 잘 맞추어서 그립니다.
**3** 동그란 모양의 도형을 세어 보면 모두 **3개**입니다.
**4** 원은 뾰족한 부분이 없습니다.
**5** 변과 꼭짓점이 3개인 도형을 찾아봅니다.
**6** 삼각형은 변과 꼭짓점이 **3**개입니다.
**7** 변과 꼭짓점이 3개인 도형을 그립니다.
**8** 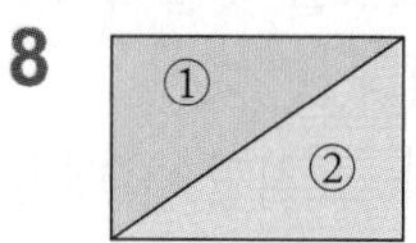 ⇨ 삼각형은 ①, ②로 **2개**입니다.
**9** 변과 꼭짓점이 4개인 도형을 찾아봅니다.
**10** 사각형은 변과 꼭짓점이 **4**개입니다.
**11** 점선을 따라 자르면 변과 꼭짓점이 4개인 **사각형**이 생깁니다.
**12** 변과 꼭짓점이 4개인 도형을 그립니다.

## 1STEP 개념 파헤치기 42~47쪽

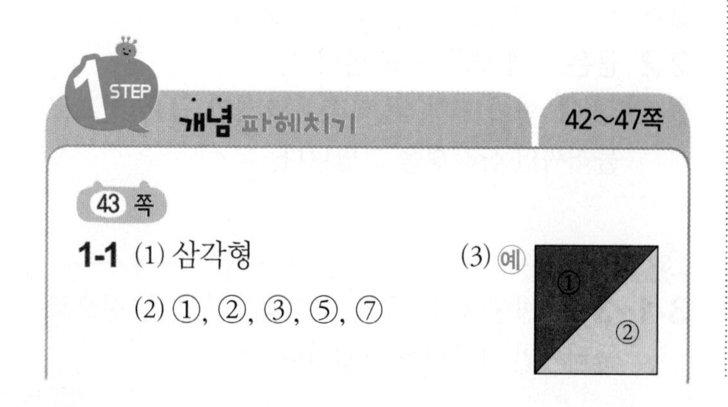

43 쪽

**1-1** (1) 삼각형
(2) ①, ②, ③, ⑤, ⑦
(3) 예

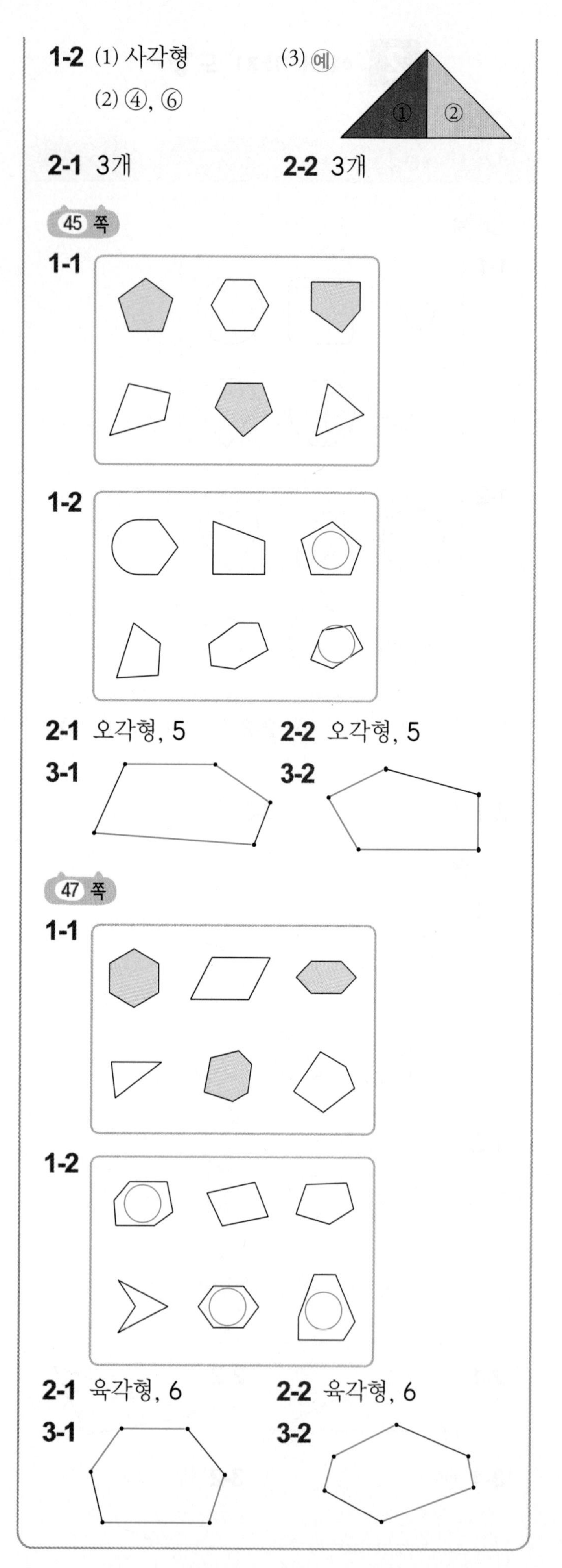

**1-2** (1) 사각형
(2) ④, ⑥
(3) 예

**2-1** 3개 **2-2** 3개

45 쪽

**1-1**

**1-2**

**2-1** 오각형, 5 **2-2** 오각형, 5

**3-1** **3-2**

47 쪽

**1-1**

**1-2**

**2-1** 육각형, 6 **2-2** 육각형, 6

**3-1** **3-2**

43 쪽

**1-1** (1) 변과 꼭짓점이 3개이므로 **삼각형**입니다.

**1-2** (1) 변과 꼭짓점이 4개이므로 **사각형**입니다.

**2-1** 삼각형 조각의 수를 세어 보면 모두 **3개**입니다.

**2-2** 삼각형 조각의 수를 세어 보면 모두 **3개**입니다.

45 쪽

**2-1~2-2** 변과 꼭짓점이 5개인 도형이므로 **오각형**입니다. 오각형은 변과 꼭짓점이 5개입니다.

**3-1~3-2** 곧은 선을 더 그어 변과 꼭짓점이 5개인 오각형을 완성합니다.

47 쪽

**2-1~2-2** 변과 꼭짓점이 6개인 도형이므로 **육각형**입니다. 육각형은 변과 꼭짓점이 6개입니다.

**3-1~3-2** 곧은 선을 더 그어 변과 꼭짓점이 6개인 육각형을 완성합니다.

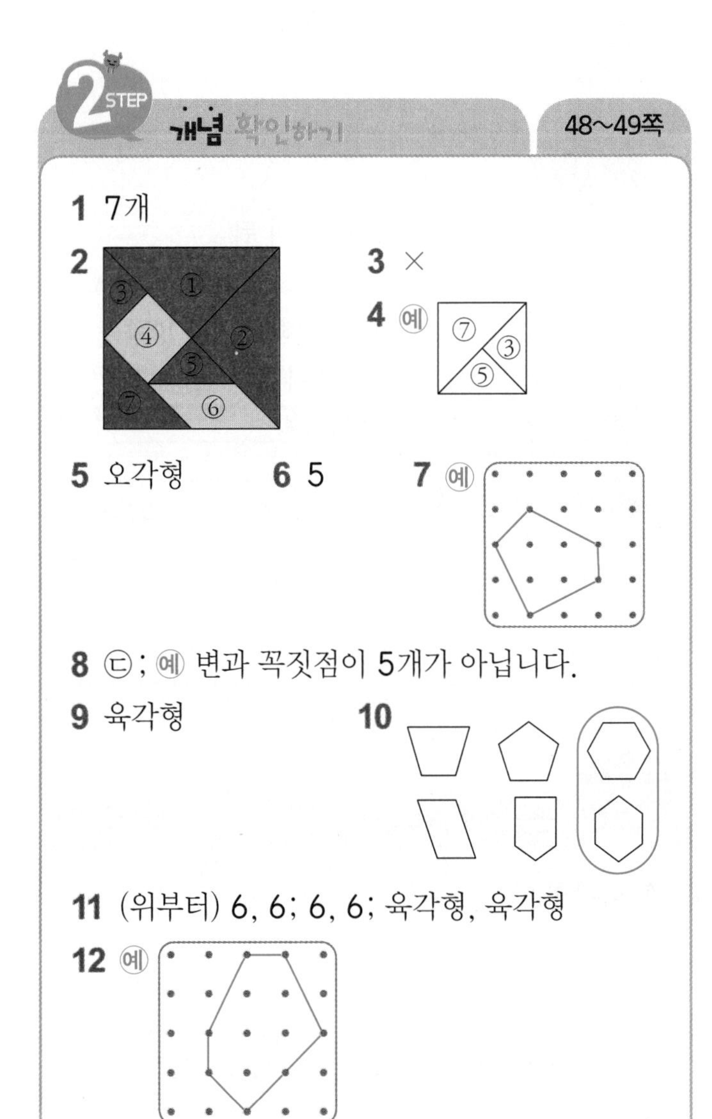

2 STEP 개념 확인하기 48~49쪽

1 7개

2

3 ×

4 예

5 오각형

6 5

7 예

8 ㉢; 예 변과 꼭짓점이 5개가 아닙니다.

9 육각형

10

11 (위부터) 6, 6; 6, 6; 육각형, 육각형

12 예

**1** 칠교판의 조각 수를 세어 보면 모두 **7개**입니다.

**2** 변과 꼭짓점이 3개인 도형은 빨간색, 변과 꼭짓점이 4개인 도형은 노란색으로 색칠합니다.

**3** 삼각형 조각은 ①, ②, ③, ⑤, ⑦로 모두 **5**개입니다.

**4** 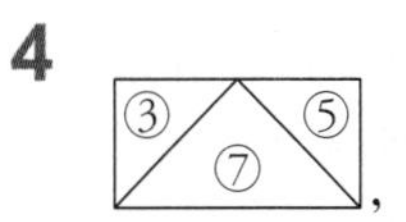, 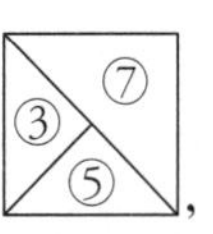, 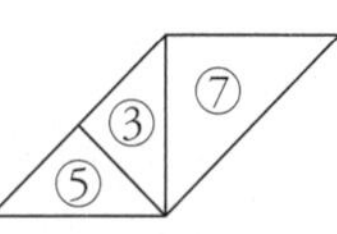

이 외에 여러 가지 방법으로 만들 수 있습니다.

**5** 변과 꼭짓점이 5개인 도형이므로 **오각형**입니다.

**6** 오각형은 변과 꼭짓점이 각각 **5**개입니다.

**7** 변과 꼭짓점이 5개인 도형을 그립니다.

**8** 서술형 가이드 오각형을 다른 도형과 구분하고 오각형의 뜻을 알고 있는지 확인합니다.

| 채점 기준 | | |
|---|---|---|
| | 답을 쓰고 이유를 정확하게 씀. | 상 |
| | 답만 쓰고 이유를 쓰지 못함. | 중 |
| | 답도 쓰지 못하고 이유도 쓰지 못함. | 하 |

**9** 변과 꼭짓점이 6개인 도형이므로 **육각형**입니다.

**10** 사각형 오각형 사각형 오각형

**11** 육각형은 변과 꼭짓점이 **6**개입니다.

**12** 삼각형 ⇨ 사각형 ⇨ 오각형이므로 육각형을 그려야 합니다.

1 STEP 개념 파헤치기 50~53쪽

51 쪽

1-1 3개

1-2 3개

2-1

2-2

3-1 ( )(○)

3-2 (○)( )

53 쪽

1-1 (○)( )

1-2 (○)( )

2-1 ㉡

2-2 ㉠

3-1 위에 ○표

3-2 뒤에 ○표

51 쪽

**2-1**

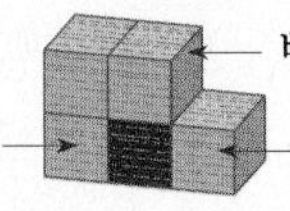


참고 쌓은 모양에서 위치를 설명하기 위해서는 먼저 방향을 약속해야 합니다. 학생이 있는 쪽이 앞, 오른손이 있는 쪽이 오른쪽, 왼손이 있는 쪽이 왼쪽입니다.

**3-1**

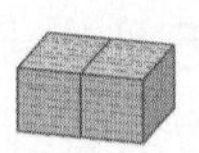  

2개가 옆으로 나란히 있고, 왼쪽 쌓기나무 뒤에 1개가 있습니다.

**3-2**

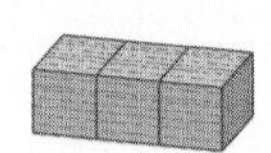  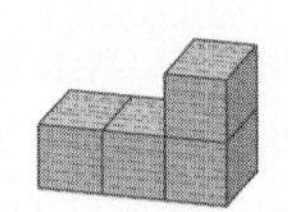

1층에 3개가 있고, 2층 오른쪽에 쌓기나무 1개가 있습니다.

53 쪽

**1-1** 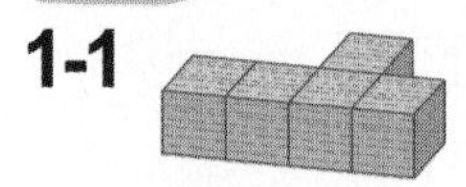 ⇨ 쌓기나무 5개로 만들 수 있는 모양입니다.

**1-2** ⇨ 쌓기나무 4개로 만들 수 있는 모양입니다.

**2-1** ⇨ 쌓기나무 5개로 만들 수 있는 모양입니다.

**2-2** ⇨ 쌓기나무 4개로 만들 수 있는 모양입니다.

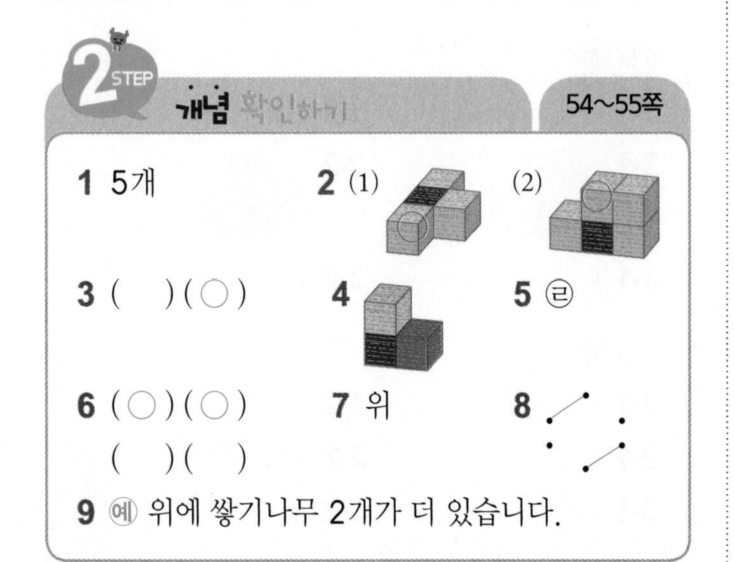


**1** 1층에 3개, 2층에 2개를 쌓았으므로 쌓기나무는 3+2=5(개) 필요합니다.

**2** (1) 빨간색 쌓기나무의 앞에 ○표 합니다.

**3** 오른손이 있는 쪽이 오른쪽입니다.

**5**

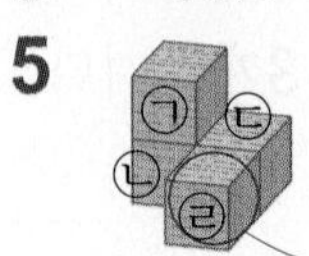 ⇨ 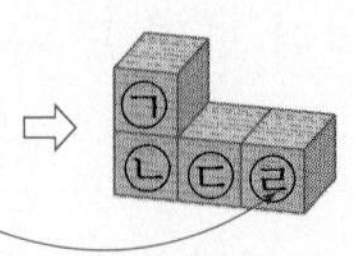

왼쪽 모양에서 오른쪽 모양과 같은 위치에 있는 쌓기나무를 하나씩 지우고 남는 것을 찾으면 ㉣입니다. 왼쪽 모양에서 ㉣을 ㉢의 옆으로 옮기면 오른쪽 모양과 같아집니다.

**6**

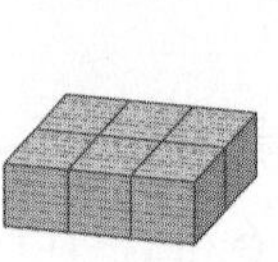 

⇨ 쌓기나무 6개로 만든 모양이므로 쌓기나무 5개로 만들 수 없습니다.

**7** 왼쪽 쌓기나무의 **위**에 1개

**8** 가운데 쌓기나무의 위

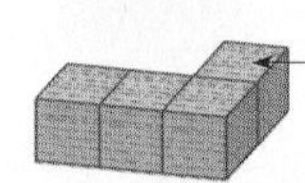


**9** 서술형 가이드 쌓은 모양에 대해 위치나 방향을 이용하여 설명할 수 있는지 확인합니다.

| 채점 기준 | | |
|---|---|---|
| | 위치나 방향을 이용하여 정확히 설명함. | 상 |
| | 설명이 미흡함. | 중 |
| | 설명하지 못함. | 하 |

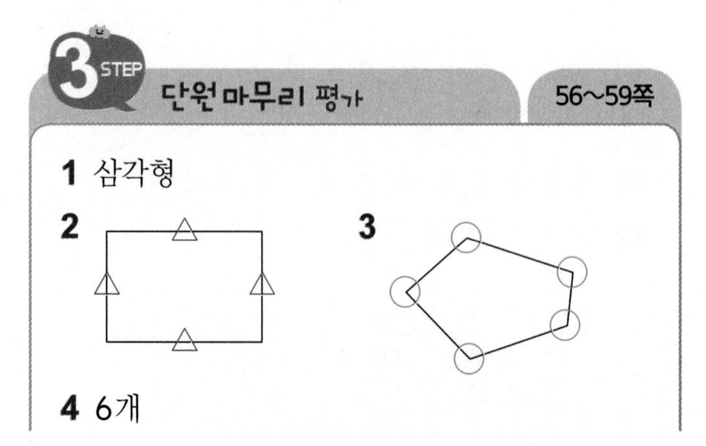

**5**

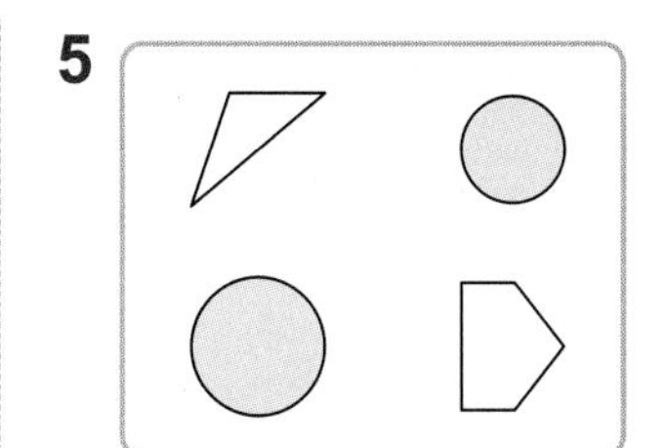

**6** 6, 6

**7** 5개

**8** ×

**9** 예

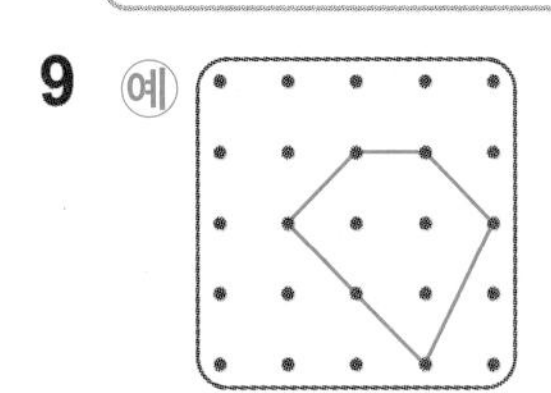

**10** 원, 사각형에 ◯표

**11** 오른쪽 / 앞

**12**

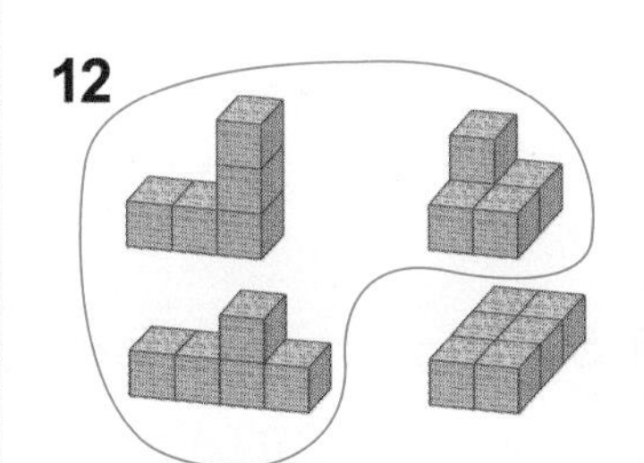

**13** (◯)(　)(　)

**14** 4, 3

**15** 예 ⑤ ⑥ ③

**16** 에 ◯표

**17** 사각형, 6개

**18** 예 크기는 서로 다르지만 생긴 모양이 서로 같습니다.

**19**

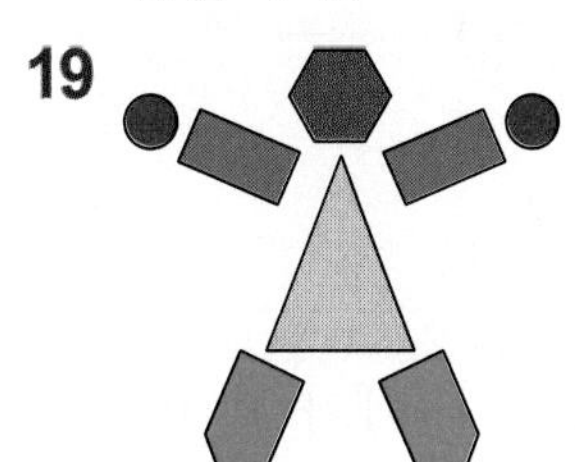

**20** 육각형

창의·융합 문제

**1** 삼각형

**2** 3, 1 / 사각형, 삼각형에 ◯표

**3** 예

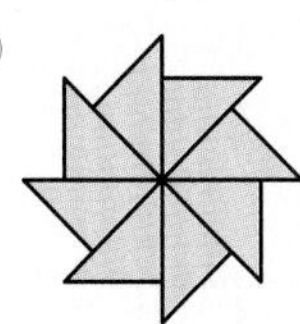

**1** 변과 꼭짓점이 3개인 도형을 **삼각형**이라고 합니다.

**2** 곧은 선에 모두 △표 합니다.

**3** 두 곧은 선이 만나는 점에 모두 ◯표 합니다.

**4**

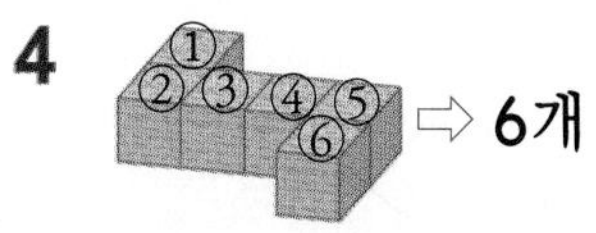

⇨ 6개

**5** 동그란 모양의 도형을 모두 찾아 색칠합니다.

**6** 육각형은 변과 꼭짓점이 6개입니다.

**7**

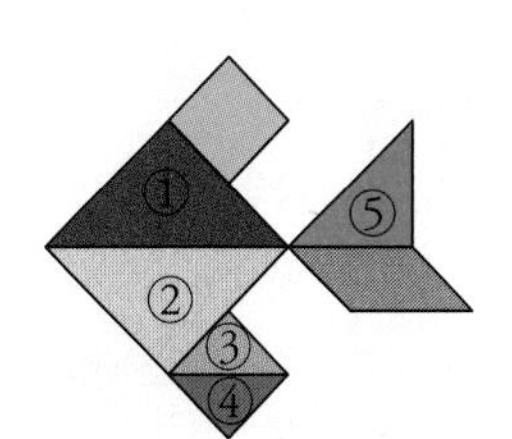

삼각형 조각의 수를 세어 보면 모두 **5개**입니다.

**8** 삼각형은 변과 꼭짓점이 3개인 도형입니다.

**9** 변과 꼭짓점이 5개인 도형을 그립니다.

**11** 왼손이 있는 쪽이 왼쪽입니다.

**12**

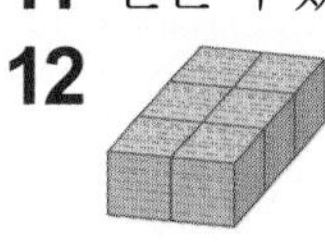

⇨ 쌓기나무 6개로 만든 모양입니다.

**13** ⇨ 삼각형 두 조각을 이용하여 사각형을 만든 것입니다.

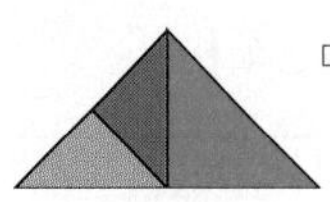

⇨ 삼각형 세 조각을 이용하여 삼각형을 만든 것입니다.

**14** 서술형 가이드 사각형의 뜻을 알고 있는지 확인합니다.

| 채점 기준 | | |
|---|---|---|
| | 사각형이 아닌 이유를 알고 있어 □ 안에 알맞은 수를 써넣는데 무리가 없음. | 상 |
| | 사각형이 아닌 이유를 알고 있으나 □ 안에 알맞은 수를 써넣는 데 힘듦. | 중 |
| | 사각형이 아닌 이유를 알지 못해 □ 안에 알맞은 수를 써넣지 못함. | 하 |

**15**

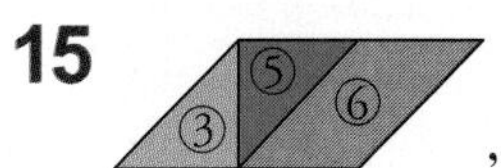

,

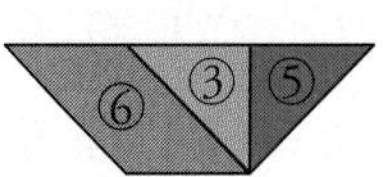

이 외에 여러 가지 방법으로 만들 수 있습니다.

**16** ← 2층 양쪽 끝에 1개씩

← 1층에 3개

**17**

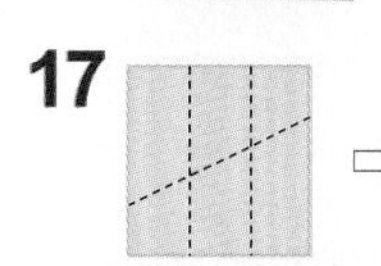

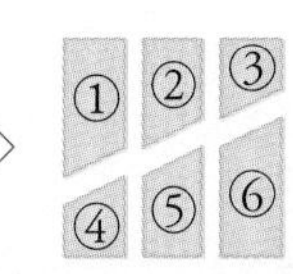

: **사각형**이 **6개**

**18** 서술형 가이드 원의 특징을 알고 있는지 확인합니다.

| 채점 기준 | | |
|---|---|---|
| | 원의 특징을 바르게 씀. | 상 |
| | 원의 특징을 썼으나 미흡함. | 중 |
| | 원의 특징을 쓰지 못함. | 하 |

**19** 도형에 맞게 정해진 색으로 색칠합니다.

**20** 사각형의 변과 꼭짓점은 4개이므로 변과 꼭짓점이 4+2=6(개)인 도형은 **육각형**입니다.

창의·융합 문제

**1** 변과 꼭짓점이 3개인 도형이므로 **삼각형**입니다.

**2** 눈과 입은 사각형, 코는 삼각형으로 만들었습니다.

**3** 색종이를 선을 따라 자르면 삼각형 8개가 만들어집니다. 삼각형 8개를 이용하여 모양을 만들면 모두 정답으로 인정해 줍니다.

# 3 덧셈과 뺄셈

## 1 STEP 개념 파헤치기 62~67쪽

**63쪽**

**1-1** 3, 4, 3 **1-2** 2, 3, 32
**2-1** (1) 6, 4 (2) 3, 3
**2-2** (1) 4, 6 (2) 8, 3
**3-1** 71 **3-2** 58

**65쪽**

**1-1** 3, 5, 3 **1-2** 1, 4, 41
**2-1** (1) 9, 0 (2) 7, 4
**2-2** (1) 8, 1 (2) 8, 6
**3-1** 90 **3-2** 40

**67쪽**

**1-1** 5, 1, 2, 5 **1-2** 7, 2, 1, 127
**2-1** (1) 1, 1, 9 (2) 1, 0, 9
**2-2** (1) 1, 3, 8 (2) 1, 3, 9
**3-1** 126 **3-2** 116

**63쪽**

**1-1** $\begin{array}{r} {}^{1}\phantom{0} \\ 38 \\ +\ \ 5 \\ \hline 3 \end{array} \Rightarrow \begin{array}{r} {}^{1}\phantom{0} \\ 38 \\ +\ \ 5 \\ \hline 43 \end{array}$

참고 십 모형 4개, 일 모형 3개가 되었으므로 38+5=43입니다.

**1-2** 일의 자리: 9+3=12 → 2
십의 자리: 1+2=3
⇨ 29+3=32

참고 십 모형 3개, 일 모형 2개가 되었으므로 29+3=32입니다.

**2-1** 생각 열기 일의 자리 수끼리의 합이 10이거나 10보다 크면 십의 자리로 받아올림합니다.
(1) 일의 자리: 8+6=14 → 4
십의 자리: 1+5=6
(2) 일의 자리: 4+9=13 → 3
십의 자리: 1+2=3

**2-2** (1) 일의 자리: 9+7=16 → 6
십의 자리: 1+3=4
(2) 일의 자리: 8+5=13 → 3
십의 자리: 1+7=8

**3-1** $\begin{array}{r} {}^{1}\phantom{0} \\ 63 \\ +\ \ 8 \\ \hline 71 \end{array}$

**3-2** $\begin{array}{r} {}^{1}\phantom{0} \\ 49 \\ +\ \ 9 \\ \hline 58 \end{array}$

**65쪽**

**1-1** $\begin{array}{r} {}^{1}\phantom{0} \\ 35 \\ +18 \\ \hline 3 \end{array} \Rightarrow \begin{array}{r} {}^{1}\phantom{0} \\ 35 \\ +18 \\ \hline 53 \end{array}$

참고 일 모형끼리 더하면 13개가 됩니다. 일 모형 13개는 십 모형 1개, 일 모형 3개로 바꿀 수 있으므로 수 모형은 모두 십 모형 5개, 일 모형 3개가 됩니다. ⇨ 35+18=53

**1-2** 일의 자리: 7+4=11 → 1
십의 자리: 1+2+1=4
⇨ 27+14=41

참고 일 모형끼리 더하면 11개가 됩니다. 일 모형 11개는 십 모형 1개, 일 모형 1개로 바꿀 수 있으므로 수 모형은 모두 십 모형 4개, 일 모형 1개가 됩니다. ⇨ 27+14=41

**2-1** (1) 일의 자리: 6+4=10 → 0
십의 자리: 1+7+1=9
(2) 일의 자리: 9+5=14 → 4
십의 자리: 1+4+2=7

**2-2** (1) 일의 자리: 5+6=11 → 1
십의 자리: 1+4+3=8
(2) 일의 자리: 8+8=16 → 6
십의 자리: 1+2+5=8

**3-1** $\begin{array}{r} {}^{1}\phantom{0} \\ 64 \\ +26 \\ \hline 90 \end{array}$

**3-2** $\begin{array}{r} {}^{1}\phantom{0} \\ 15 \\ +25 \\ \hline 40 \end{array}$

67 쪽

**1-1**

$$\begin{array}{r} 54 \\ +\ 71 \\ \hline 5 \end{array} \Rightarrow \begin{array}{r} {}^{1}\quad \\ 54 \\ +\ 71 \\ \hline 125 \end{array}$$

참고 일 모형을 더하면 5개가 되고, 십 모형을 더하면 12개가 됩니다.
십 모형 12개는 백 모형 1개, 십 모형 2개로 바꿀 수 있습니다.
수 모형은 모두 백 모형 1개, 십 모형 2개, 일 모형 5개입니다. ⇨ 54+71=125

**1-2** 일의 자리: 4+3=7
십의 자리: 6+6=12 → 2
백의 자리: 1
⇨ 64+63=127
참고 일 모형을 더하면 7개가 되고, 십 모형을 더하면 12개가 됩니다.
십 모형 12개는 백 모형 1개, 십 모형 2개로 바꿀 수 있습니다.
수 모형은 모두 백 모형 1개, 십 모형 2개, 일 모형 7개입니다.
⇨ 64+63=127

**2-1** (1) 일의 자리: 2+7=9
십의 자리: 3+8=11 → 1
백의 자리: 1
(2) 일의 자리: 9+0=9
십의 자리: 1+9=10 → 0
백의 자리: 1

**2-2** (1) 일의 자리: 5+3=8
십의 자리: 9+4=13 → 3
백의 자리: 1
(2) 일의 자리: 8+1=9
십의 자리: 7+6=13 → 3
백의 자리: 1

**3-1**

$$\begin{array}{r} {}^{1}\quad \\ 85 \\ +\ 41 \\ \hline 126 \end{array}$$

**3-2**

$$\begin{array}{r} {}^{1}\quad \\ 52 \\ +\ 64 \\ \hline 116 \end{array}$$

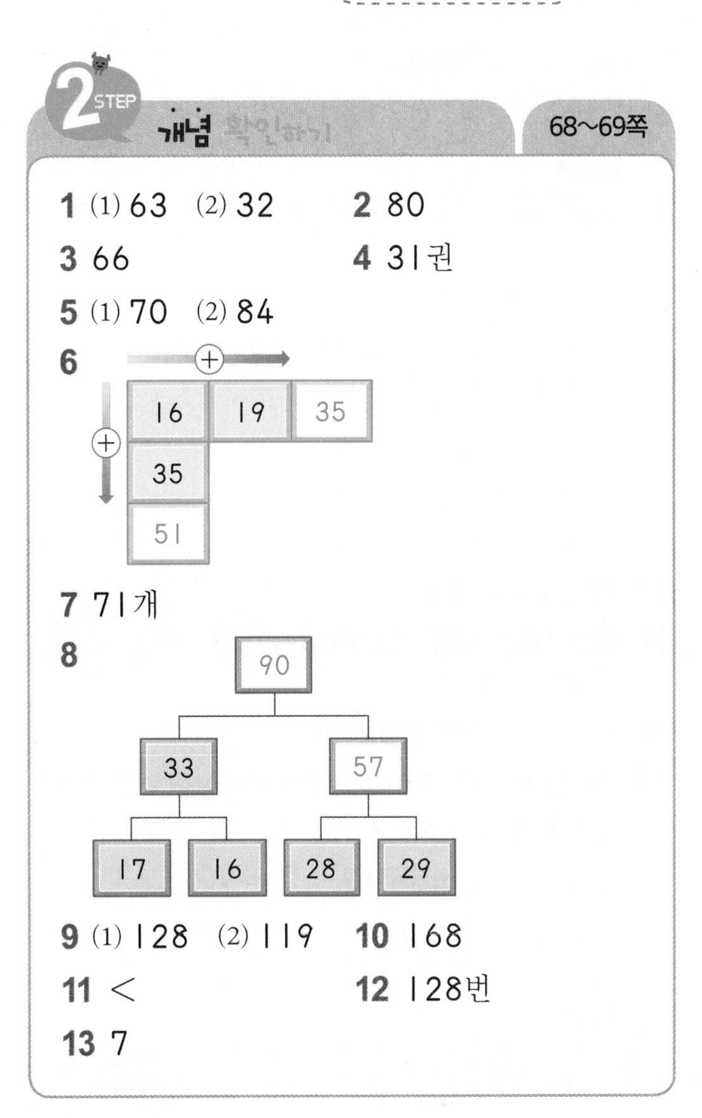
2 STEP 개념 확인하기 68~69쪽

1 (1) 63 (2) 32
2 80
3 66
4 31권
5 (1) 70 (2) 84
6

7 71개
8

9 (1) 128 (2) 119
10 168
11 <
12 128번
13 7

**1** 생각 열기 일의 자리 수끼리의 합이 10이거나 10보다 크면 십의 자리로 받아올림합니다.
(1) 일의 자리: 8+5=13 → 3
십의 자리: 1+5=6
(2) 일의 자리: 6+6=12 → 2
십의 자리: 1+2=3

**2**

$$\begin{array}{r} {}^{1}\quad \\ 73 \\ +\ \ 7 \\ \hline 80 \end{array}$$

**3** 57>30>9 ⇨ 57+9=66

**4** (준희가 읽은 책 수)=(동화책 수)+(만화책 수)
=22+9=31(권)

**5** (1) 일의 자리: 3+7=10 → 0
십의 자리: 1+3+3=7
(2) 일의 자리: 6+8=14 → 4
십의 자리: 1+6+1=8

**6** 16+19=35, 16+35=51

**7** 24+47=71(개)

**8** 28+29=57, 33+57=90

참고 아래의 두 수를 더해서 위의 빈 곳에 씁니다.

**9** 생각 열기 십의 자리에서 받아올림한 수는 백의 자리에 씁니다.

(1) 일의 자리: 8+0=8
십의 자리: 7+5=12 → 2
백의 자리: 1

(2) 일의 자리: 6+3=9
십의 자리: 8+3=11 → 1
백의 자리: 1

**10** 72+96=168

**11** 84+53=137, 76+63=139
⇨ 137<139

**12** 62+66=128(번)

**13** 생각 열기 일의 자리, 십의 자리로 나누어 계산합니다.
일의 자리: 4+4=8
십의 자리: □+5=12 ⇨ □=7

## 개념 파헤치기 70~73쪽

71 쪽

**1-1** 2, 1, 3, 2 **1-2** 2, 3, 1, 132

**2-1** (1) 1, 2, 0 (2) 1, 2, 1

**2-2** (1) 1, 7, 0 (2) 1, 4, 3

**3-1** 121 **3-2** 151

73 쪽

**1-1** 30, 65, 62 **1-2** 40, 98, 94

**2-1** 7, 50, 62 **2-2** 6, 80, 94

**3-1** 11 ; 11, 41 **3-2** 41 ; 41, 41, 91

71 쪽

**1-1**
$$\begin{array}{r} {}^{1}\phantom{0} \\ 69 \\ +\,63 \\ \hline 2 \end{array} \Rightarrow \begin{array}{r} {}^{1}\,{}^{1}\phantom{0} \\ 69 \\ +\,63 \\ \hline 132 \end{array}$$

참고 • 일 모형을 더하면 12개
→ 십 모형 1개와 일 모형 2개
• 십 모형을 더하면 13개
→ 백 모형 1개와 십 모형 3개
⇨ 69+63=132

**1-2** 일의 자리: 7+5=12 → 2
십의 자리: 1+7+5=13 → 3
백의 자리: 1
⇨ 77+55=132

참고 • 일 모형을 더하면 12개
→ 십 모형 1개와 일 모형 2개
• 십 모형을 더하면 13개
→ 백 모형 1개와 십 모형 3개
⇨ 77+55=132

**2-1** (1) 일의 자리: 7+3=10 → 0
십의 자리: 1+4+7=12 → 2
백의 자리: 1
(2) 일의 자리: 6+5=11 → 1
십의 자리: 1+8+3=12 → 2
백의 자리: 1

**2-2** (1) 일의 자리: 2+8=10 → 0
십의 자리: 1+8+8=17 → 7
백의 자리: 1
(2) 일의 자리: 5+8=13 → 3
십의 자리: 1+9+4=14 → 4
백의 자리: 1

**3-1**
$$\begin{array}{r} {}^{1}\,{}^{1}\phantom{0} \\ 66 \\ +\,55 \\ \hline 121 \end{array}$$

**3-2**
$$\begin{array}{r} {}^{1}\,{}^{1}\phantom{0} \\ 98 \\ +\,53 \\ \hline 151 \end{array}$$

73 쪽

**1-1** 27을 30−3으로 생각하여 계산합니다.

**1-2** 36을 40−4로 생각하여 계산합니다.

**2-1** 27은 20+7, 35는 30+5로 생각하여 계산합니다.

**2-2** 36은 30+6, 58은 50+8로 생각하여 계산합니다.

**3-1** 13=2+11을 이용하여 계산합니다.

**3-2** 49=8+41을 이용하여 계산합니다.

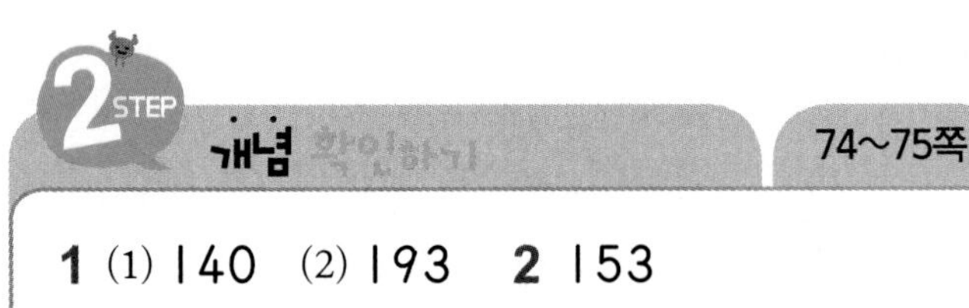

## 2 STEP 개념 확인하기 74~75쪽

**1** (1) 140 (2) 193 **2** 153

**3** 151

**4**

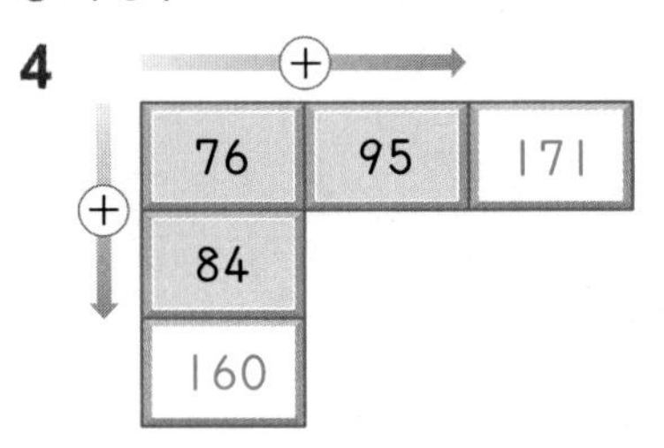


**5** > **6** 130마리

**7** (왼쪽부터) 56, 124

**8** 종준 **9** ㉢

**10** 30, 6, 30 **11** 2, 60, 72

**12** (1) 1, 86, 1, 85 (2) 6, 70, 85

**1** 생각 열기 각 자리 수끼리의 합이 10이거나 10보다 크면 바로 위의 자리로 받아올림합니다.

(1) 일의 자리: $6+4=10 \rightarrow 0$

십의 자리: $1+5+8=14 \rightarrow 4$

백의 자리: 1

(2) 일의 자리: $7+6=13 \rightarrow 3$

십의 자리: $1+9+9=19 \rightarrow 9$

백의 자리: 1

**2**
$$\begin{array}{r} {\scriptstyle 1\ 1\ } \\ 74 \\ +\ 79 \\ \hline 153 \end{array}$$

**3**
$$\begin{array}{r} {\scriptstyle 1\ 1\ } \\ 85 \\ +\ 66 \\ \hline 151 \end{array}$$

**4**
$$\begin{array}{r} {\scriptstyle 1\ 1\ } \\ 76 \\ +\ 95 \\ \hline 171 \end{array}, \quad \begin{array}{r} {\scriptstyle 1\ 1\ } \\ 76 \\ +\ 84 \\ \hline 160 \end{array}$$

**5** $57+54=111$, $68+42=110$

⇨ $111>110$

**6** $63+67=130$(마리)

**7** $42+14=56$, $56+68=124$

참고 왼쪽부터 차례로 두 수씩 더합니다.

**8** 승후가 계산한 방법은 15에 8을 먼저 더하고 70을 더하는 방법입니다.

**9** 25를 23과 2로 생각하여 계산하는 방법입니다.

참고 ㉠ $25+18=25+10+8=35+8=43$

㉡ $25+18=25+20-2=45-2=43$

**11** 14를 2+12로 생각하여 계산합니다.

**12** (1) 39를 40으로 생각하여 40에 46을 더한 후 1을 빼 줍니다.

(2) 30과 40을 더하고 9와 6을 더합니다.

## 1 STEP 개념 파헤치기 76~81쪽

77쪽

**1-1** 7, 1, 7 **1-2** 3, 2, 23

**2-1** (1) 2, 6 (2) 3, 6 **2-2** (1) 5, 6 (2) 8, 6

**3-1** ㉡ **3-2** ㉡

79쪽

**1-1** 7, 1, 7 **1-2** 9, 1, 19

**2-1** (1) 6, 3 (2) 8 **2-2** (1) 2, 4 (2) 1

**3-1** 16 **3-2** 15

81쪽

**1-1** 6, 1, 6 **1-2** 9, 1, 19

**2-1** (1) 3, 9 (2) 5, 7 **2-2** (1) 1, 9 (2) 3, 4

**3-1** 18 **3-2** 28

77쪽

**1-1**
$$\begin{array}{r} {\scriptstyle 1\ 10} \\ \not{2}\,5 \\ -\ \ 8 \\ \hline 7 \end{array} \Rightarrow \begin{array}{r} {\scriptstyle 1\ 10} \\ \not{2}\,5 \\ -\ \ 8 \\ \hline 17 \end{array}$$

참고 십 모형 1개와 일 모형 7개가 남았으므로 $25-8=17$입니다.

**1-2** 일의 자리: $10+1-8=3$

십의 자리: $3-1=2$

⇨ $31-8=23$

참고 십 모형 2개와 일 모형 3개가 남았으므로 $31-8=23$입니다.

**2-1** (1) 일의 자리: $10+5-9=6$
십의 자리: $3-1=2$
(2) 일의 자리: $10+1-5=6$
십의 자리: $4-1=3$

**2-2** (1) 일의 자리: $10+4-8=6$
십의 자리: $6-1=5$
(2) 일의 자리: $10-4=6$
십의 자리: $9-1=8$

**3-1** ㉡
$$\begin{array}{rr} {}^{5} & {}^{10} \\ \not{6} & 3 \\ - & 4 \\ \hline 5 & 9 \end{array}$$

**3-2** ㉠
$$\begin{array}{rr} {}^{7} & {}^{10} \\ \not{8} & 3 \\ - & 7 \\ \hline 7 & 6 \end{array}$$

79 쪽

**1-1**
$$\begin{array}{rr} {}^{2} & {}^{10} \\ \not{3} & 0 \\ -1 & 3 \\ \hline & 7 \end{array} \Rightarrow \begin{array}{rr} {}^{2} & {}^{10} \\ \not{3} & 0 \\ -1 & 3 \\ \hline 1 & 7 \end{array}$$

참고 음료수 캔 30개에서 13개를 빼면 17개가 남습니다. ⇨ $30-13=17$

**1-2** 일의 자리: $10-1=9$
십의 자리: $4-1-2=1$
⇨ $40-21=19$
참고 지우개 40개에서 21개를 빼면 19개가 남습니다. ⇨ $40-21=19$

**2-1** (1) 일의 자리: $10-7=3$
십의 자리: $9-1-2=6$
(2) 일의 자리: $10-2=8$
십의 자리: $6-1-5=0$

**2-2** (1) 일의 자리: $10-6=4$
십의 자리: $7-1-4=2$
(2) 일의 자리: $10-9=1$
십의 자리: $2-1-1=0$

**3-1**
$$\begin{array}{rr} {}^{7} & {}^{10} \\ \not{8} & 0 \\ -6 & 4 \\ \hline 1 & 6 \end{array}$$

**3-2**
$$\begin{array}{rr} {}^{2} & {}^{10} \\ \not{3} & 0 \\ -1 & 5 \\ \hline 1 & 5 \end{array}$$

81 쪽

**1-1**
$$\begin{array}{rr} {}^{3} & {}^{10} \\ \not{4} & 4 \\ -2 & 8 \\ \hline & 6 \end{array} \Rightarrow \begin{array}{rr} {}^{3} & {}^{10} \\ \not{4} & 4 \\ -2 & 8 \\ \hline 1 & 6 \end{array}$$

참고 십 모형 1개, 일 모형 6개가 남았으므로 $44-28=16$입니다.

**1-2** 일의 자리: $10+2-3=9$
십의 자리: $3-1-1=1$
⇨ $32-13=19$
참고 십 모형 1개, 일 모형 9개가 남았으므로 $32-13=19$입니다.

**2-1** (1) 일의 자리: $10+8-9=9$
십의 자리: $7-1-3=3$
(2) 일의 자리: $10+4-7=7$
십의 자리: $8-1-2=5$

**2-2** (1) 일의 자리: $10+5-6=9$
십의 자리: $5-1-3=1$
(2) 일의 자리: $10+2-8=4$
십의 자리: $6-1-2=3$

**3-1**
$$\begin{array}{rr} {}^{2} & {}^{10} \\ \not{3} & 3 \\ -1 & 5 \\ \hline 1 & 8 \end{array}$$

**3-2**
$$\begin{array}{rr} {}^{8} & {}^{10} \\ \not{9} & 6 \\ -6 & 8 \\ \hline 2 & 8 \end{array}$$

## 2 STEP 개념 확인하기 82~83쪽

**1** (1) 62 (2) 55
**2** 66
**3**

**4** 19개
**5**
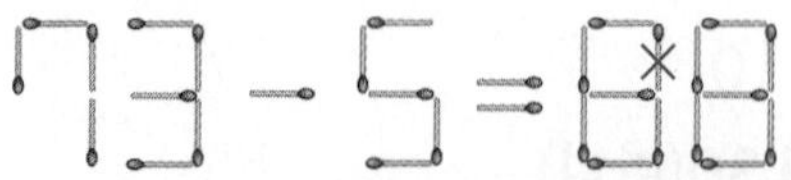
**6** (1) 18 (2) 13
**7** (위부터) 36, 46
**8** >
**9** 18마리

10 (1) 39 (2) 27 11 25

12

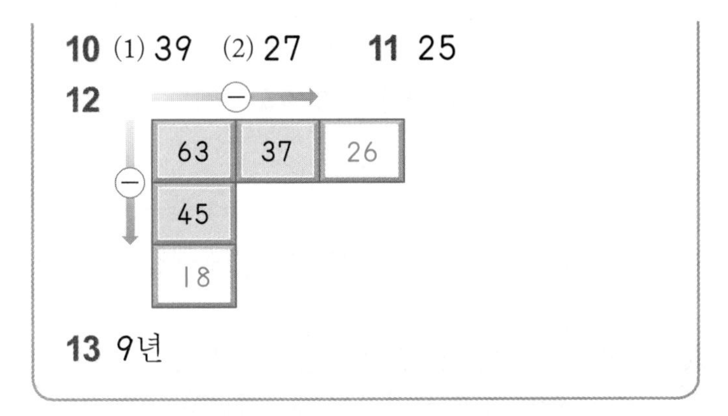


13 9년

**1** 생각 열기 일의 자리 수끼리 뺄 수 없으면 십의 자리에서 받아내림합니다.

(1) 일의 자리: 10+1−9=**2**

십의 자리: 7−1=**6**

(2) 일의 자리: 10+3−8=**5**

십의 자리: 6−1=**5**

**2**

$$\begin{array}{r} \overset{6\ 10}{\cancel{7}\,4} \\ -\ \ \ 8 \\ \hline 6\,6 \end{array}$$

**3**

$$\begin{array}{r} \overset{4\ 10}{\cancel{5}\,6} \\ -\ \ \ 7 \\ \hline 4\,9 \end{array}, \quad \begin{array}{r} \overset{4\ 10}{\cancel{5}\,3} \\ -\ \ \ 9 \\ \hline 4\,4 \end{array}$$

**4** (진희가 가진 구슬 수)−(진우가 가진 구슬 수)

=25−6=**19**(개)

참고 『■는 ▲보다 몇 개 더 가지고 있습니까?』

⇨ ■와 ▲의 차를 구합니다.

**5** 73−5=68

**6** (1) 일의 자리: 10−2=**8**

십의 자리: 8−1−6=**1**

(2) 일의 자리: 10−7=**3**

십의 자리: 9−1−7=**1**

**7**

$$\begin{array}{r} \overset{4\ 10}{\cancel{5}\,0} \\ -\ 1\,4 \\ \hline 3\,6 \end{array}, \quad \begin{array}{r} \overset{5\ 10}{\cancel{6}\,0} \\ -\ 1\,4 \\ \hline 4\,6 \end{array}$$

**8** 70−54=16, 80−65=15

⇨ 16>15

**9** (남아 있는 참새 수)

=(처음에 있던 참새 수)−(날아간 참새 수)

=30−12=**18**(마리)

참고 12마리가 날아갔습니다. ⇨ −12

**10** (1) 일의 자리: 10+6−7=**9**

십의 자리: 9−1−5=**3**

(2) 일의 자리: 10+5−8=**7**

십의 자리: 7−1−4=**2**

**11** □=51−26=**25**

**12** 63−37=**26**, 63−45=**18**

**13** (말이 캥거루보다 더 살 수 있는 기간)

=(말이 살 수 있는 기간)

−(캥거루가 살 수 있는 기간)

=27−18=**9**(년)

## 1 STEP 개념 파헤치기 84~89쪽

**85쪽**

**1-1** 3, 90, 84, 64 **1-2** 4, 60, 57, 27

**2-1** 30, 63, 64 **2-2** 40, 24, 27

**3-1** 1, 1, 1, 29 **3-2** 2, 2, 2, 18

**87쪽**

**1-1** 19, 19, 19 **1-2** 49, 49, 49

**2-1** 예 23, 16, 7 ; 23, 7, 16

**2-2** 예 27, 9, 18 ; 27, 18, 9

**3-1** 63 ; 예 35, 28 ; 28, 35

**3-2** 82 ; 예 56, 26 ; 26, 56

**89쪽**

**1-1** 29, 29, 29 **1-2** 16, 16, 16

**2-1** 예 64, 29, 93 ; 29, 64, 93

**2-2** 예 17, 14, 31 ; 14, 17, 31

**3-1** 59 ; 26, 85 ; 26, 59

**3-2** 65 ; 5, 70 ; 5, 65

**85쪽**

**1-1** 29를 3+6+20으로 생각하여 계산합니다.

**1-2** 37을 4+3+30으로 생각하여 계산합니다.

**2-1** 29를 30−1로 생각하여 계산합니다.

**2-2** 37을 40−3으로 생각하여 계산합니다.

**3-1** 12를 빼는 대신 11을 빼고 1을 더 뺍니다.

**3-2** 55를 빼는 대신 53을 빼고 2를 더 뺍니다.

87 쪽

1-1 19+38=57 ⇨ 57−19=38, 57−38=19

1-2 43+49=92 ⇨ 92−43=49, 92−49=43

2-1 16+7=23 ⇨ 23−16=7, 23−7=16

2-2 9+18=27 ⇨ 27−9=18, 27−18=9

3-1 35+28=63 ⇨ 63−35=28, 63−28=35

3-2 56+26=82 ⇨ 82−56=26, 82−26=56

89 쪽

1-1 57−29=28 ⇨ 28+29=57, 29+28=57

1-2 43−27=16 ⇨ 16+27=43, 27+16=43

2-1 93−29=64 ⇨ 64+29=93, 29+64=93

2-2 31−14=17 ⇨ 17+14=31, 14+17=31

3-1 85−26=59 ⇨ 59+26=85, 26+59=85

3-2 70−5=65 ⇨ 65+5=70, 5+65=70

2 STEP 개념 확인하기 90~91쪽

1 혜민
2 2, 17, 2
3 83, 60, 59
4 7, 20, 19, 9
5 66−50+3=16+3=19
6 ( )(○)
7 예 56, 18, 38 ; 56, 38, 18
8 37, 17
9 예 28, 63, 91 ; 63, 28, 91
10 58 ; 58, 94 ; 58, 36, 94
11 37, 72

1 효주: 45를 50으로 생각하여 37을 빼고 5를 빼는 방법입니다.
2 일의 자리 수를 같게 하는 방법입니다.
3 82를 83−1로 생각하여 계산합니다.
4 27에서 7을 빼고 또 1을 빼고 다시 10을 뺍니다.
5 47을 50−3으로 생각하여 계산합니다.
6 29+42=71 또는 29+42=71
71−29=42 71−42=29
7 18+38=56 또는 18+38=56
56−18=38 56−38=18
8 생각 열기 덧셈식에 17, 54가 있고, 뺄셈식에 54, 37이 있으므로 17, 37, 54로 덧셈식과 뺄셈식을 완성합니다.
㉠+17=54
54−㉡=37
⇨ ㉠=37, ㉡=17
9 91−63=28 또는 91−63=28
28+63=91 63+28=91
10 94−58=36 또는 94−58=36
36+58=94 58+36=94
11 생각 열기 뺄셈식에 72, 35가 있고, 덧셈식에 35, 37이 있으므로 35, 37, 72로 뺄셈식과 덧셈식을 완성합니다.
72−㉠=35
35+37=㉡
⇨ ㉠=37, ㉡=72

1 STEP 개념 파헤치기 92~97쪽

93 쪽

1-1

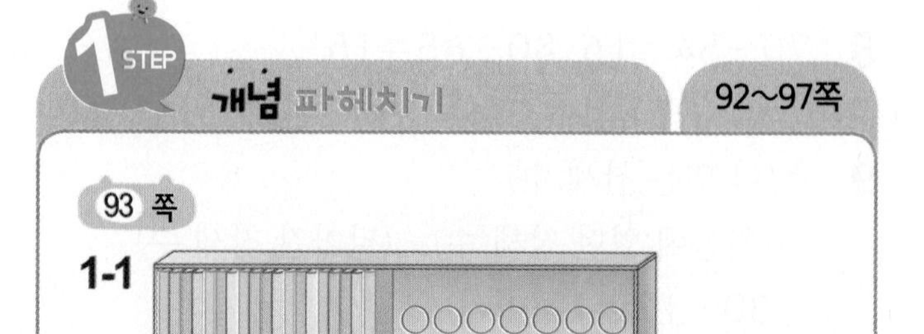

1-2 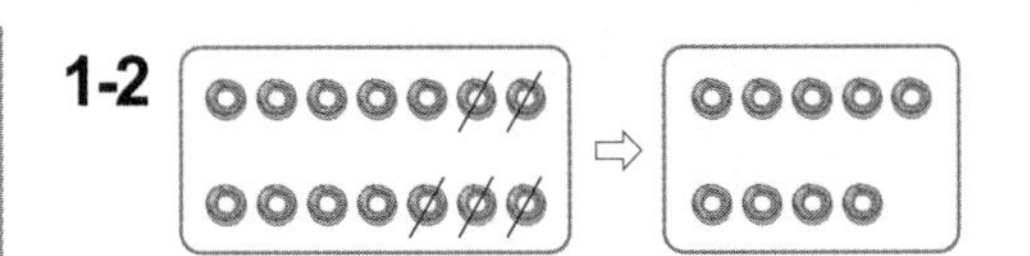

**2-1** 19+□=26　　**2-2** 14−□=9

**3-1** 7권　　**3-2** 5개

**4-1** 18 ; 18　　**4-2** 16 ; 16

95 쪽

**1-1**　　**1-2**

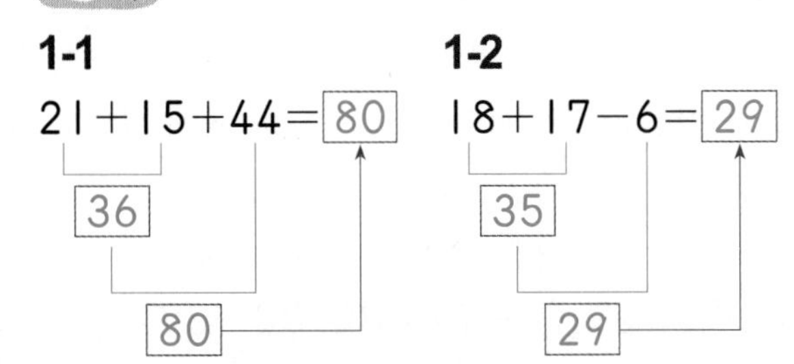

**2-1**

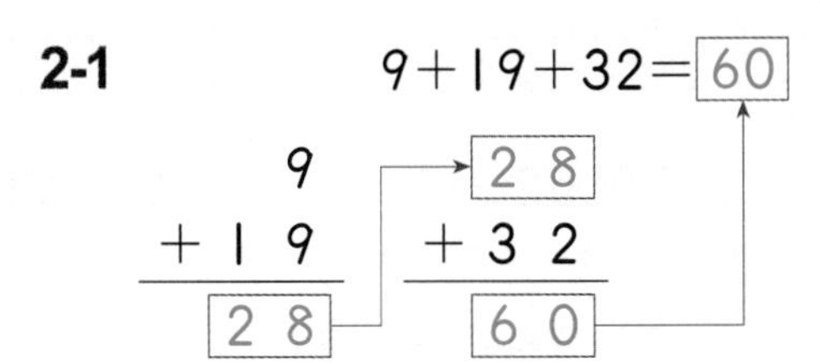

**2-2**

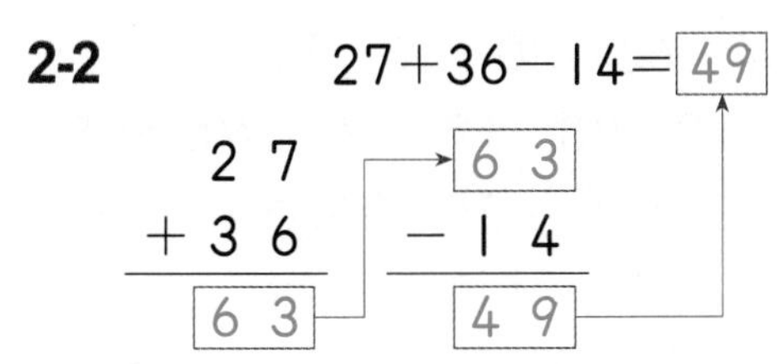

**3-1** 75　　**3-2** 17

97 쪽

**1-1**　　**1-2**

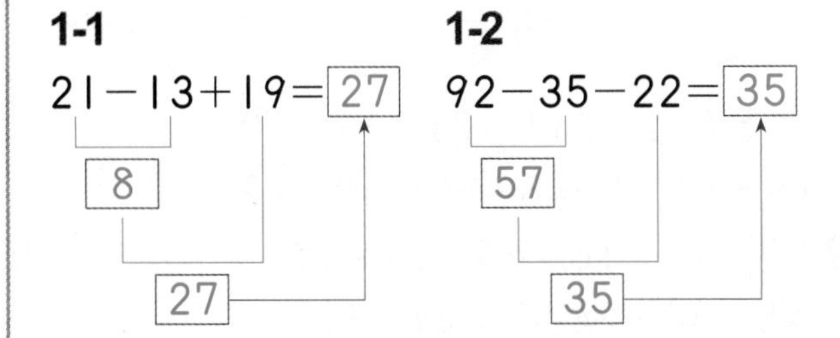

**2-1** 32−13+44=63

$$\begin{array}{r} 32 \\ -\ 13 \\ \hline 19 \end{array} \quad \begin{array}{r} 19 \\ +\ 44 \\ \hline 63 \end{array}$$

**2-2** 65−28−21=16

$$\begin{array}{r} 65 \\ -\ 28 \\ \hline 37 \end{array} \quad \begin{array}{r} 37 \\ -\ 21 \\ \hline 16 \end{array}$$

**3-1** 50　　**3-2** 2

93 쪽

**1-2** 도넛 14개에서 9개가 되도록 하려면 5개를 /으로 지웁니다.

**2-1** (위인전 수)+(동화책 수)=(전체 책 수)
⇨ **19+□=26**

**2-2** (전체 도넛 수)−(먹은 도넛 수)=(남은 도넛 수)
⇨ **14−□=9**

**3-1** **1-1**에 나타낸 ○의 수를 세어 보면 7이므로 **7권**입니다.
다른 풀이 19+□=26, 26−19=□, □=7

**3-2** **1-2**에서 /으로 지운 도넛 수를 세어 보면 5이므로 **5개**입니다.
다른 풀이 14−□=9, □+9=14, 14−9=□, □=5

**4-1** 45−□=27, □+27=45, 45−27=□, □=18

**4-2** □+36=52, 52−36=□, □=16

95 쪽

**1-1**

$$\begin{array}{r} 21 \\ +\ 15 \\ \hline 36 \end{array} \quad \begin{array}{r} {}^{1}\ \ \\ 36 \\ +\ 44 \\ \hline 80 \end{array}$$

**1-2**

$$\begin{array}{r} {}^{1}\ \ \\ 18 \\ +\ 17 \\ \hline 35 \end{array} \quad \begin{array}{r} {}^{2\ 10} \\ \not{3}5 \\ -\ \ 6 \\ \hline 29 \end{array}$$

**2-1**

$$\begin{array}{r} {}^{1}\ \ \\ 9 \\ +\ 19 \\ \hline 28 \end{array} \quad \begin{array}{r} {}^{1}\ \ \\ 28 \\ +\ 32 \\ \hline 60 \end{array}$$

**2-2**

$$\begin{array}{r} {}^{1}\ \ \\ 27 \\ +\ 36 \\ \hline 63 \end{array} \quad \begin{array}{r} {}^{5\ 10} \\ \not{6}3 \\ -\ 14 \\ \hline 49 \end{array}$$

**3-1**

$$\begin{array}{r} 35 \\ +\ 22 \\ \hline 57 \end{array} \quad \begin{array}{r} {}^{1}\ \ \\ 57 \\ +\ 18 \\ \hline 75 \end{array}$$

**3-2**

$$\begin{array}{r} 72 \\ +\ 14 \\ \hline 86 \end{array} \quad \begin{array}{r} {}^{7\ 10} \\ \not{8}6 \\ -\ 69 \\ \hline 17 \end{array}$$

97쪽

**1-1**
$$\begin{array}{r} {}^{1\ 10} \\ \not{2}\,1 \\ -\ 1\,3 \\ \hline 8 \end{array} \rightarrow \begin{array}{r} {}^{1} \\ 8 \\ +\ 1\,9 \\ \hline 2\,7 \end{array}$$

**1-2**
$$\begin{array}{r} {}^{8\ 10} \\ \not{9}\,2 \\ -\ 3\,5 \\ \hline 5\,7 \end{array} \rightarrow \begin{array}{r} 5\,7 \\ -\ 2\,2 \\ \hline 3\,5 \end{array}$$

**2-1**
$$\begin{array}{r} {}^{2\ 10} \\ \not{3}\,2 \\ -\ 1\,3 \\ \hline 1\,9 \end{array} \rightarrow \begin{array}{r} {}^{1} \\ 1\,9 \\ +\ 4\,4 \\ \hline 6\,3 \end{array}$$

**2-2**
$$\begin{array}{r} {}^{5\ 10} \\ \not{6}\,5 \\ -\ 2\,8 \\ \hline 3\,7 \end{array} \rightarrow \begin{array}{r} 3\,7 \\ -\ 2\,1 \\ \hline 1\,6 \end{array}$$

**3-1**
$$\begin{array}{r} {}^{3\ 10} \\ \not{4}\,3 \\ -\ 2\,4 \\ \hline 1\,9 \end{array} \rightarrow \begin{array}{r} {}^{1} \\ 1\,9 \\ +\ 3\,1 \\ \hline 5\,0 \end{array}$$

**3-2**
$$\begin{array}{r} {}^{7\ 10} \\ \not{8}\,0 \\ -\ 5\,3 \\ \hline 2\,7 \end{array} \rightarrow \begin{array}{r} 2\,7 \\ -\ 2\,5 \\ \hline 2 \end{array}$$

## 2 STEP 개념 확인하기 98~99쪽

**1** ; 8

**2** 83 ; 83 **3** 46

**4** 53 **5** 5번

**6** 54+18+25=97 (54+18=72, 72+25=97)

**7** (1) 91 (2) 17 **8** >

**9** 36대

**10** 72−15+21=78

$$\begin{array}{r} 7\,2 \\ -\ 1\,5 \\ \hline 5\,7 \end{array} \rightarrow \begin{array}{r} 5\,7 \\ +\ 2\,1 \\ \hline 7\,8 \end{array}$$

**11** (1) 40 (2) 12 **12** (선 잇기)

**13** 67장

**1** 12와 몇을 더해 20이 되도록 ○를 8개 그립니다.

**2** □−46=37, 37+46=□, □=**83**

**3** □+45=91, 91−45=□, □=**46**

**4** 80−□=27, □+27=80, 80−27=□, □=**53**

**5** 더 하는 윗몸 일으키기 수를 □를 사용하여 나타내면 47+□=52, 52−47=□, □=**5**입니다.

**6** 54+18+25=**72**+25=**97**

**7** (1) 33+43+15=76+15=**91**
(2) 36+44−63=80−63=**17**

**8** 55+38−17=93−17=76 ⇨ 76>75

**9** 42+29−35=71−35=**36**(대)
참고 29대가 더 들어오고 ⇨ +29
35대가 빠져나갔습니다. ⇨ −35

**10**
$$\begin{array}{r} {}^{6\ 10} \\ \not{7}\,2 \\ -\ 1\,5 \\ \hline 5\,7 \end{array} \rightarrow \begin{array}{r} 5\,7 \\ +\ 2\,1 \\ \hline 7\,8 \end{array}$$

**11** (1) 57−28+11=29+11=**40**
(2) 88−28−48=60−48=**12**

**12** 77−12−16=65−16=49
45−38+24=7+24=31

**13** 80−22+9=58+9=**67**(장)
참고 22장을 주고 ⇨ −22
9장을 받았습니다. ⇨ +9

## 3 STEP 단원 마무리 평가 100~103쪽

**1** 24 **2** 45 ; 45, 27

**3** 14, 92 ; 78, 14 **4** (1) 85 (2) 89

**5** 5, 14, 54 **6** 102

| | |
|---|---|
| **7** •——• •——• | **8** 3, 50, 46, 16 |
| **9** < | **10** 108 |
| **11** 26 | **12** 28−19=9 ; 9명 |
| **13** 80 | **14** 81 |
| **15** ㉠ | **16** 떡, 가, 래 |
| **17** ② | **18** 1 |
| **19** 13−□=5 ; 8개 | **20** 38 |

**창의·융합 문제**

| | |
|---|---|
| **1** 69세 | **2** 25살 |
| **3** 36, 44, 52 | |

**1** 40개에서 16개를 빼면 **24개**가 남습니다.

**2** ■+▲=● → ●−■=▲, ●−▲=■

**3** ■−▲=● → ●+▲=■, ▲+●=■

**4** 생각 열기 • 덧셈: 일의 자리 수끼리의 합이 10이거나 10보다 크면 십의 자리로 받아올림합니다.
• 뺄셈: 일의 자리 수끼리 뺄 수 없을 때에는 십의 자리에서 받아내림합니다.
(1) 일의 자리: 7+8=15 → **5**
십의 자리: 1+4+3=**8**
(2) 일의 자리: 10+3−4=**9**
십의 자리: 9−1=**8**

**5** 39는 30+9, 15는 10+5라고 생각하여 **30**과 **10**을 더하고 **9**와 **5**를 더합니다.

**6** 63+39=**102**

**7** 18+25=43, 91−38=53

**8** 53에서 **3**을 빼고 또 **4**를 빼고 다시 **30**을 뺍니다.

**9** 91−75=16, 22−3=19 ⇨ 16<19

**10** 십 모형이 7개, 일 모형이 3개이므로 수 모형이 나타내는 수는 73입니다. ⇨ 73+35=**108**

**11** 37+17−28=54−28=**26**

**12** 서술형 가이드 전체 학생 수와 공을 찬 학생 수의 차를 나타내는 28−19라는 식이 들어 있어야 합니다.

| 채점 기준 | | |
|---|---|---|
| | 식 28−19=9를 쓰고 답을 바르게 구했음. | 상 |
| | 식 28−19만 썼음. | 중 |
| | 식을 쓰지 못함. | 하 |

**13** 73>25>18
⇨ 73−18+25=55+25=**80**
주의 앞에서부터 순서대로 계산하지 않아서 틀리는 경우가 있으므로 주의합니다.
예 73−18+25=73−43=30 (×)

**14** □−27=54, 54+27=□, □=**81**

**15** ㉠ 62, ㉡ 56, ㉢ 36 ⇨ 62>56>36

**16** 16+4+11=20+11=31
54−12−8=42−8=34
24+15−3=39−3=36

**17** 81−15=66
⇨ 6□<66이므로 □ 안에 들어갈 수 있는 가장 큰 숫자는 **5**입니다.
참고 두 자리 수의 크기 비교에서 십의 자리 숫자가 같으면 일의 자리 숫자를 비교합니다.

**18** 십의 자리: 7−1−□=5, □=**1**

**19** 13−□=5, □+5=13, 13−5=□, □=**8**
서술형 가이드 □를 사용한 뺄셈식을 쓰고 덧셈과 뺄셈의 관계를 이용하여 □의 값을 바르게 구했는지 확인합니다.

| 채점 기준 | | |
|---|---|---|
| | 식 13−□=5를 쓰고 답을 바르게 구했음. | 상 |
| | 식 13−□=5만 썼음. | 중 |
| | 식을 쓰지 못함. | 하 |

**20** 어떤 수를 □라고 하면 □+24=62,
62−24=□, □=**38**입니다.

**창의·융합 문제**

**1** 올해 은서네 할아버지의 연세를 □세라고 하면 □+8=77입니다.
77−8=□, □=69이므로 올해 은서네 할아버지의 연세는 **69세**입니다.

**2** 생각 열기 『아버지는 은서보다 몇 살 더 많습니까?』
⇨ (아버지의 나이)−(은서의 나이)
지학은 15살, 불혹은 40살입니다.
⇨ 40−15=**25(살)**

**3** 생각 열기 •보기•에서 이웃하는 두 수의 차를 구해 규칙을 찾아봅니다.
49−41=8, 57−49=8, 65−57=8이므로 화살표(→)의 규칙은 8을 더하는 것입니다.
따라서 28+8=**36**, 36+8=**44**,
44+8=**52**입니다.

# 4 길이 재기

## 1 STEP 개념 파헤치기 106~111쪽

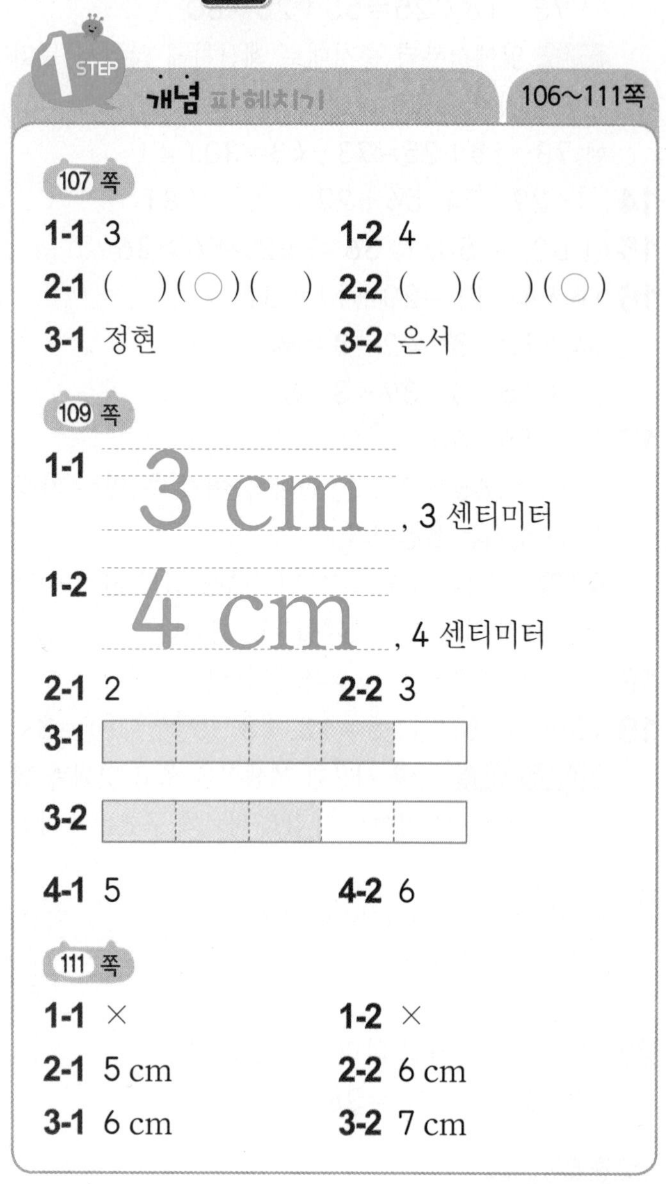

107쪽

1-1 3 1-2 4

2-1 ( )(○)( ) 2-2 ( )( )(○)

3-1 정현 3-2 은서

109쪽

1-1 3 cm, 3 센티미터

1-2 4 cm, 4 센티미터

2-1 2 2-2 3

3-1

3-2

4-1 5 4-2 6

111쪽

1-1 × 1-2 ×

2-1 5 cm 2-2 6 cm

3-1 6 cm 3-2 7 cm

107쪽

**2-1** 크레파스, 클립, 풀 중에서 가장 짧은 것은 **클립**입니다.

**2-2** 뼘, 지우개, 연필 중에서 가장 긴 것은 **연필**입니다.

**3-1** 클립보다 뼘이 더 길므로 클립으로 2번보다 뼘으로 2번이 더 깁니다. 따라서 **정현**이가 가지고 있는 색 테이프가 더 깁니다.

**3-2** 지우개가 교과서의 긴 쪽보다 더 짧으므로 지우개로 3번이 교과서의 긴 쪽으로 3번보다 더 짧습니다. 따라서 **은서**가 가지고 있는 리본이 더 짧습니다.

109쪽

**1-1** ■ cm는 ■ 센티미터라고 읽습니다.

**2-1** 1 cm 2번이면 **2** cm입니다.

**2-2** 1 cm 3번이면 **3** cm입니다.

**3-1** 4 cm: 1 cm 4번만큼 색칠합니다.

**3-2** 3 cm: 1 cm 3번만큼 색칠합니다.

**4-1** 1 cm 5번이면 **5** cm입니다.

**4-2** 1 cm 6번이면 **6** cm입니다.

111쪽

**1-1** 자의 눈금 0에 바늘의 한끝을 맞추어야 합니다.

**1-2** 자의 눈금 0에 철사의 한끝을 맞추어야 합니다.

**2-1** 머리핀의 한끝이 자의 눈금 0에 맞추어져 있으므로 다른 끝이 가리키는 눈금을 읽으면 **5 cm**입니다.

**2-2** 손톱깎이의 한끝이 자의 눈금 0에 맞추어져 있으므로 다른 끝이 가리키는 눈금을 읽으면 **6 cm**입니다.

**3-1** 지우개의 긴 쪽의 한끝을 자의 눈금 0에 맞추고 다른 끝이 가리키는 눈금을 읽으면 **6 cm**입니다.

**3-2** 자석의 긴 쪽의 한끝을 자의 눈금 0에 맞추고 다른 끝이 가리키는 눈금을 읽으면 **7 cm**입니다.

## 2 STEP 개념 확인하기 112~113쪽

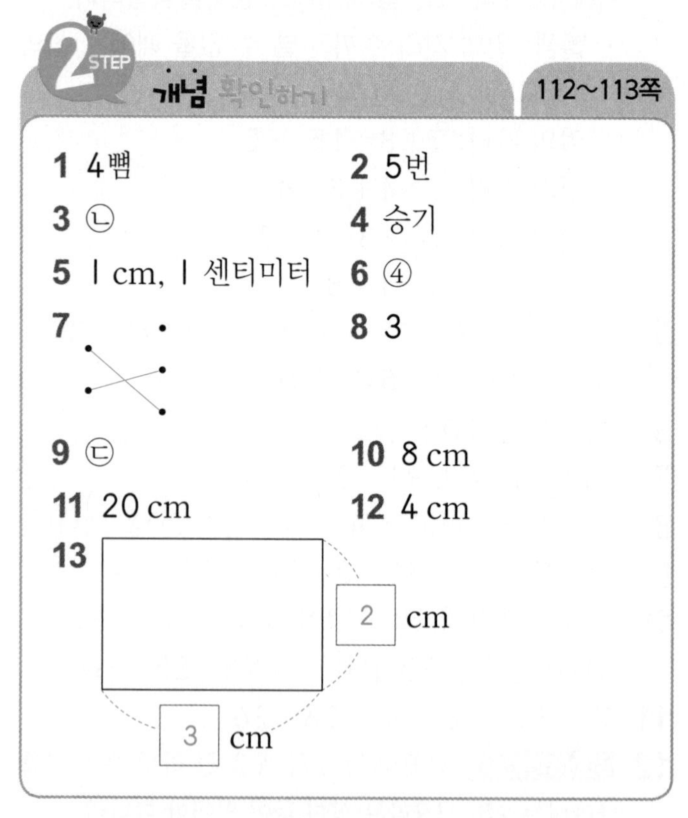

1 4뼘 2 5번

3 ㉡ 4 승기

5 1 cm, 1 센티미터 6 ④

7 8 3

9 ㉢ 10 8 cm

11 20 cm 12 4 cm

13 2 cm, 3 cm

**1** 막대는 뼘으로 4번 잰 길이와 같으므로 **4뼘**입니다.

**2** 볼펜은 연필보다 클립 1번만큼 더 깁니다. 따라서 볼펜은 클립으로 **5번**입니다.

**3** ㉠은 클립 3개, ㉡은 클립 5개, ㉢은 클립 4개를 이었으므로 가장 길게 이은 것은 ㉡입니다.

**4** 길이가 긴 것부터 차례로 쓰면 수학익힘책의 긴 쪽, 뼘, 풀입니다. 우산을 모두 4번씩 재었으므로 수학익힘책의 긴 쪽으로 4번 잰 **승기**의 우산이 가장 깁니다.

참고 잰 횟수가 같으면 길이가 긴 단위로 잰 것의 길이가 더 깁니다.

**6** 숫자는 맨 위 점선까지 닿게 쓰고, cm는 가운데 점선까지 닿게 씁니다.

**7** • 1 cm 9번 ⇨ 9 cm
• 1 cm 3번 ⇨ 3 cm

**8** 1층에 쌓기나무 3개를 옆으로 나란히 놓았으므로 □ cm는 1 cm 3번입니다. ⇨ □=3

**9** 색 테이프의 한끝을 자의 눈금 0에 맞추어야 합니다.

**10** 생각 열기 물건의 한끝을 자의 눈금 0에 맞추고 다른 끝에 있는 자의 눈금(★)을 읽으면 길이는 ★ cm입니다.
숟가락의 한끝이 자의 눈금 0에 맞추어져 있으므로 다른 끝이 가리키는 눈금을 읽으면 **8 cm**입니다.

**11** 태극기의 짧은 쪽의 한끝이 자의 눈금 0에 맞추어져 있으므로 다른 끝이 가리키는 눈금을 읽으면 **20 cm**입니다.

**12** 가장 짧은 연필(가운데 있는 연필)의 길이를 재어 보면 **4 cm**입니다.

**13** 각 변의 한끝을 자의 눈금 0에 맞추고, 다른 끝이 가리키는 자의 눈금을 읽습니다.

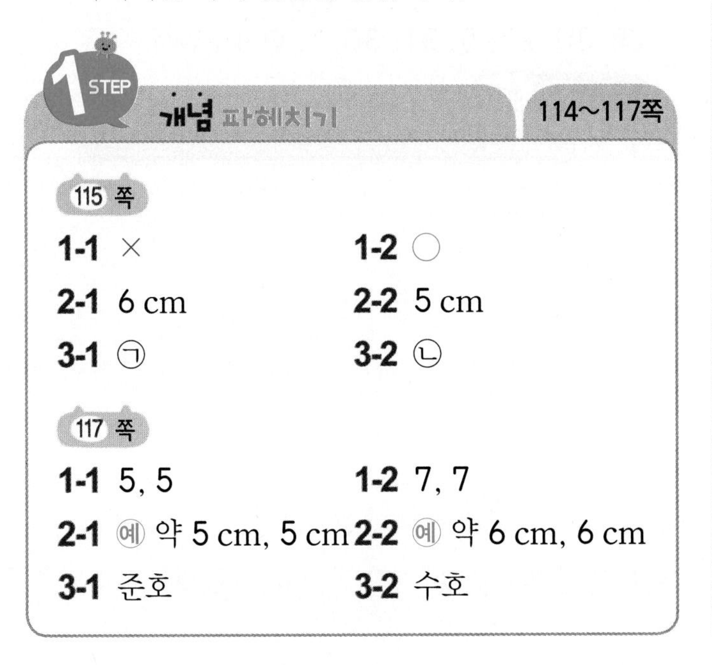


115쪽

**1-1** 지우개는 자의 눈금 1부터 4까지 1 cm가 3번 들어가므로 지우개의 길이는 3 cm입니다.

**1-2** 색연필은 자의 눈금 1부터 5까지 1 cm가 4번 들어가므로 색연필의 길이는 4 cm입니다.

**2-1** 도장은 자의 눈금 1부터 7까지 1 cm가 6번 들어가므로 도장의 길이는 **6 cm**입니다.

**2-2** 건전지는 자의 눈금 1부터 6까지 1 cm가 5번 들어가므로 건전지의 길이는 **5 cm**입니다.

**3-1** ㉠ 자의 눈금 2부터 6까지 1 cm가 4번 들어가므로 4 cm입니다.
㉡ 자의 눈금 2부터 5까지 1 cm가 3번 들어가므로 3 cm입니다.

**3-2** ㉠ 자의 눈금 2부터 8까지 1 cm가 6번 들어가므로 6 cm입니다.
㉡ 자의 눈금 2부터 7까지 1 cm가 5번 들어가므로 5 cm입니다.

117쪽

**1-1** 5 cm에 가깝기 때문에 열쇠의 길이는 약 **5 cm**입니다.

**1-2** 7 cm에 가깝기 때문에 자물쇠의 길이는 약 **7 cm**입니다.

**2-1** 어림한 길이를 말할 때는 숫자 앞에 약이라고 붙여서 말합니다.

**3-1** 은서(3 cm)>준호(1 cm)이므로 **준호**가 더 가깝게 어림하였습니다.

**3-2** 수호(2 cm)<주희(5 cm)이므로 **수호**가 더 가깝게 어림하였습니다.

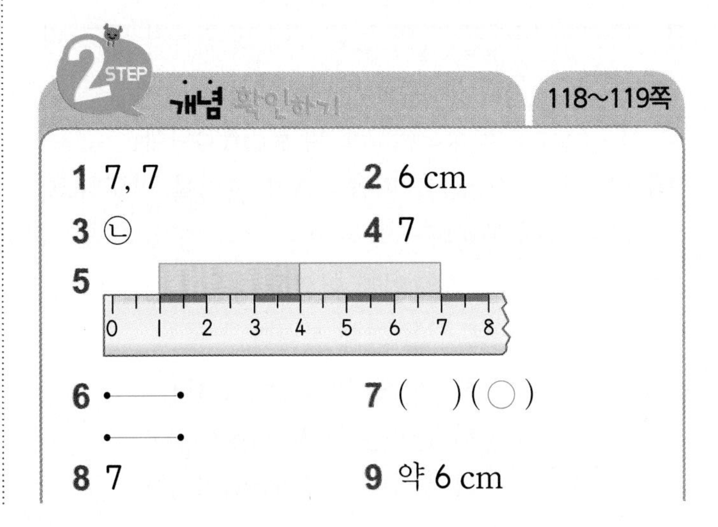

10 예 약 6 cm, 6 cm
11 예
12
13 진희

1 1 cm가 ■번 들어가면 ■ cm입니다.
2 초콜릿은 자의 눈금 3부터 9까지 1 cm가 6번 들어가므로 초콜릿의 길이는 **6 cm**입니다.
다른 풀이 초콜릿의 한끝이 3, 다른 끝이 9이므로 초콜릿의 길이는 9−3=6 (cm)입니다.
3 ㉠ 자의 눈금 4부터 8까지 1 cm가 4번 들어가므로 바늘의 길이는 4 cm입니다.
㉡ 자의 눈금 6부터 9까지 1 cm가 3번 들어가므로 바늘의 길이는 3 cm입니다.
⇨ ㉡<㉠
4 5 cm: 1 cm가 5번 들어갑니다.
눈금 2에서 1씩 5번 뛰어 세면 ㉠은 **7**입니다.
다른 풀이 길이가 5cm인 못의 한끝이 2이므로 다른 끝(㉠)은 2+5=7입니다.
5 6 cm: 1 cm가 6번 들어갑니다.
눈금 1에서 1씩 6번 뛰어 세면 7이므로 눈금 7까지 색 테이프를 그립니다.
6 (1) 3 cm에 가깝기 때문에 약 3 cm입니다.
(2) 5 cm에 가깝기 때문에 약 5 cm입니다.
7 과자의 길이가 8 cm에 더 가깝기 때문에 약 8 cm입니다.
8 자로 재어 보면 7 cm에 더 가깝기 때문에 막대 사탕의 길이는 약 7 cm입니다.
9 나사의 한끝은 자의 눈금 1에 맞추어져 있고 다른 끝은 7에 가깝습니다. 따라서 나사의 길이는 1 cm로 6번 정도이므로 **약 6 cm**입니다.
10 머릿속에 1 cm를 떠올리면서 길이를 어림하고, 자로 재어 봅니다.
11 1 cm가 어느 정도인지 어림한 다음 1 cm가 3번 들어가는 만큼 선을 그어 봅니다.
12 (1) 땅콩의 실제 길이는 약 1 cm입니다.
(2) 필통의 실제 길이는 약 20 cm입니다.
(3) 지우개의 실제 길이는 약 6 cm입니다.

13 생각 열기 실제 길이와 어림한 길이의 차가 작을수록 더 가깝게 어림한 것입니다.
실제 길이와 어림한 길이의 차를 구해 보면
진희는 7−6=1 (cm),
정수는 9−7=2 (cm)입니다.
⇨ 차가 더 작은 **진희**가 더 가깝게 어림하였습니다.

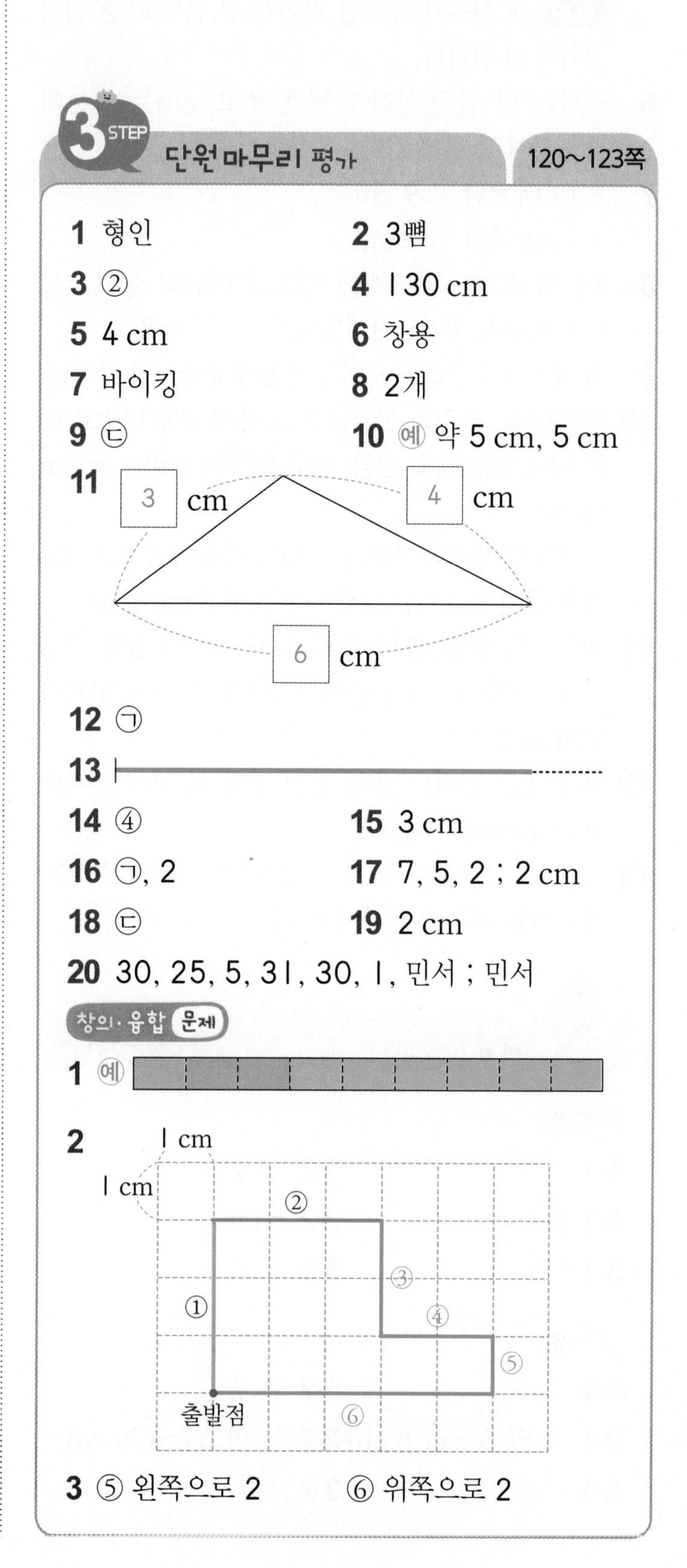

**1** cm는 가운데 점선까지 닿게 씁니다.

**2** 빨대는 뼘으로 3번 잰 길이와 같으므로 **3뼘**입니다.

**3** 클립의 한끝이 눈금 0에 오도록 맞추어야 하므로 ㉠ 부분을 ②에 맞춥니다.

**4** 초등학교 2학년인 재영이의 키로 알맞은 것은 130 cm입니다.

**5** 딱정벌레는 자의 눈금 1부터 5까지 1 cm가 4번 들어가므로 딱정벌레의 길이는 **4 cm**입니다.
다른 풀이 딱정벌레의 한끝이 1, 다른 끝이 5이므로 딱정벌레의 길이는 5−1=**4**(cm)입니다.

**6** 5 cm에 가깝기 때문에 나뭇잎의 길이는 약 5 cm입니다.

**7** 분수대와 놀이기구의 거리를 나타내는 점선을 자로 재었을 때 길이가 가장 긴 놀이기구는 **바이킹**입니다.

**8** 지우개보다 길이가 짧은 것은 클립, 우표입니다.
⇨ **2개**

**9** ㉠ 4 cm, ㉡ 1 cm 4번 ⇨ 4 cm

**10** 어림한 길이를 말할 때는 숫자 앞에 약을 붙여서 말합니다.

**11** 변의 한끝을 자의 눈금 0에 맞추고 다른 끝이 가리키는 눈금을 읽습니다.

**12** 지우개는 리코더보다 길이가 짧으므로 지우개로 잰 횟수(5번)가 리코더로 잰 횟수(3번)보다 많더라도 전체 끈의 길이는 지우개 5번이 리코더 3번보다 더 짧습니다.
주의 잰 횟수가 적다고 더 짧은 것으로 생각하여 틀리는 경우가 있습니다. 길이를 재는 단위(예 지우개, 리코더)의 길이를 먼저 생각해야 하므로 주의합니다.

**13** 색연필의 길이는 6 cm이므로 점선 위에 6 cm인 선을 긋습니다.

**14** 생각 열기 약 6 cm이므로 막대의 한끝을 자의 눈금 0에 맞추었을 때 다른 끝이 눈금 6과 가까운 막대를 찾으면 됩니다.
① 약 4 cm ② 약 4 cm ③ 약 5 cm
④ 약 6 cm ⑤ 약 7 cm

**15** 자의 눈금 7부터 10까지 1 cm가 3번 들어가므로 **3 cm**까지 잴 수 있습니다.
참고 자의 맨 왼쪽 눈금과 맨 오른쪽 눈금을 먼저 알아보고 1 cm가 몇 번 들어갈 수 있는지 구해 봅니다.

**16** 자를 사용하여 가장 짧은 리본 ㉠의 길이를 재면 2 cm입니다.

**17** 가장 긴 리본: ㉣(**7** cm)
두 번째로 긴 리본: ㉢(**5** cm)
⇨ ㉣−㉢=7−5=**2** (cm)
서술형 가이드 가장 긴 리본과 두 번째로 긴 리본의 길이를 재어 차를 바르게 구했는지 확인합니다.

| 채점 기준 | | |
|---|---|---|
| | □ 안에 알맞은 수를 쓰고 답을 바르게 구했음. | 상 |
| | □ 안에 알맞은 수를 일부만 썼음. | 중 |
| | □ 안에 알맞은 수를 쓰지 못함. | 하 |

**18** ㉠ 4 cm
㉡ 1 cm 4번 ⇨ 4 cm
㉢ 1 cm 3번 ⇨ 3 cm
㉣ 1 cm 4번 ⇨ 4 cm
다른 풀이 ㉠ 4−0=4 (cm) ㉡ 5−1=4 (cm)
㉢ 7−4=3 (cm) ㉣ 6−2=4 (cm)

**19** ㉠은 1 cm가 4번이므로 4 cm이고, ㉡은 1 cm가 6번이므로 6 cm입니다.
⇨ ㉡−㉠=6−4=**2** (cm)
다른 풀이 ㉠과 ㉡의 길이의 차는 눈금 1에서 2까지 1 cm, 눈금 6에서 7까지 1 cm로 1 cm가 모두 2번이므로 **2** cm입니다.

**20** 서술형 가이드 경화와 민서가 각각 어림한 길이와 실제 길이의 차를 구한 후 더 가깝게 어림한 사람(=차가 더 작은 사람)을 바르게 찾았는지 확인합니다.

| 채점 기준 | | |
|---|---|---|
| | □ 안에 알맞은 수를 쓰고 답을 바르게 구했음. | 상 |
| | □ 안에 알맞은 수를 일부만 썼음. | 중 |
| | □ 안에 알맞은 수를 쓰지 못함. | 하 |

## 창의·융합 문제

**1** 1 cm, 2 cm, 3 cm를 이용하여 9 cm를 만드는 방법은
1 cm+2 cm+3 cm+3 cm,
1 cm+2 cm+1 cm+2 cm+3 cm,
1 cm+3 cm+1 cm+2 cm+1 cm+1 cm,
2 cm+2 cm+2 cm+3 cm……와 같이 여러 가지가 있습니다.
참고 제시된 방법 외에도 다양한 방법이 있으므로 조건에 맞게 9 cm를 나타낸 경우에는 정답으로 인정합니다.

**3** ①에서 ⑥까지 순서대로 명령어를 만들어 봅니다.

# 5 분류하기

## 1 STEP 개념 파헤치기 126~133쪽

127 쪽

1-1 윤미 1-2 재희

2-1 (○)( ) 2-2 ( )(○)

3-1 색깔 3-2 색깔

129 쪽

1-1 닭 ; 돼지 1-2 타조 ; 하마

2-1 필통, 가방 ; 케이크 ; 구슬

2-2 주사위, 캐러멜 ; 양초 ; 구슬

3-1 사전, 케이크, 가방
; 통조림, 필통
; 테니스공, 구슬

3-2 상자, 양초
; 주사위, 음료수 캔, 구슬
; 탁구공, 캐러멜

131 쪽

1-1 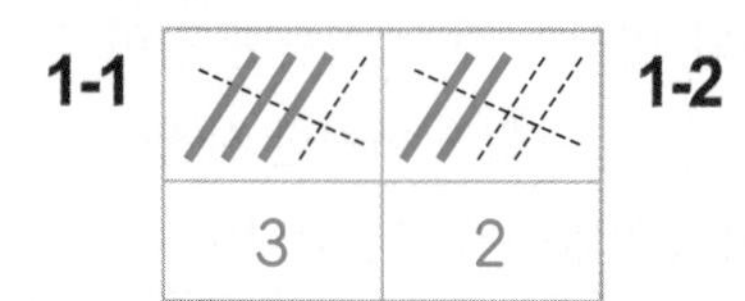

| | |
|---|---|
| 3 | 2 |

1-2 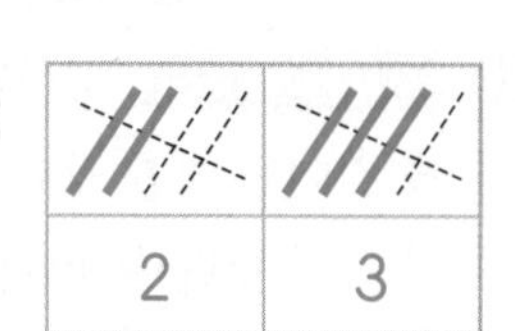

| | |
|---|---|
| 2 | 3 |

2-1 3, 2 2-2 2, 3

3-1 3, 4, 2 3-2 2, 4, 3

133 쪽

1-1 3, 5 1-2 5, 3

2-1 알라딘 2-2 세종대왕

3-1

| 색깔 | 빨간색 | 노란색 | 파란색 |
|---|---|---|---|
| 신발 수(켤레) | 1 | 4 | 3 |

; 노란색

3-2

| 색깔 | 노란색 | 빨간색 | 파란색 |
|---|---|---|---|
| 바지 수(벌) | 1 | 3 | 4 |

; 파란색

127 쪽

1-1 예쁜 것과 예쁘지 않은 것은 사람들마다 분류한 결과가 다르게 나올 수 있으므로 기준이 분명하지 않습니다.

1-2 좋아하는 것과 좋아하지 않는 것은 사람들마다 분류한 결과가 다르게 나올 수 있으므로 기준이 분명하지 않습니다.

2-1 왼쪽은 색깔이 같으므로 모양(■, ▲, ●)에 따라 분류할 수 있습니다.
오른쪽은 모양과 크기가 같으므로 색깔(빨간색, 노란색, 초록색)에 따라 분류할 수 있습니다.

2-2 왼쪽은 색깔이 같으므로 모양(오각형, 육각형)에 따라 분류할 수 있습니다.
오른쪽은 모양과 크기가 같으므로 색깔(빨간색, 파란색, 분홍색)에 따라 분류할 수 있습니다.

3-1 모양은 모두 달라서 기준이 될 수 없습니다.
**색깔**(노란색, 분홍색, 파란색)에 따라 분류할 수 있습니다.

3-2 모양은 모두 달라서 기준이 될 수 없습니다.
**색깔**(노란색, 파란색, 초록색)에 따라 분류할 수 있습니다.

129 쪽

1-1 다리가 2개인 동물은 부엉이, **닭**이고
다리가 4개인 동물은 개, **돼지**입니다.

1-2 다리가 2개인 동물은 독수리, **타조**이고
다리가 4개인 동물은 사자, **하마**입니다.

131 쪽

1-1 장미는 3송이, 튤립은 3송이, 무궁화는 2송이입니다.

1-2 서류가방은 3개, 신발가방은 2개, 책가방은 3개입니다.

2-1 빨간색: 사과, 딸기, 토마토 → 3개
노란색: 바나나, 레몬, 참외 → 3개
초록색: 청포도, 멜론 → 2개

2-2 빨간색 구슬은 2개, 파란색 구슬은 2개, 초록색 구슬은 3개입니다.

3-1 연필은 3자루, 가위는 4개, 지우개는 2개입니다.

3-2 장난감 자동차는 2개, 로봇은 4개, 인형은 3개입니다.

133 쪽

**2-1** 5>3>2이므로 **알라딘**이 나오는 동화책을 가장 많이 준비해야 합니다.

**2-2** 5>3>2이므로 **세종대왕**이 나오는 위인전을 가장 많이 준비해야 합니다.

**3-1**

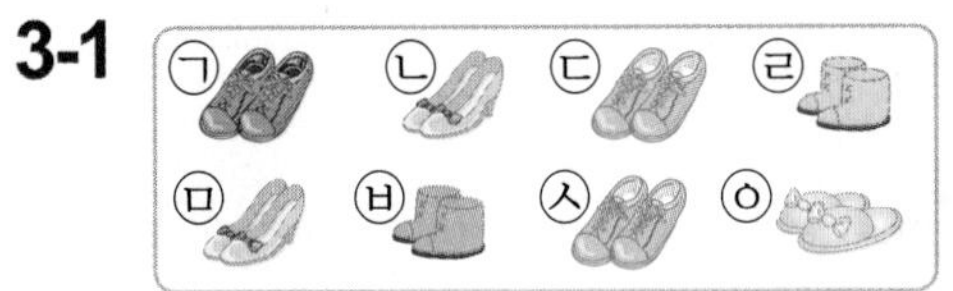

빨간색: ㉠
노란색: ㉡, ㉣, ㉤, ㉧
파란색: ㉢, ㉥, ㉦
⇨ **노란색** 신발이 4켤레로 가장 많습니다.

**3-2**

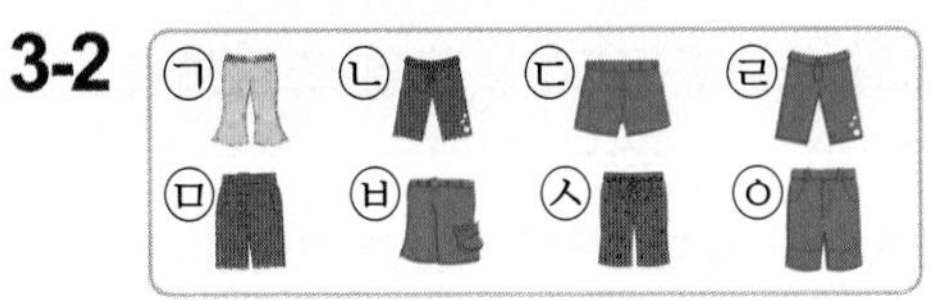

노란색: ㉠
빨간색: ㉡, ㉤, ㉦
파란색: ㉢, ㉣, ㉥, ㉧
⇨ **파란색** 바지가 4벌로 가장 많습니다.

## 2 STEP 개념 확인하기 134~135쪽

**1** 색깔에 ○표 **2** 모양에 ○표
**3** (   ) ( ○ ) **4** ①, ③, ⑤, ⑦ ; ②, ④, ⑥, ⑧
**5** ①, ④, ⑧ ; ②, ⑤ ; ③, ⑥, ⑦
**6** ②, ④, ⑥, ⑦, ⑧ ; ①, ③, ⑤
**7** 3, 5 **8** 4, 4, 4, 3
**9** 4, 5, 6 **10** 6, 4, 5
**11** 하늘 **12** 위인전

**1** 모양은 같고, 은색과 금색으로 분류하였습니다.
**2** (상자) 모양과 (원기둥) 모양으로 분류하였습니다.
**3** 무서운 것과 무섭지 않은 것은 사람에 따라 다를 수 있으므로 분류 기준이 분명하지 않습니다.
**4** 빨간색, 초록색 쿠키로 분류합니다.
**5** ♥, ★, ● 모양의 쿠키로 분류합니다.
**6** 초콜릿 조각이 1개, 2개인 쿠키로 분류합니다.
**7** 지폐는 5000원짜리 1장, 1000원짜리 2장이므로 3장입니다.
동전은 100원짜리 2개, 10원짜리 3개이므로 5개입니다.
**8** ◇, ☆, △, ○ 모양의 붙임 딱지가 각각 몇 개인지 세어 봅니다.
주의 자료를 빼지 않고 모두 셀 수 있도록 주의하며 자료를 센 후에는 결과가 바른지 확인해 봅니다.
**9** 파란색, 빨간색, 노란색 붙임 딱지가 각각 몇 개인지 세어 봅니다.
**11** 포도를 좋아하는 학생이 6명으로 가장 많습니다.
**12** 책 수가 비슷하게 되도록 수가 비교적 적은 책을 사도록 합니다.

## 3 STEP 단원 마무리 평가 136~139쪽

**1** ( ○ ) (   ) **2** 색깔에 ○표
**3** 모양에 ○표 **4** ㉠
**5** ①, ③ ; ② ; ④, ⑤
**6** 가, 나, 다 ; A, B, C
**7** 3, 7 ; 15, 29 ; 100, 624
**8** 예 색깔 **9** 3, 2
**10** 5, 5 **11** 5, 5
**12** 3, 5, 4 **13** 4, 4, 4
**14** 예

| 색깔 | 빨간색 | 검은색 | 노란색 | 파란색 |
|---|---|---|---|---|
| 색연필 수(자루) | 2 | 3 | 3 | 4 |

**15** ㉢
**16** 예

| 날씨 | 맑은 날 | 흐린 날 | 비 온 날 |
|---|---|---|---|
| 날수(일) | 11 | 10 | 9 |

**17** 11−9=2 ; 2일 **18** 5, 2, 3
**19** 430원 **20** 2, 2, 3, 원 ; 원

창의·융합 문제
**1** ㉤, 3 **2** 수지
**3** 2, 3, 4

**1** 왼쪽 우산은 크기를 기준으로 분류할 수 있고, 오른쪽 가방은 색깔을 기준으로 분류할 수 있습니다.

**2** 빨간색 도형과 파란색 도형으로 분류한 것이므로 **색깔**에 따라 분류한 것입니다.

**3** 오각형과 육각형으로 분류한 것이므로 **모양**에 따라 분류한 것입니다.

**4** 생각 열기 **분류할 때는 분명한 기준을 정하는 것이 좋습니다.**
해주, 경미, 미라는 여자이고, 동원, 성용, 보경이는 남자입니다.

**5** 붙임 딱지를 ◯ 모양, ☆ 모양, △ 모양으로 분류합니다.

**6** 글자를 한글, 영어로 분류합니다.

**7** 한 자리 수: 3, 7
두 자리 수: 15, 29
세 자리 수: 100, 624

**8** 카드의 **색깔**(노란색, 빨간색, 초록색)에 따라 분류할 수 있습니다.

**9** 바퀴 2개: 자전거, 킥보드, 오토바이 → 3대
바퀴 4개: 수레, 승용차 → 2대

**10** 구멍이 2개인 단추와 4개인 단추는 각각 5개씩입니다.

**11** 검은색 단추와 파란색 단추는 각각 5개씩입니다.

**12**

△ 모양: ①, ⑤, ⑦ → 3개
□ 모양: ②, ③, ⑥, ⑨, ⑫ → 5개
◯ 모양: ④, ⑧, ⑩, ⑪ → 4개

**13** 빨간색: ①, ②, ⑥, ⑦ → 4개
파란색: ③, ⑤, ⑩, ⑫ → 4개
노란색: ④, ⑧, ⑨, ⑪ → 4개

**14** 빨간 색연필은 2자루, 검은 색연필은 3자루, 노란 색연필은 3자루, 파란 색연필은 4자루입니다.

**15** ㉢ 노란 색연필과 검은 색연필은 3자루로 같습니다.

**16** 맑은 날수, 흐린 날수, 비 온 날수를 세어 봅니다.
맑은 날: 1, 3, 4, 6, 9, 18, 19, 20, 25, 27, 30 → 11일
흐린 날: 2, 7, 8, 10, 12, 17, 22, 23, 26, 28 → 10일
비 온 날: 5, 11, 13, 14, 15, 16, 21, 24, 29 → 9일

**17** 서술형 가이드 **맑은 날수와 비 온 날수의 차를 나타내는 11−9라는 식이 들어 있어야 합니다.**

| 채점 기준 | | |
|---|---|---|
| | 식 11−9=2를 쓰고 답을 바르게 구했음.. | 상 |
| | 식 11−9만 썼음. | 중 |
| | 식을 쓰지 못함. | 하 |

**18**
삼각형: ㉠, ㉡, ㉢, ㉤, ㉦ → 5개
사각형: ㉣, ㉥ → 2개
⇨ 삼각형 모양 조각은 사각형 모양 조각보다 5−2=3(개) 더 많습니다.

**19** 지폐는 노란 돼지 저금통에 저금하고, 동전은 빨간 돼지 저금통에 저금합니다.
따라서 빨간 돼지 저금통에 들어 있는 돈은 100원짜리 동전이 4개, 10원짜리 동전이 3개이므로 모두 **430원**입니다.

**20** 분류한 결과가 원은 4개이므로 찢어진 부분에 있는 도형은 **원**입니다.
서술형 가이드 **스케치북에 남아 있는 도형의 수를 세어 찢어진 부분에 알맞은 도형을 바르게 찾았는지 확인합니다.**

| 채점 기준 | | |
|---|---|---|
| | □ 안에 알맞게 답을 바르게 구했음. | 상 |
| | □ 안에 알맞게 일부만 썼음. | 중 |
| | □ 안에 알맞게 쓰지 못함. | 하 |

## 창의·융합 문제

**1** 1층에는 양말, 2층에는 아래옷, 3층에는 윗옷으로 분류하여 정리했습니다.
따라서 2층에 있는 ㉤을 3층으로 옮겨야 합니다.
참고 잘못 분류한 것이 하나 있다고 했으므로 서랍장 2층에서 잘못 들어간 하나를 먼저 찾아봅니다.

**2** 빨간색 면(14개) < 파란색 면(16개)
⇨ 파란색 면이 많으므로 **수지**가 이겼습니다.

**3** 생각 열기 **약국, 분식집, 문구점에서 살 수 있는 물건을 찾아보고 그 수를 세어 봅니다.**
약국: 소화제, 두통약 → 2개
분식집: 떡볶이, 라면, 순대 → 3개
문구점: 연필, 지우개, 공책, 색종이 → 4개

# 6 곱셈

## 1 STEP 개념 파헤치기 142~147쪽

143쪽

1-1 9개 1-2 10개
2-1 12마리 2-2 15마리
3-1 12개 3-2 15개

145쪽

1-1 6, 8 1-2 9, 12
2-1 6, 12 2-2 7, 14
3-1 5, 15 3-2 5, 20

147쪽

1-1 4, 4 1-2 5, 5
2-1 4, 7, 7, 7, 7, 28 2-2 3, 8, 8, 8, 24
3-1 3, 18 3-2 4, 16

143쪽

**1-1** 하나씩 세면 1, 2, 3……9이므로 고구마는 모두 **9개**입니다.

**1-2** 하나씩 세면 1, 2, 3……10이므로 감자는 모두 **10개**입니다.

**2-1** 2씩 뛰어 세면 2, 4, 6, 8, 10, 12이므로 토끼는 모두 **12마리**입니다.

**2-2** 3씩 뛰어 세면 3, 6, 9, 12, 15이므로 호랑이는 모두 **15마리**입니다.

**3-1** 4씩 뛰어 세면 4, 8, 12이므로 지우개는 모두 **12개**입니다.

**3-2** 5씩 뛰어 세면 5, 10, 15이므로 구슬은 모두 **15개**입니다.

145쪽

**1-1** 꽃을 2씩 묶어 세면 4묶음입니다.
⇨ 2-4-6-8

**1-2** 지우개를 3씩 묶어 세면 4묶음입니다.
⇨ 3-6-9-12

**2-1** 곰 인형을 2씩 묶어 세면 6묶음입니다.
⇨ 2-4-6-8-10-12

**2-2** 강아지 인형을 2씩 묶어 세면 **7**묶음입니다.
⇨ 2-4-6-8-10-12-14

**3-1** ☆을 3씩 묶어 세면 **5**묶음입니다.
⇨ 3-6-9-12-15

**3-2** ♡을 4씩 묶어 세면 **5**묶음입니다.
⇨ 4-8-12-16-20

147쪽

**1-1** 2씩 **4**묶음은 2의 **4**배입니다.

**1-2** 3씩 **5**묶음은 3의 **5**배입니다.

**2-1** 7씩 4묶음 ⇨ 7의 **4**배 ⇨ 7을 4번 더하기

**2-2** 8씩 3묶음 ⇨ 8의 **3**배 ⇨ 8을 3번 더하기

**3-1** 6씩 3묶음 ⇨ 6의 **3**배 ⇨ 6+6+6=**18**

**3-2** 4씩 4묶음 ⇨ 4의 **4**배 ⇨ 4+4+4+4=**16**

## 2 STEP 개념 확인하기 148~149쪽

1 10개 2 12, 15, 15
3 8, 12 4 2, 12
5 ○ 6 12, 12개
7 4, 20 8 3, 21
9 2, 2 10 3배
11 5배 12 8 cm
13 <

**1** 하나씩 세어 보면 1, 2, 3, 4, 5, 6, 7, 8, 9, 10이므로 오이는 모두 **10개**입니다.
주의 하나씩 셀 때에는 빠뜨리거나 중복되지 않도록 ∨, ○, ×표 등을 하여 하나씩 세도록 합니다.

**2** 생각 열기 ■씩 뛰어 세면 ■씩 커집니다.
3씩 뛰어 세면 3, 6, 9, 12, 15이므로 화분은 모두 15개입니다.

**3** 4씩 뛰어 세면 4, 8, 12입니다.

**4** 2씩 뛰어 세면 2, 4, 6, 8, 10, 12입니다.

**5** 3씩 묶어 세기: 3, 3+3=6, 6+3=9
참고 ♥씩 묶어 세기는 ♥씩 더하면서 세는 것입니다.

**6** 귤의 수는 4씩 3묶음이므로 **12개**입니다.

**7** 당근을 5씩 묶어 세면 5, 10, 15, 20입니다.
⇨ 5씩 **4**묶음은 **20**입니다.

**8** 딸기를 7개씩 묶으면 3묶음이므로 모두 21개입니다.

**9** 생각 열기 ■씩 ▲묶음은 ■의 ▲배입니다.
4씩 2묶음은 4의 2배입니다.

**10** 사과의 수는 4입니다.
⇨ 배를 4씩 묶어 보면 3묶음이므로 4의 3배입니다.

**11** 항아리에 넣은 화살 수는 세희가 2이고 은서가 10입니다.
⇨ 10을 2씩 묶으면 5묶음이 되므로 10은 2의 5배입니다.
다른 풀이 $2+2+2+2+2=10$
⇨ 10은 2의 5배입니다.

**12** 쌓기나무 한 개의 높이는 2 cm, 2개의 높이는 4 cm, 3개의 높이는 6 cm, 4개의 높이는 8 cm입니다. ⇨ 2 cm의 4배는 8 cm입니다.

**13** 6씩 2묶음: $6+6=12$,
5의 3배: $5+5+5=15$
⇨ 6씩 2묶음 $<$ 5의 3배

## 1 STEP 개념 파헤치기 150~153쪽

151쪽

| | | | |
|---|---|---|---|
| **1-1** | 5, 5, 5, 5, 25 | **1-2** | 3, 3, 3, 12 |
| **2-1** | 5, 25 | **2-2** | 4, 12 |
| **3-1** | 2, 7, 14 | **3-2** | 4, 6, 24 |
| **4-1** | 4, 3, 12 | **4-2** | 6, 3, 18 |

153쪽

| | | | |
|---|---|---|---|
| **1-1** | ○ | **1-2** | ○ |
| **2-1** | 3, 3, 3, 12 ; 4, 12 | **2-2** | 5, 5, 5, 20 ; 4, 20 |
| **3-1** | 2, 6, 12 | **3-2** | 3, 5, 15 |

151쪽

**1-1** 5씩 5묶음이므로 5를 5번 더합니다.
⇨ $5+5+5+5+5=25$

**1-2** 3씩 4묶음이므로 3을 4번 더합니다.
⇨ $3+3+3+3=12$

**2-1** 5씩 5묶음 ⇨ 5의 5배 ⇨ $5\times5=25$

**2-2** 3씩 4묶음 ⇨ 3의 4배 ⇨ $3\times4=12$

**3-1** ■를 ▲번 더하면 ★입니다. ⇨ ■×▲=★
$\underbrace{2+2+2+2+2+2+2}_{7번}=14$ ⇨ $2\times7=14$

**3-2** $\underbrace{4+4+4+4+4+4}_{6번}=24$ ⇨ $4\times6=24$

**4-1** 구슬이 한 묶음에 4개씩 3묶음입니다.
⇨ 4씩 3묶음 ⇨ 4의 3배 ⇨ $4\times3=12$

**4-2** 공깃돌이 한 묶음에 6개씩 3묶음입니다.
⇨ 6씩 3묶음 ⇨ 6의 3배 ⇨ $6\times3=18$

153쪽

**1-1** 3개씩 2묶음 ⇨ $3\times2=6$

**1-2** 2개씩 3묶음 ⇨ $2\times3=6$

**2-1** 3의 4배 ⇨ $3+3+3+3=12$
⇨ $3\times4=12$

**2-2** 5의 4배 ⇨ $5+5+5+5=20$
⇨ $5\times4=20$

**3-1** 2개씩 6대
⇨ $2\times6=2+2+2+2+2+2=12$

**3-2** 3개씩 5대
⇨ $3\times5=3+3+3+3+3=15$

## 2 STEP 개념 확인하기 154~155쪽

| | | | |
|---|---|---|---|
| **1** | 2, ×, 5 | | |
| **2** | 4 ; 6, 4 ; 6, 4 ; 6, 4 | | |
| **3** | $9\times7=63$ | **4** | $3\times9=27$ |
| **5** | 6, 48 | **6** | 3, 21 |
| **7** | 10 ; 5, 3, 15 | | |
| **8** | 5, 4, 4, 4, 4, 4, 20 | | |
| **9** | 4, 5, 4, 20 | **10** | 5, 5, 25 |
| **11** | 6, 4, 6, 24 | **12** | 6, 2, 6, 12 |
| **13** | 9, 4, 9, 36 | **14** | 5, 6, 30 |

**1** ■의 ▲배 ⇨ ■×▲

**2** 6씩 4묶음 ⇨ 6의 4배 ⇨ $6\times4$ ⇨ 6 곱하기 4

**3** ■ 곱하기 ▲는 ♥와 같습니다. ⇨ ■×▲=♥

참고 ■와 ▲의 곱은 ♥입니다. ⇨ ■×▲=♥

**4** 생각 열기 ■+■……■+■=♥ → ■×▲=♥ (▲번)

⇨ 같은 수를 여러 번 더하는 덧셈식에서 더하는 횟수는 곱셈식에서 곱하는 수가 됩니다.

$3+3+3+3+3+3+3+3+3=27$ (9번)

⇨ **3×9=27**

**5** 8씩 6번 뛰어 세기 ⇨ 8의 6배 ⇨ **8×6=48**

**6** 우유를 7개씩 묶으면 3묶음입니다.

⇨ 7씩 3묶음 ⇨ 7의 3배 ⇨ **7×3=21**

**7** 통조림이 한 상자에 5개씩 들어 있으므로 2상자에는 5×2=5+5=10(개), 3상자에는 **5×3**=5+5+5=**15**(개) 들어 있습니다.

**8** 생각 열기 ■씩 ▲묶음 / ■의 ▲배 / ■ 곱하기 ▲ ⇨ ■×▲

물고기를 4씩 묶으면 5묶음입니다.

⇨ 4의 **5**배 ⇨ **4+4+4+4+4**=20

**9** 물고기를 5씩 묶으면 4묶음입니다.

⇨ 5의 **4**배 ⇨ **5×4=20**

**10** 한 묶음에 5개인 요구르트가 5묶음입니다.

⇨ 5의 5배 ⇨ **5×5=25**

**11** 바퀴가 4개인 자동차가 6대 있으므로 자동차 바퀴의 수는 4의 **6**배입니다. ⇨ **4×6=24**

**12** 1대에 2명씩 타고 있는 자동차가 6대 있으므로 자동차에 타고 있는 사람의 수는 2의 **6배**입니다.

⇨ **2×6=12**

**13** 4개씩 들어 있는 사탕이 9봉지이므로 사탕의 수는 4의 **9**배입니다. ⇨ **4×9=36**

**14** 구슬은 5개씩 6묶음이므로 구슬의 수는 5의 6배입니다. ⇨ **5×6=30**

## 3 STEP 단원 마무리 평가 156~159쪽

**1** 9개 **2** ①

**3** 15, 15개 **4** 4, 6, 6, 6, 6

**5** 8, 8, 8, 8, 8, 48 ; 6, 48

**6** ④ **7** >

**8** 2×3=6 **9** 2배

**10**

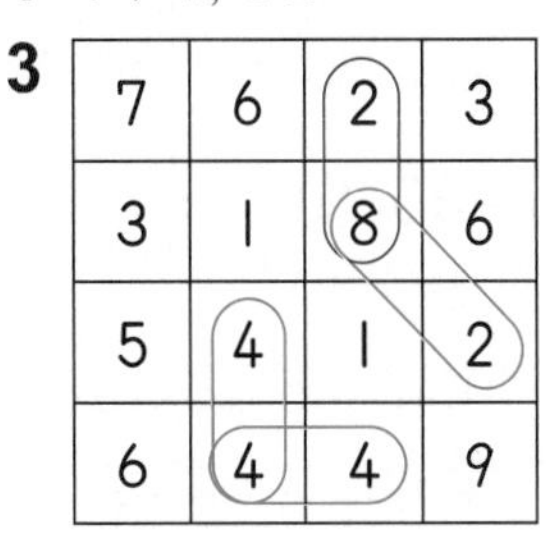

**11** 6배

**12** 3 **13** 30장

**14** 6+6+6=18 ; 18자루

**15** 3배 **16** 5, 3, 15

**17** 2, 6, 12 **18** 36살

**19** 3, 6, 18 **20** 2×5=10 ; 10개

창의·융합 문제

**1** 4 ; 4, 32 **2** 16개

**3**

| 7 | 6 | 2 | 3 |
|---|---|---|---|
| 3 | 1 | 8 | 6 |
| 5 | 4 | 1 | 2 |
| 6 | 4 | 4 | 9 |

**1** 하나씩 세면 1, 2, 3, 4, 5, 6, 7, 8, 9이므로 빵은 모두 **9개**입니다.

주의 하나씩 셀 때에는 빠뜨리거나 중복되지 않도록 주의합니다.

**2** 2씩 5묶음 ⇨ 2의 5배 ⇨ 2×5

**3** 탁구공을 5씩 묶어 세면 3묶음입니다.

⇨ 5−10−15

**4** ■씩 ▲묶음

⇨ ■의 ▲배

⇨ ■+■……■+■ (▲번)

**5** 8씩 6묶음 ⇨ 8+8+8+8+8+8=48

⇨ 8×6=48

**6** ① 클립은 12개입니다.

② 6씩 2묶음은 12입니다.

③ 4의 3배 ⇨ 4×3=12

④ 4+4+4+4=16

⑤ 3×4=12

**7** 3+3+3+3=12, 4×2=4+4=8 ⇨ 12>8

**8** 2씩 ■줄 ⇨ 2×■
☆은 2씩 3줄이므로 2×3=6입니다.

**9** 성수가 쌓은 모형은 2개이고 홍관이가 쌓은 모형은 4개입니다. ⇨ 4는 2의 **2배**입니다.

**10** 2의 5배 ⇨ 2+2+2+2+2=10
3씩 3묶음 ⇨ 3+3+3=9

**11** 참외는 2개이고 딸기는 12개입니다.
⇨ 12를 2씩 묶으면 6묶음이 되므로 12는 2의 **6배**입니다.

**12** 생각 열기 24는 8의 ●배입니다.
⇨ 8을 ●번 더하면 24입니다.
24=8+8+8 ⇨ 24는 8의 **3배**입니다.
(3번)

**13** 꽃잎 5장인 무궁화가 6송이 피었으므로 무궁화의 꽃잎의 수는 5의 6배입니다.
⇨ 5+5+5+5+5+5=**30(장)**
다른 풀이 (무궁화 6송이의 꽃잎 수)
=(무궁화 한 송이의 꽃잎 수)×6=5×6=30(장)

**14** 서술형 가이드 6의 3배를 나타내는 6+6+6이라는 덧셈이 들어 있어야 합니다.

| 채점 기준 | | |
|---|---|---|
| | 식 6+6+6=18을 쓰고 답을 바르게 구했음. | 상 |
| | 식 6+6+6만 썼음. | 중 |
| | 식을 쓰지 못함. | 하 |

참고 강희는 하늘이가 가진 연필 수의 3배를 가지고 있으므로 강희가 가진 연필 수는 하늘이가 가진 연필 수를 3번 더한 것과 같습니다.

**15** 못의 길이는 2 cm이고 색연필의 길이는 6 cm입니다.
2+2+2=6이므로 6은 2의 **3배**입니다.
따라서 색연필의 길이는 못의 길이의 3배입니다.
참고 • 못의 길이 구하기
[방법 1] 자의 눈금 0부터 2까지 1 cm가 2번 들어가므로 못의 길이는 2 cm입니다.
[방법 2] 한끝이 0, 다른 끝이 2이므로 못의 길이는 2−0=2 (cm)입니다.
• 색연필의 길이 구하기
[방법 1] 자의 눈금 3부터 9까지 1 cm가 6번 들어가므로 색연필의 길이는 6 cm입니다.
[방법 2] 한끝이 3, 다른 끝이 9이므로 색연필의 길이는 9−3=6 (cm)입니다.

**16** 자동차는 한 상자에 5개씩 3상자 있습니다.
⇨ **5×3=15**

**17** 인형은 한 봉지에 2개씩 6봉지 있습니다.
⇨ **2×6=12**

**18** 9살의 4배는 9×4=**36(살)**입니다.
참고 삼촌의 나이는 수지의 나이의 4배입니다.
⇨ (삼촌의 나이)=(수지의 나이)×4

**19** 삼각형을 1개 만드는 데 면봉이 3개 필요합니다.
따라서 삼각형을 6개 만드는 데 면봉이 3개씩 6묶음 필요합니다.
⇨ **3×6=3+3+3+3+3+3=18**
참고 (삼각형 1개를 만드는 데 필요한 면봉의 수)×(삼각형 수)=(삼각형을 모두 만드는 데 필요한 면봉의 수)

**20** 가위일 때 펼친 손가락은 2개이므로 5명이 가위를 냈을 때 펼친 손가락의 수는 2의 5배입니다.
⇨ **2×5=10**
서술형 가이드 2의 5배를 나타내는 2×5라는 곱셈이 들어 있어야 합니다.

| 채점 기준 | | |
|---|---|---|
| | 식 2×5=10을 쓰고 답을 바르게 구했음. | 상 |
| | 식 2×5만 썼음. | 중 |
| | 식을 쓰지 못함. | 하 |

## 창의·융합 문제

**1** 한 학생이 풍선을 4개씩 8명이 가지고 있으므로 풍선은 4개씩 8묶음입니다.
⇨ 8명의 학생이 가지고 있는 풍선은 모두
4×8=**32**(개)입니다.
참고 (한 학생이 가지고 있는 풍선 수)×(학생 수)=(전체 학생이 가지고 있는 풍선 수)

**2** 다리가 2개인 동물은 타조, 오리로 2마리입니다.
⇨ 2×2=4(개)
다리가 4개인 동물은 호랑이, 기린, 낙타로 3마리입니다. ⇨ 4×3=12(개)
따라서 동물 5마리의 다리는 모두
4+12=**16(개)**입니다.

**3** 생각 열기 두 수를 찾아 모두 묶으라고 했으므로 곱이 16인 두 수를 먼저 알아봅니다.
16=2×8, 16=4×4
⇨ 곱해서 16을 만들 수 있는 두 수는
**2와 8**, **4와 4**입니다.

배움으로 행복한 내일을 꿈꾸는

# 천재교육 커뮤니티 안내

교재 안내부터 구매까지 한 번에!

## 천재교육 홈페이지

자사가 발행하는 참고서, 교과서에 대한 소개는 물론
도서 구매도 할 수 있습니다. 회원에게 지급되는 별을 모아
다양한 상품 응모에도 도전해 보세요!

다양한 교육 꿀팁에 깜짝 이벤트는 덤!

## 천재교육 인스타그램

천재교육의 새롭고 중요한 소식을 가장 먼저 접하고 싶다면?
천재교육 인스타그램 팔로우가 필수!
깜짝 이벤트도 수시로 진행되니 놓치지 마세요!

수업이 편리해지는

## 천재교육 ACA 사이트

오직 선생님만을 위한, 천재교육 모든 교재에 대한 정보가 담긴
아카 사이트에서는 다양한 수업자료 및 부가 자료는 물론
시험 출제에 필요한 문제도 다운로드하실 수 있습니다.

https://aca.chunjae.co.kr

천재교육을 사랑하는 샘들의 모임

## 천사샘

학원 강사, 공부방 선생님이시라면 누구나 가입할 수 있는 천사샘!
교재 개발 및 평가를 통해 교재 검토진으로 참여할 수 있는 기회는 물론
다양한 교사용 교재 증정 이벤트가 선생님을 기다립니다.

아이와 함께 성장하는 학부모들의 모임공간

## 튠맘 학습연구소

튠맘 학습연구소는 초·중등 학부모를 대상으로 다양한 이벤트와 함께
교재 리뷰 및 학습 정보를 제공하는 네이버 카페입니다.
초등학생, 중학생 자녀를 둔 학부모님이라면 튠맘 학습연구소로 오세요!

# 참 잘했어요

수학의 모든 개념 문제를 풀 정도로
실력이 성장한 것을 축하하며
이 상장을 드립니다.

이름 ______________________

날짜 ________ 년 ____ 월 ____ 일

# 찐 천재님들의 거짓없는 솔직 후기

## 천재교육 도서의 사용 후기를 남겨주세요!

### 이벤트 혜택

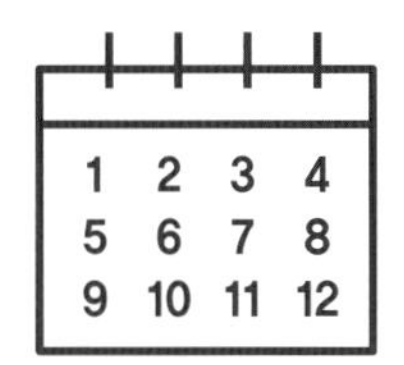


매월

100명 추첨

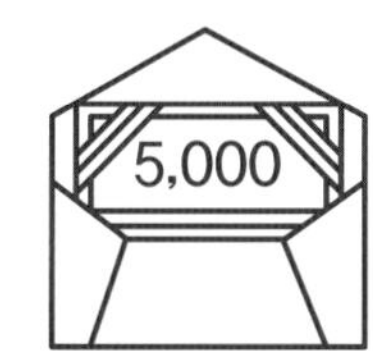


상품권 5천원권

### 이벤트 참여 방법

STEP 1
온라인 서점 또는 블로그에 리뷰(서평) 작성하기!

STEP 2
왼쪽 QR코드 접속 후 작성한 리뷰의 URL을 남기면 끝!

※ 상기 내용은 변동될 수 있으며, 자세한 내용은 QR코드 페이지를 참고해주세요.